Deepen Your Mind

｜ 前言 ｜

積體電路（晶片）是技術發展的產物，也是現代資訊社會的基礎。當前，人工智慧、無線通訊、虛擬實境、物聯網等熱點技術與應用，無不是依靠高性能晶片來實現的，因此晶片的設計與製造能力是衡量一個國家技術實力的重要指標。

光刻是積體電路製造的核心技術，超過晶片製造成本的三分之一花費在光刻製程上。在積體電路製造的諸多製程單元中，只有光刻能在晶圓上產生圖形，從而完成元件和電路的構造。光刻技術的發展，使得晶圓上的圖形越做越小、佈局（layout）密度不斷提高，實現了摩爾定律預期的技術節點。隨著技術節點的進步，光刻技術的內涵和外延也不斷演變。在 0.35μm 技術節點之前，光刻製程可以簡單地分解為塗膠、曝光和顯影（設計佈局直接被製備在光罩上），光刻機具有足夠高的解析度，把光罩圖形投影在塗有光刻膠的晶圓上，顯影後得到與設計佈局一致的圖形。到了 0.18μm 及以下技術節點，光刻機成像時的扭曲需要加以修正，設計佈局必須經過光學鄰近效應修正（optical proximity correction，OPC）後，才可以製備在光罩上。這種光罩圖形修正有效地補償了成像時的扭曲，最終在晶圓表面得到與佈局設計儘量一致的圖形。隨著技術節點的進一步變小，鄰近效應修正演變得越來越複雜，舉例來說，90nm 技術節點開始在光罩上增加亞解析度的輔助圖形（sub-resolution assist feature，SRAF）；20nm 及以下技術節點，僅對佈局修正已經不能滿足解析度和製程視窗的要求，還必須對曝光時光源照射在光罩上的方式（如光源條件）做最佳化，即只有對光源與光罩圖形協作最佳化（source mask co-optimization，SMO）才能保證光刻製程的品質。

光刻製程的目的是把佈局設計高保真地表現在基體上，但是，由於光刻機解析度、對準誤差等一系列技術條件的限制，光刻製程無法保證所有圖形的製程視窗，有些複雜圖形應避免在佈局上出現。此外，對佈局設計的限制，還來自對製造成本的考慮。這些對佈局設計的限制，最早是由製造工廠透過設計規則（design rules）的方式傳遞給佈局設計部門的。這些規則表現為一系列幾何參數，它們規定了佈局上圖形的尺寸及其相對位置。設計完成的佈局必須透過設計規則的檢查（design rule check）才能發送給製造部門做鄰近效應修正。隨著技術節點的變小，儘管使用的規則越來越多，但是設計規則的檢查仍然無法發現佈局上所有影響製造良率的問題，這是因為很多複雜的二維圖形難以用一組幾何尺寸來描述。於是，業界提出了可製造性設計（design for manufacture）的概念，它透過對設計佈局做製程模擬，從中發現影響製造良率的部分，從而提出修改建議。針對製造的設計縮短了製程研發的週期，保證了製造良率的快速提升，極大地減少了製造成本。65 ～ 40nm 技術節點製程能快速研發成功並投入量產，可製造性設計是關鍵因素之一。

當積體電路發展到 14 nm 及以下技術節點時，光刻技術從過去的一次曝光對應一層設計佈局，發展到了使用多次曝光來實現一層佈局。這種多次曝光還會有不同的實現方式，舉例來説，光刻 - 蝕刻 - 光刻 - 蝕刻（litho-etch-litho-etch，LELE）、自對準雙重與多重成像技術（self-aligned double or multiple patterning，SADP 與 SAMP）等。不同的光刻技術路線所能支援的佈局設計規則不盡相同。過去那種由光刻工程師確定光刻製程，設計工程師按指定的光刻製程來進行佈局設計的做法已經無法滿足設計及製程的最佳化需求。設計工程師必須與光刻工程師合作確定光刻方案，共同確保佈局設計既能滿足技術節點的要求又具有可製造性。為此，一種新的技術理念，即設計與製造技術協作最佳化（design and technology co-optimization，DTCO）被提了出來，並迅速在業界得以應用。設計與製造協作最佳化架起了設計者和製造廠之間雙向交流的橋樑，在技術節點進一步變小、設計和製程複雜性進一步提高的情況下，對提升積體電路製造的製程良率具有十分重要的意義。

本書根據上述技術演進的想法來安排內容。

- 第 1 章是概述，對積體電路設計與製造的流程做簡介。為了給後續章節做鋪陳，還特別說明了設計與製造之間是如何對接的。
- 第 2 章介紹積體電路物理設計，詳細介紹積體電路佈局設計的全流程。
- 第 3 章和第 4 章分別介紹光刻模型和解析度增強技術。佈局是依靠光刻實現在晶圓基體上的，所有的佈局可製造性檢查都是基於光刻模擬來實現的。這兩章是後續章節的理論基礎。
- 第 5 章介紹蝕刻效應修正。蝕刻負責把光刻膠上的圖形轉移到基體上，在較大的技術節點中，這種轉移的偏差是可以忽略不計的；在較小的技術節點中，這種偏差必須考慮，而且新型介電材料和硬光罩（hard mask）的引入又使得這種偏差與圖形形狀緊密連結。光罩上的圖形必須對這種偏差做重新定向（retargeting）。
- 第 6 章介紹可製造性設計，聚焦於與佈局相關的製造製程，即如何使佈局設計得更適合光刻、化學機械研磨（chemical mechanical polishing，CMP）等製程。
- 第 7 章介紹設計與製程協作最佳化，介紹如何把協作最佳化的思維貫徹到設計與製造的流程中。

積體電路設計與製造是一個國際化的產業，其中的專業詞彙都是「舶來品」，業界也習慣直接用英文交流。如何把這些專業詞彙準確翻譯成中文是一個挑戰。舉例來說，出現頻率很高的詞「佈局」，英文是

"layout"，我們定義為物理設計完成後的圖形，而非光罩上的圖形，即還沒有做鄰近效應修正的 "GDS" 檔案（pre-OPC）。為了避免問題，本書採用兩種做法：一種是在出現專業詞彙的地方用括號標注出其對應的英文；另一種是在本書最後增加一個中英文對照的專業詞語檢索，以便於讀者查閱。為了滿足讀者進一步學習的需求，本書每章末都提供了參考文獻。這些參考文獻都是經過篩選的，基本上是業界比較經典的資料。

本書是在中國科學院大學微電子學院和中國科學院微電子研究所的支持下完成的。特別感謝葉甜春研究員，本書的成文和出版離不開他對先進光刻重要性的肯定和對本課題組研發工作的長期支援。感謝周玉梅研究員、趙超研究員、王文武研究員對作者工作的支持，沒有他們的幫助，本書就不可能這麼快與讀者見面。感謝中國科學院微電子研究所先導製程研發中心的各位同事，正是與他們在工作中良好的互動和合作，為本書提供了靈感和素材。

本書是中國科學院微電子研究所計算光刻研發中心的老師共同努力的成果。第 1 章由韋亞一研究員和張利斌副研究員共同編寫；第 2 章由趙利俊博士編寫；第 3 章由董立松副研究員編寫；第 4 章除 4.2.2 節多重圖形成像技術由張利斌副研究員編寫外，其餘部分由董立松副研究員編寫；第 5 章由陳睿研究員編寫，孟令款博士參與了初期策劃；第 6 章由韋亞一研究員編寫；第 7 章由粟雅娟研究員編寫。全書的統稿和校正由韋亞一研究員完成。隨著積體電路技術節點的不斷推進，計算光刻與佈局設計最佳化的內涵與外延也在不斷演化，作者誠摯地希望讀者批評指正，以便於再版時進一步完善。

| 目錄 |

01 概述

02 積體電路物理設計

03 光刻模型

04 解析度提升技術

05 蝕刻效應修正

06 可製造性設計

07 設計與製程協作最佳化

A 專業詞語檢索

Chapter 01

概述

積體電路（晶片）生產的全過程可分為設計（design）、製造（manufacturing）和封裝測試（packing and testing）。積體電路設計根據電路功能和性能的要求，在正確選擇系統組態、電路形式、元件結構、製程方案和設計規範的情況下，應儘量減小晶片面積和功耗，設計出滿足性能要求的積體電路。積體電路設計的最終輸出結果是佈局（layout）。積體電路製造是按照設計的要求，經過氧化（oxidation）、光刻（lithography）、蝕刻（etch）、擴散（diffusion）、外延（epitaxy）、薄膜沉積（film deposition）、電鍍（electroplating）等半導體製造製程，把組成具有一定功能的電路所需的半導體、電阻、電容等元件及它們之間的連接導線全部整合在一塊晶圓上。

積體電路製造中最關鍵、最複雜，也是花費最多的製程是光刻，光刻負責把設計佈局精確地實現在晶圓上。正是光刻技術的發展，才使得元件的尺寸可以越做越小，晶片的整合度越來越高，積體電路得以按照摩爾定律（Moore's Law）不斷縮小。製造完成的晶圓（晶圓）透過劃片被切割成為小的晶片（die），然後封裝。積體電路封裝不僅造成積體電路晶片內部與外部進行電氣連接的作用，也為積體電路晶片提供了一個穩定可靠的工作環境，對積體電路晶片造成機械或環境保護的作用，從而積體電路晶片能夠發揮正常的功能，並保證其具有高穩定性和可靠性。封裝後的晶片需要做電學測試，以保證其符合設計性能的要求。

圖 1-1 是積體電路設計和製造全流程示意圖，圖中標出了每個生產環節對應的代表性公司。業務僅涉及設計的公司通常稱為 "fab-less" 或 "design house"，如美國的高通；業務僅涉及製造的公司通常稱為代工廠（foundry）如台積電。當然這些設計、製造、封裝測試也可以在一個公司內部完成，如美國的 Intel 和韓國的 Samsung，這種公司稱為垂直整合製造（integrated design and manufacture，IDM）企業。台積電除有晶片製造外，還可以做封裝測試。即使是這種設計和製造一體化的公司，也可以將其製造能力對外開放，為純設計公司提供製造服務。

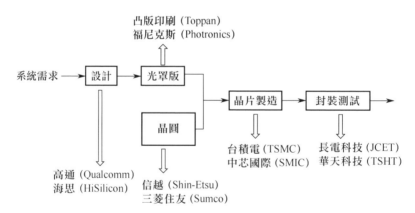

圖 1-1　積體電路設計和製造全流程示意圖
（每個生產環節對應的代表性公司也列在圖中）

積體電路的種類很多，按其基體材料的不同可分為矽（Si）元件、砷化鎵（GaAs）元件、碳化矽（SiC）元件等；根據其功能、結構的不同，又可以分為類比積體電路、數位積體電路，以及數位類比混合的積體電路。類比積體電路用來產生、放大和處理各種類比訊號（指幅度隨時間連續變化的訊號），而數位積體電路用來產生、放大和處理各種數位訊號（指幅度隨時間離散變化的訊號）。按導電類型不同，還可以把積體電路分為雙極型（bipolar junction transistor，BJT）和單極型。

在雙極型積體電路中，多數載流子和少數載流子（空穴和電子）都參與主動元件的導電，即電晶體的結構是 NPN 或 PNP，如電晶體-電晶體邏輯電路（transistor-transistor-logic，TTL）。單極型電路中的電晶體只有一種載流子參與導電。場效應電晶體（field-effect transistor，FET）中只有多數載流子參加導電，故稱單極電晶體。由這種單極電晶體組成的積體電路就是單極型積體電路，也就是常說的金屬-氧化物-半導體（metal oxide semiconductor，MOS）積體電路。按用途分類，積體電路又可以分為通用的和專用的（application specific IC，ASIC），通用積體電路是指按照標準輸入輸出模式，完成常見的一些功能的積體電路，如電腦中的記憶體晶片；而專用積體電路是為特定使用者或特定電子系統製作的積體電路，它實現特定的、不常見的功能。

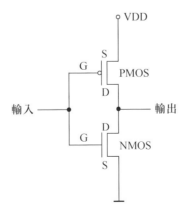

圖 1-2　CMOS 的基本結構

基於 Si 基體的互補金屬氧化物半導體（complementary MOS，CMOS）是目前積體電路中應用最廣泛的材料之一。CMOS 是由一個 N 閘極通道 MOS 管和一個 P 閘極通道 MOS 管組成的，如圖 1-2 所示。兩管的閘極相連作為輸入端，兩管的汲極相連作為輸出端；兩管正好互為負載，處於互補工作狀態。當輸入低電位時，PMOS 管導通，NMOS 管截止，輸出高電位；當輸入高電位時，PMOS 管截止，NMOS 管導通，輸出為低電位。CMOS 的靜態功耗近乎為 0，遠優於其他元件，可以實現更高的整合密度。考慮到大型積體電路大多數都是基於 CMOS 結構實現的，本書中很多內容都是圍繞 CMOS 展開的。掌握了 CMOS 積體電路的工作原理和製造過程，其他積體電路就很容易瞭解了。

本章簡要概述積體電路的設計流程、積體電路製造的製程流程，以及設計和製造之間的關係。

1.1 積體電路的設計流程和設計工具

1.1.1 積體電路的設計流程

積體電路有兩種設計想法。一種是自底向上（bottom up），即從製程開始，先進行單元設計，逐步進行功能區塊、子系統設計，直到最終完成整個系統設計。類比積體電路和較簡單的數位積體電路，大多採用「自底向上」的設計方法。另一種是自頂向下（top down）。設計者首先進行行為設計，其次進行結構設計，接著把各子單元轉換成邏輯圖或電路圖，最後將電路圖轉換成佈局，用於製造。目前大多數先進數位積體電路都是採用這種「自頂向下」的設計方法。讀者可以參考設計方面的專著來深入學習設計知識，如參考文獻[1，2]。

「自頂向下」的設計流程可分成三個主要階段：系統功能設計、邏輯和電路設計、佈局設計。整個設計過程中需要使用各種資料庫（library），各個階段的設計都需要驗證，包括系統設計驗證、邏輯驗證、電路驗證、佈局驗證等。系統功能設計的目標是實現系統功能，滿足基本性能要求。其過程有功能區塊劃分、行為級描述和行為級模擬。功能區塊劃分的原則是：第一，功能區塊規模合理，便於各個功能區塊各自獨立設計；第二，功能區塊之間的連線盡可能少，介面清晰。行為級模擬（pre-sim）是為了驗證整體功能和時序是否正確。邏輯和電路設計的任務是確定滿足上述系統功能的邏輯或電路結構，其輸出是 RTL（register transfer level）檔案，即採用硬體描述語言（HDL）描述的暫存器傳輸級電路，它又叫電路網路表（net list）。積體電路設計流程中提到的 RTL 一般是指 Verilog/VHDL 設計檔案。數位電路和類比電路的設計流程在這裡就不完全一樣了。數位電路的設計是透過呼叫單元資料庫（standard cell library）來完成的。

單元資料庫是一組單元電路（如反相器、邏輯門、記憶體）的集合，它是由積體電路製造公司（foundry）提供的。單元資料庫中的電路經過反覆的製程驗證，具有很好的可製造性，即比較容易被工廠製造出來。這種單元電路的組合又叫邏輯綜合（logistic synthesis），數位電路的邏輯綜合一般依靠專用軟體來完成，而類比電路並沒有良好的邏輯綜合軟體。圖 1-3 是數位積體電路邏輯設計的流程圖，其中，Verilog/VHDL 模擬器用來檢驗輸出的 RTL 檔案（網路表）的正確性；時序分析和最佳化（static timing analysis，STA）提取整個電路的所有時序路徑，計算訊號在路徑上的傳播延遲時間，找出違背時序約束的錯誤。

這裡要特別解釋一下電路設計中的「綜合」概念，綜合（synthesis）

是指將高抽象層次的描述自動地轉換到較低抽象層次的一種方法。一般來說綜合可分為三個層次：高層次綜合（high-level synthesis）、邏輯綜合（logic synthesis）、佈局綜合（layout synthesis）。其中，佈局綜合是指將系統電路層的結構描述轉化為佈局層的物理描述；邏輯綜合是指將系統暫存器傳輸級（register transfer level，RTL）描述轉化為閘級網路表（netlist）的過程；高層次綜合是指將系統演算法層的行為描述轉化為暫存器傳輸級描述。

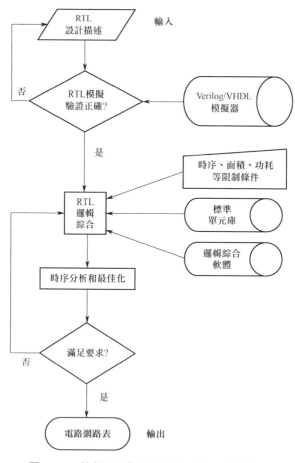

圖 1-3　數位積體電路邏輯設計的流程圖

佈局設計又稱後端設計，它是把閘級網路表轉換成佈局，並驗證其正確性和可製造性的過程。讀者可以參考後端設計方面的專著（如參考文獻[3]）來進一步學習後端設計的知識。數位電路的佈局設計實際上就是基於標準單元資料庫的佈局設計，主要是佈局佈線過程。佈局（placement）是把模組佈置在晶片適當的位置，即把功能區塊按連接關係放置好，使晶片面積儘量小。佈線（routing）是根據電路的連接關係，在指定的區域完成連線。圖 1-4 是標準單元資料庫中兩個單元的佈局。類比電路的佈局設計則比較複雜，它是一種全人工的佈局設計，首先是人工佈局規劃每個單元的位置，然後人工佈線。這一過程從下向上，從小功能區塊到大功能區塊進行。圖 1-5 是採用原理圖輸入的類比電路設計流程圖。因為沒有標準單元資料庫的支撐，所以其佈局必須依靠人工生成，即全客戶化設計的佈局和佈線。對於數位類比混合的電路，可以採用全客戶化設計和標準單元混合的設計流程。佈局設計完成後，必須要經過一系列的檢查和驗證，才能發送給積體電路製造廠。這種檢查的目的是保證佈局的正確性和可製造性。

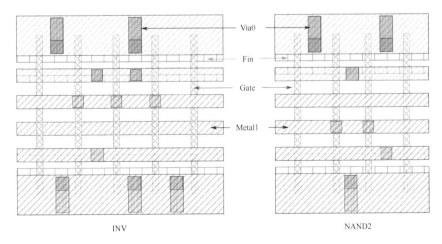

INV   NAND2

圖 1-4　標準單元資料庫中兩個單元
（左邊 INV，右邊 NAND2）的佈局（不同深淺的顏色/圖例表示不同的光刻層）

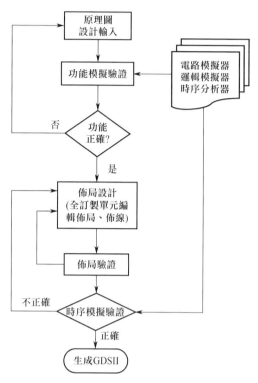

圖 1-5 採用原理圖輸入的類比電路設計流程圖（其佈局必須依靠人工生成）

1.1.2 設計工具（EDA tools）

積體電路的整個設計過程都是在 EDA 軟體平台上進行的，用硬體描述語言 VHDL 完成設計檔案，然後由電腦自動地完成邏輯編譯、化簡、分割、綜合、最佳化、佈局、佈線和模擬，直到對於特定目標晶片的轉換編譯、邏輯映射和程式設計下載等工作。EDA 工具極大地提高了電路設計的效率和可操作性，減輕了設計者的工作強度，降低了設計成本。

目前業界使用的 EDA 工具主要由 Cadence、Mentor、Synopsys 三家公司提供。表 1-1 歸納了晶片設計主要流程中使用的 EDA 工具及其功能。EDA 公司提供的一般都是全套工具，因此 EDA 整合度高的公司產品更有優勢。這三家公司基本上都能提供全套的晶片設計 EAD 解決方案。Cadence Virtuoso 目前使用較為廣泛，可作為全流程開發平台。Synopsys 有 DC、VCS、ICC 等一系列產品組成完整的設計流程。關於 EDA 工具的詳細介紹，讀者可以查閱參考文獻[4]。

表 1-1　晶片設計主要流程中使用的 EDA 工具及其功能

數位前端	RTL 設計與前模擬		Synopsys 的 VCS、Mentor 的 Modelsim/QuestaSim、Cadence 的 NCsim/Incisive
	綜合		Synopsys 的 Design complier 佔主導地位，Cadence 的 Genus
	靜態時序分析（STA）		Synopsys 的 Prime Time、Cadence 的 Tempus
	形式驗證		Synopsys 的 Formality、Cadence 的 Encounter Conformal
數位後端	Synopsys 的 ICC/ICC2 與 Cadence 的 Innovus 平台目前業內使用較多		
	DFT（design for testability）	BSCAN (Boundary Scan)	Mentor 的 Tessent BoundaryScan、Synopsys 的 TestMAX Advisor/SpyGlass DFT
		BIST (Built in Self Test)	Mentor 的 Tessent LBIST、Tessent MBIST Synopsys 的 TestMAX
		ATPG (automatic test pattern generation)	Mentor 的 TestKompress、Synopsys 的 TetraMAX （ATPG）
		Scan Chain	Synopsys 的 TestMax DFT
	佈局佈線		Synopsys 的 ICC/ICC2/Astro、Cadence 的 Innovus NanoRoute
	寄生參數提取		Synopsys 的 Star-RCXT
	Signoff	時序驗證	Synopsys PT、Nanotime 佔主導地位，Cadence tempus 也有一部分客戶在用
		物理驗證	Mentor Calibre 佔主導地位，Synopsys 的 ICV、Cadence 的 PVS 也佔有一定的市佔率

（1）Synopsys 比較全面，它的優勢在於數位前端、數位後端和 PT signoff。模擬前端的 XA、數位前端的 VCS、後端的 sign-off tool，還有口碑極好的 PT、DC 和 ICC 功能都很強大。Synopsys 有市場 90%的 TCAD 元件模擬和 50%的 DFM 製程模擬。

（2）Cadence 的強項在於模擬或混合訊號的訂製化電路和佈局設計，功能很強大，PCB 相對也較強，但是 Sign off 的工具偏弱。

（3）Mentor 也是在後端佈局佈線這部分比較強，在 PCB 上也很有優勢。Calibre signoff 和 DFT 使用非常廣泛，但 Mentor 在整合度上難以與前兩家抗衡。

此外，除銷售 EDA 工具的使用許可（license）外，EDA 企業還可以提供 IP 授權（硬核心和軟核心），這對於很多中小規模的設計公司是很有吸引力的。目前 Synopsys 的 IP 業務全球領先，Cadence 的 IP 業務銷售額也在逐年增加，Mentor 在 IP 業務上和 Synopsys、Cadence 相比幾乎沒有競爭力。

1.1.3　設計方法介紹

下面簡介幾種積體電路主要的設計方法。

全客戶化設計方法（full-custom design approach），即在電晶體的層次上進行每個單元的性能、面積的最佳化設計，每個電晶體的佈局/佈線均由人工設計，並需要人工生成所有層次的光罩。這樣設計得到的晶片具有性能最佳、晶片最小、功耗最低的特點。這種全客戶化設計方法適合於設計整合度極高且具有規則結構的 IC（如各種類型的記憶體晶片）、對對比值要求較高且產量大的晶片（如 CPU、通訊 IC 等），以及類比 IC 和數位類比混合 IC。類比和數位類比混合的電路因為受設計軟體的限制，通常也採用全客戶化設計。

半訂製方法（semi-custom design approach），即設計者在廠商提供的半成品基礎上（半成品晶圓又被稱為母片）繼續完成最終的設計，只需要生成諸如金屬佈線層等幾個特定層次的光罩。根據電路的需求可以採用不同的半成品類型，如閘陣列（gate array）方法：在一個晶片上將預先製造完畢的形狀和尺寸完全相同的邏輯門單元以一定陣列的形式排列在一起，每個單元內部都含有多個元件，陣列之間有規則的佈線通道，用以完成門及閘之間的連接。

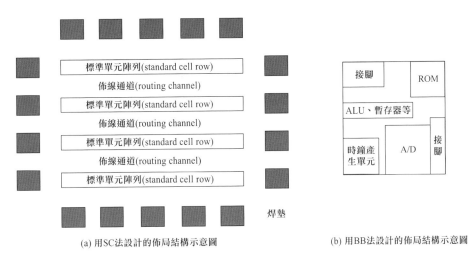

(a) 用SC法設計的佈局結構示意圖　　　　(b) 用BB法設計的佈局結構示意圖

圖 1-6　佈局結構示意圖

訂製方法，它包括標準單元（standard cell，SC）法和積木式法（building block layout，BB）。SC 法是從標準單元資料庫中呼叫事先經過精心設計的邏輯單元，排列成行，行間留有可調整的佈線通道。基本單元具有等高不等寬的結構。再按功能要求將各內部單元以及輸入/輸出單元連接起來，形成所需的專用電路。晶片中心是單元區，輸入/輸出單元和焊墊在晶片四周。圖 1-6（a）是用 SC 法設計的佈局結構示意圖。SC 法看起來與閘陣列法類似，但有許多個基本的不同之處：閘陣列法是基於閘陣列所具有的單元，而 SC 法是基於標準單元資料庫中的標準單元；閘陣列設計只需要訂製部分光罩，而 SC 法設計後需要訂製所有光罩。積木式法又稱通用單元設計法，它與 SC 法不同之處是：第一，它既不要求每個單元（或稱積木式）等高，也不要求等寬，每個單元可根據最合理的情況單獨進行佈局設計，因而可獲得最佳性能，設計好的單元存入資料庫中備呼叫；第二，它沒有統一的佈線通道，而是根據需要加以分配。圖 1-6（b）是 BB 法設計的佈局結構示意圖。用 BB 法設計出來的單元一般是較大規模的功能區塊，如 ROM、RAM、ALU、類比電路等。

可程式化邏輯元件（programmable logic device，PLD）設計方法。可程式化邏輯元件（PLD）實際上是沒有經過佈線的閘陣列電路通用元件，使用者透過對其可程式化的邏輯結構單元進行程式設計來實現特定的功能。這種使用者程式設計的過程就是利用浮動閘極（floating gate）來實現熔斷或電寫入進行現場電路改變，而不需要微電子製程。有些 PLD 可多次擦拭，易於系統設計和修改。PLD 元件主要有 EPROM、FPGA 等幾種類型。在整合度相等的情況下，其價格昂貴，只適用於產品試製階段或小量專用產品。

實際上，在專用積體電路（ASIC）系統的設計中，以上方法可以混合使用。把較大規模的功能區塊（如 ROM、RAM 或類比電路單元）像積木一樣放置在佈局上。每個單元內部仍可以用閘陣列、標準單元方法或全客戶化設計方法設計，如圖 1-7 所示。

在設計過程中還要考慮將來晶片的可測試性，即要求這種設計使得能夠對製造出的晶片做性能測試，並能定位出電路的故障。可測性設計的挑戰是：晶片的接腳（PIN）數目有限，大量晶片內部的資訊無法存取。所以，必須在盡可能少地增加附加引線腳和附加電路，並使晶片在性能損失最小的情況下，滿足電路可控制性和可觀察性的要求。

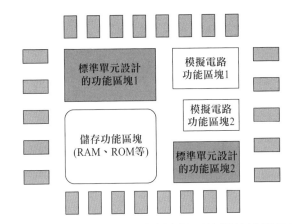

圖 1-7　混合使用不同設計方法得到的晶片結構示意圖

1.2　積體電路製造流程

本書所稱的積體電路製造（如 CMOS 製造製程）特指從晶片的平面設計成功轉移到物理實體的製程過程。本節僅對矽基積體電路製程進行學習和討論，更詳細的製程介紹可查閱參考文獻[5]。

積體電路製造技術或製程技術包括了當今人類精度最高、複雜度最大、製程最嚴格的製程工序。按照製程模組劃分，積體電路製造製程包括四種：增加製程、移除製程、圖形化製程和熱處理製程。按照模組單元劃分，積體電路製造製程包括薄膜生長、薄膜沉積、化學機械研磨、光刻、蝕刻、剝離清洗、離子注入、熱退火、合金化、回流等。其中，增加製程主要有薄膜生長、薄膜沉積、離子注入等；移除製程主要有化學機械研磨、蝕刻、剝離清洗等；圖形化製程包括光刻及部分蝕刻製程等；熱處理製程包括熱退火、合金化和回流等。

積體電路製造流程框架示意圖如圖 1-8 所示。首先需要在晶圓表面生長或沉積薄膜層，若在已有圖形結構的晶圓表面生長或沉積薄膜塗層，則一般需要使用表面平整化製程（特別是化學機械研磨製程），滿足先進節點光刻製程對薄膜平整度和製程控制的要求。隨後將表面平整、薄膜層均勻的晶圓匯入到光刻工序。光刻是實現圖形從光罩版轉移到晶圓的圖形化製程，光刻製程步驟按順序包括：光刻膠旋塗、烘焙、晶圓對準、晶圓曝光、曝光後烘焙、顯影、顯影後烘焙等操作。光刻之後，需要進行圖形尺寸測量、對準偏差測量、缺陷檢測等，只有符合要求的晶圓才會被下放到下一個工序，若不符合參數範圍要求，則需要尋找原因、洗掉晶圓表面光刻膠再重新進行光刻工序。光刻工序是唯一允許返工的工序。光刻之後，晶圓進入蝕刻或離子注入模組，將光刻膠圖形轉移到目標薄膜材料，或對光刻膠未覆蓋區域進行離子注入。之後，晶圓上殘留的光刻膠等薄膜材料將被剝離清洗。若使用離子注入製程，則後續一般需要使用熱處理製程，使離子處於引導狀態。但是，需要注意的是，熱處理帶來了材料薄膜的應力釋放，將導致薄膜層的局部變形或錯位。

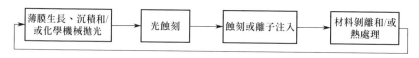

圖 1-8　積體電路製造流程框架示意圖

在 CMOS 製程過程中，通常按照製程模組分為前段製程（front end of line，FEOL）、中段製程（middle of line，MOL）和後段製程（back end of line，BEOL）。前段製程包括製造主動區、阱區、閘極、源極和汲

極等；後段製程包括製造金屬互連線及金屬導通孔，目前的先進節點
（0.18 μm 及更先進節點）大多選用銅作為導電金屬，而不再使用鋁
作為導電金屬；中段製程特指將閘極、源極和汲極與後段金屬線相連
的接觸孔製程，通常使用金屬鎢作為接觸互連金屬。這樣劃分的重要
原因在於避免製程之間的交換污染，特別是後段製程使用了金屬製
程，導致蝕刻機台、化學機械研磨機台等一定不能用於前段製程中。

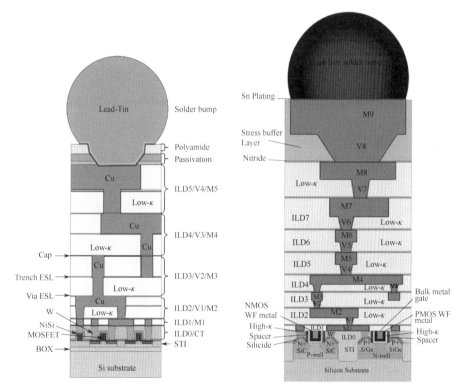

圖 1-9　兩種不同節點的標準晶片結構側面示意圖[5]

根據摩爾定律，晶片關鍵尺寸和單位晶片面積不斷減小，為保證晶片電
學性質和製程可製造，新元件結構、新製程、新材料和新裝置等相繼被
發明並應用。舉例來説，當技術節點發展到 28 nm 時，積體電路製造企

業使用了更先進的浸沒式光刻裝置和一系列的解析度提升技術（光學鄰近修正、次解析度輔助圖形、變型照明、光源光罩聯合最佳化等），並且開始採用金屬閘極和高介電常數媒體材料來代替多晶矽閘級結構，使用應變矽技術提高源極和汲極之間電子或空穴的遷移率等。

圖 1-9 是兩種不同節點的標準晶片結構側面示意圖。其中，左圖為 SOI 基體的晶片結構，它使用了 Cu 和低 κ 材料作為互連導線和絕緣材料，右圖為 28 nm 節點的 HKMG 晶片結構，其主要突破點在於使用了高 κ 材料取代傳統的閘極氧化層，使用金屬取代了多晶矽，源極和汲極採用了應變矽技術（SiGe 或 SiC 等材料），以增強電子和空穴的遷移率等。

我們以 28 nm 節點的 HKMG 為例，簡要列出製程製造流程，以便了解和學習晶片製程過程，以及光刻製程在整個晶片研發和製造過程中的位置和作用。

步驟 1，淺溝槽隔離製程（STI process）

淺溝槽隔離（shallow trench isolation，STI）製程是目前積體電路先進節點用於隔離主動區的重要隔離技術，其代替了大節點下的矽局部氧化 LOCOS 技術，以消除後者所形成的「鳥嘴」效應。對於 28 nm 節點，STI 結構的最小設計寬度已經低至 35 nm，最小週期只有 110 nm 左右，因此必須使用浸沒式光刻製程。另外，使用浸沒光刻製程可以極大地保證光刻圖形位置的準確度，因為該層是後續多個核心圖層的套刻對準參考圖層。對於 14 nm 節點通用的鰭形電晶體（FinFET），使用鰭形結構作為主動結構，將鰭形結構的間隙作為溝槽隔離結構，以實現尺寸壓縮和性能提升。

浸沒式光刻使用了更複雜的薄膜塗層組合，一個推薦的薄膜塗層組合為三塗層（tri-layer）技術，它由有機平坦層（organic planarizing layer，OPL，通常選用旋塗無定形碳 spin-on carbon，SOC）、含矽抗反射層（SiARC）和光刻膠（PR）層組成。之所以採用三種材料塗層，主要是由於浸沒式光刻的最小尺寸降低，要求光刻膠的厚度降低至 100 nm 左右，對光刻膠的轉移蝕刻性帶來了極大挑戰；OPL 層的加入，一方面提高了薄膜平整度，降低了光刻聚焦深度變化對成像品質的影響，另一方面有助轉移蝕刻，並有效降低圖型邊緣粗糙度，從而提高轉移蝕刻後的奈米結構線條邊緣品質。

- 去除晶圓表面隱藏氧化矽；
- 晶圓清洗；
- 生長墊底氧化矽；
- 沉積氮化矽；
- 旋塗 OPL（如無定形碳層）/SiARC/光刻膠薄膜，如圖 1-10（a）所示；
- STI 光罩版對準及光刻（AA 圖層，使用浸沒式 ArF 光刻），如圖 1-10（b）所示；
- 光刻後品質檢測；
- 蝕刻 OPL、氮化矽、墊底氧化矽、矽基體；
- 去除光刻膠、SiARC 層和 OPL；
- 氮化矽適當水平蝕刻（pull back），如圖 1-10（c）所示；
- 高溫熱沉積線性氧化矽薄膜；
- 緻密氧化矽薄膜沉積；
- 高高寬比（HARP）溝槽氧化矽沉積，填充滿 STI；
- 退火；
- CMP 氧化矽；

- 增強高高寬比（EHARP）溝槽退火，形成緻密 STI 結構；
- 蝕刻氮化矽、墊底氧化矽，如圖 1-10（d）所示。

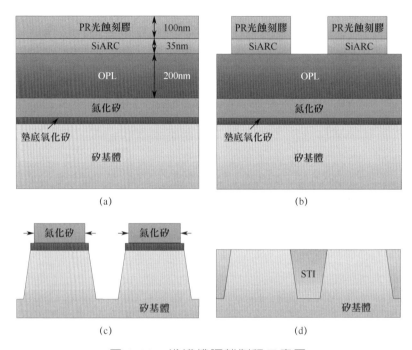

圖 1-10 淺溝槽隔離製程示意圖

步驟 2，阱區注入和功能區離子注入製程

阱區注入包括 P 阱注入、N 阱注入、不同功能區的離子注入等。在該過程中，由於 STI 的自我對準效應，通常使用波長為 248 nm 的 KrF 光刻技術。部分區域採用波長為 193 nm 的 ArF 乾式光刻，主要目的是獲得更高的圖形套刻精度。

- 硼離子注入，形成 P 型基體，如圖 1-11（a）所示；
- 清洗；
- N 阱光刻（旋塗光刻膠，KrF 光刻）；

- N 阱離子注入,如圖 1-11(b)所示;
- 去除光刻膠並清洗;
- P 阱光刻(旋塗光刻膠,KrF 光刻);
- P 阱離子注入,如圖 1-11(c)所示;
- 去除光刻膠並清洗;
- 針對不同功能、不同離子濃度的注入製程,塗膠並光刻(KrF 光刻, 部分區域採用乾式 ArF 光刻);
- 阱區離子注入;
- 光刻膠剝離、犧牲氧化矽剝離、清洗;
- 離子注入後阱區熱退火。

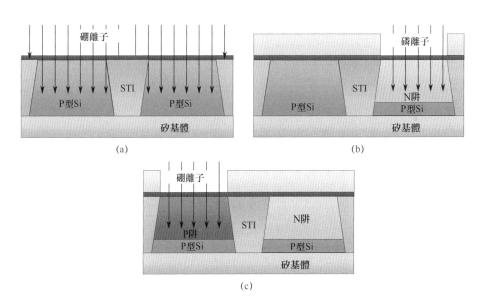

圖 1-11　阱區注入和功能區離子注入製程示意圖

步驟 3,HKMG 製程

HKMG 製程使用了 HfO 等高 κ 媒體層代替閘極氧化矽,並使用了金屬材料作為閘極。按照製程順序的不同，HKMG 製程包括 Gate-first 製程和 Gate-last 製程。兩者的最大區別在於前者在源極和汲極製程之前已經製作好了金屬閘極，後者需要在源極和汲極製程之前首先生長傳統的多晶矽閘極，在源極和汲極製程結束之後再蝕刻掉閘極多晶矽，重新沉積高 κ 材料、閘極金屬材料。

在本步驟中，首先以 Gate-first 為例進行簡要製程流程說明。對於 Gate-last 製程，將在步驟 4 中進行簡要說明。

- 晶圓傳遞到高 κ 區域；
- 原子層沉積（ALD）製程沉積 HfO；
- 沉積 P 型金屬薄膜層，如圖 1-12（a）所示；
- 清洗；
- N 型金屬閘級沉積區光刻（KrF 光刻）；
- P 型閘極金屬蝕刻；
- 光刻膠剝離並清洗；
- 沉積 N 型金屬薄膜層，如圖 1-12（b）所示；
- 高溫沉積多晶矽；
- 快速熱退火；
- 退火後濕法清洗多晶矽和未反應的 N 型、P 型閘極金屬；
- 沉積 TiN 薄層；
- 高溫沉積多晶矽；
- 清洗（晶圓回轉到 FEOL 區）；
- 沉積薄層犧牲氧化矽；
- 沉積緻密氮化矽和氧化矽；
- OPL 旋塗、光刻膠堆疊薄膜旋塗，如圖 1-12（c）所示；
- 閘極（PC）光刻（使用浸沒式 ArF 光刻）；

- 光刻後圖形檢測；
- 蝕刻；
- 光刻膠剝離、清洗，如圖 1-12（d）所示；
- OPL 旋塗、光刻膠堆疊薄膜旋塗，如圖 1-12（e）所示；
- 閘極裁剪（CT）光刻（使用浸沒式 ArF 光刻）；
- 光刻後圖形檢測；
- 蝕刻、剝離、清洗，如圖 1-12（f）所示；
- 側壁沉積氮化矽；
- 垂直蝕刻氮化矽，形成側壁（spacer），如圖 1-12（g）所示；
- 清洗。

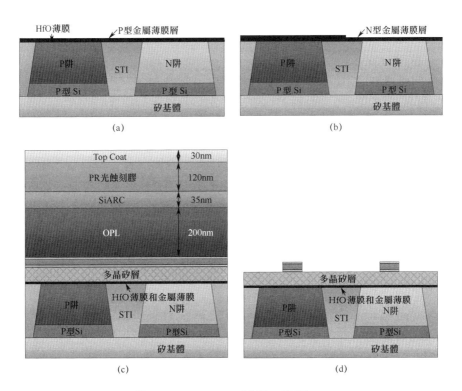

圖 1-12　HKMG 製程示意圖

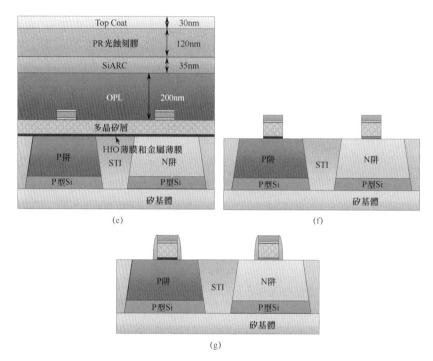

圖 1-12　HKMG 製程示意圖（續）

步驟 4，源汲區製程和後閘級製程

源汲區製程用於實現 N 阱和 P 阱的源區和汲區。對於後閘級 Gate-last 製程，在源區和汲區製程之後，光刻並蝕刻掉多晶矽和氧化矽材料，之後生長 HfO 高 κ 材料薄膜、P/N 區各自的閘極金屬疊層。Gate-last 製程的電學性質更好，因此被 Intel、TSMC 等企業廣泛採用。

- 沉積氧化矽和氮化矽薄膜，如圖 1-13（a）所示；
- P 阱區 SiGe 外延製程光刻（KrF 光刻）；
- 濕法蝕刻 Si，形成規則結構，如圖 1-13（b）所示；
- 外延生長 P 阱區 SiGe 源區和汲區；
- 退火、蝕刻、清洗，如圖 1-13（c）所示；

- 不同區域選擇最佳光刻方法（KrF、ArF 光刻）；
- 矽表面淺層離子注入（大角度 Halo 注入製程）；
- 源區和汲區離子注入（延伸超淺結注入製程）；
- 光刻膠剝離、清洗；
- Halo/Ext 之後雷射退火、清洗，如圖 1-13（d）所示；
- （若採用 Gate-last 後金屬閘級製程，則需要對 Gate 相關製程進行調整，在步驟 4 之後進行以下操作）；
- 沉積氧化矽媒體層並 CMP；
- 閘極區域光刻（KrF 光刻）；
- 蝕刻多晶矽；
- 沉積高 κ 媒體薄膜；
- N 阱和 P 阱分別光刻（KrF 光刻）；
- 分別沉積不同的金屬閘極材料；
- 蝕刻和 CMP，形成金屬閘級結構。

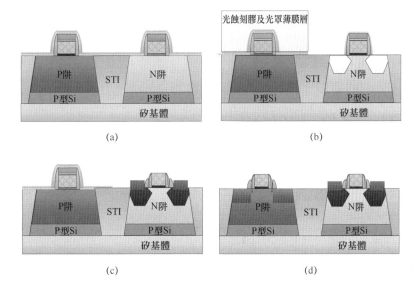

圖 1-13　源汲區製程和後閘級製程示意圖

步驟 5，連接製程

連接製程也稱中段製程（middle of line，MOL），即使用導通孔將閘極、源極和汲極與後段製程的金屬線連接。

28 nm 節點的最小導通孔週期只有 100 nm 左右，最小導通孔直徑只有 36 nm。與線條結構不同，導通孔被視為二維結構，其很難像一維線條圖形那樣使用二元照明獲得最大的光學解析度。因此，為了實現最佳光刻品質，需要同時使用專門的光刻膠材料、最佳化最佳的環狀照明或四極照明光源、使用光學鄰近修正對光罩進行修正等。對於更小技術節點孔形結構的光刻製程，特別是週期接近浸沒式光刻極限時，使用亮場光罩和負顯影製程來提高孔形結構的光刻後圖形品質。

- 薄膜沉積鎳；
- 快速熱退火；
- 剝離多餘的鎳合金，如圖 1-14（a）所示；
- 蝕刻側壁；
- 氮化矽薄膜線性沉積、犧牲層氧化矽、矽酸乙酯（TEOS）沉積；
- CMP 平面化、清洗；
- 沉積光刻膠薄膜，如圖 1-14（b）所示；
- 接觸孔光刻（使用浸沒式 ArF 光刻）；
- 光刻後圖形檢測；
- 蝕刻 TEOS、氧化矽、氮化矽；
- 氮化鈦薄膜沉積；
- 沉積金屬鎢；
- CMP 鎢，如圖 1-14（c）所示；
- 晶圓清洗。

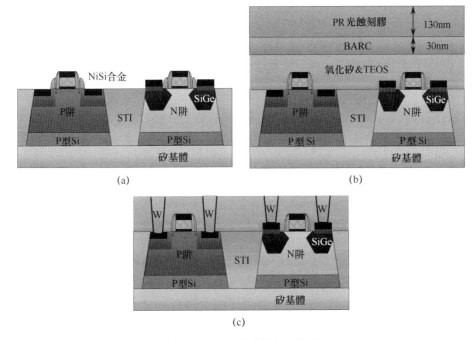

圖 1-14　連接製程示意圖

步驟 6，後段銅互連製程（back end of line，BEOL）

後段銅互連製程是指將特定功能結構進行連線，包括兩大類製程：金屬線條製程（metal）和金屬孔互連製程（又稱導通孔，via）。第一金屬層（M1）是後段製程的起始製程，也是最複雜的製程之一，其線條排列呈現準二維圖形特點，從而要求必須對製程和設計規範進行綜合計算，對於 28 nm 及更先進節點，光源、光罩等協作最佳化已經成為必需的。此外，一次光刻往往難以實現 M1 的功能佈線，這就要求設計者對 M1 佈線進行有利於光刻實現的最佳佈線分配，如有利於圖形拆分，或採用準一維的佈線設計。

第一導通孔層（V1）和第二金屬層（M2）通常採用雙鑲嵌（dual-damascus）製程，即首先光刻形成 M2 圖形，轉移蝕刻到硬掩膜上，之後進行 V1 光刻，並經過一次轉移蝕刻，實現 V1 和 M2 兩種圖形。這種製程採用了自我對準原理，即 V1 金屬孔圖形必須在 M2 金屬線條所覆蓋的範圍內，因此可以有效提高製程對準品質、降低光刻控制難度、減少製程步驟。

- M1 阻礙層薄膜沉積；
- SiCOH 薄膜沉積；
- TEOS 氧化矽沉積；
- OPL 旋塗、光刻膠堆疊塗層旋塗，如圖 1-15（a）所示；
- M1 光刻（使用浸沒式 ArF 光刻）；
- 光刻後圖形檢測；
- 蝕刻、清洗；
- Cu 金屬填充（阻礙層薄膜沉積、Cu 籽晶層、Cu 電鍍層）；
- CMP 金屬 Cu、退火；
- CMP 平整化，如圖 1-15（b）所示；
- 清洗；
- M2 阻礙層薄膜沉積；
- 超低 κ 電介質 SiCOH 薄膜沉積；
- 紫外固化；
- 超低 κ 電介質 SiCOH 薄膜沉積；
- TEOS 薄膜沉積；
- TiN 金屬硬掩膜層沉積；
- OPL 旋塗、光刻膠堆疊塗層旋塗；
- M2 光刻（使用浸沒式 ArF 光刻）；

- 光刻後圖形檢測；
- 蝕刻，如圖 1-15（c）所示；
- V1 OPL 旋塗；
- V1 光刻（使用浸沒式 ArF 光刻）及蝕刻，如圖 1-15（d）所示；
- 蝕刻低介電常數材料塗層；
- 清洗；
- Cu 金屬填充（阻礙層薄膜沉積、Cu 籽晶層、Cu 電鍍層）；
- CMP Cu；
- Cu 金屬退火；
- CMP 平整化，如圖 1-15（e）所示；
- 其餘金屬層和導通孔層製程，步驟與上述 M2、V1 相似。

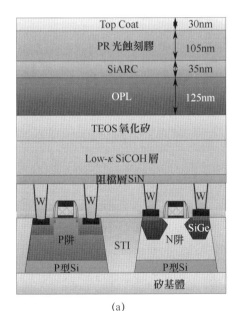
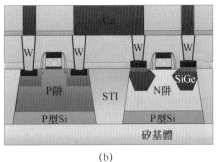

圖 1-15　銅互連製程示意圖

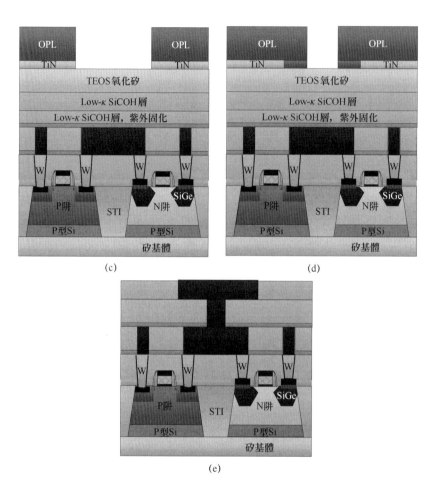

圖 1-15　銅互連製程示意圖（續）

隨著製程節點變小，光刻製程複雜性逐漸增加。實現更小週期、更小尺寸的圖形成像，需要調集更多的資源、探索更新的光刻技術。在新產品研發階段，光刻製程往往是晶片研發成敗的關鍵製程，原因有多個方面：晶片設計是否滿足光刻製程要求，即按照新節點設計規範而繪製的晶片佈局中是否存在光刻製程視窗的限制圖形；運算微影（computational lithography），特別是光學鄰近修正（optical proximity correction，OPC）模型是否匹配晶片設計佈局的所有關鍵圖形；光刻所需的新裝置、新材料和新製程是否達到或滿足最小圖形尺寸、最小套刻誤差、最小缺陷數量和最佳圖形形貌的要求等[6]。因此，學習並熟悉製程流程，對於我們深入瞭解佈局設計和光刻製程具有非常重要的幫助作用。

1.3 可製造性檢查與設計製造協作最佳化

積體電路生產分成設計和製造兩部分。設計公司完成電路設計，並把完成後的佈局發送給代工廠；代工廠根據佈局製備光罩，完成晶片的製造。光罩也可以由其他獨立的光罩公司製備完成後，發送給代工廠用於流片。設計與製造之間最重要的互動件就是佈局。從設計公司的角度講，佈局必須正確地對應設計電路，以保證實現設計所需要的功能；從代工廠的角度講，佈局必須具備可製造性，即在當前的製程水準下，佈局可以透過光刻和蝕刻被忠實地轉移到基體上。

在最初的大尺寸技術節點下，並不需要過多地考慮設計者和製造廠之間交流的問題，兩者的工作可以相對獨立。在 250 nm 以上技術節點時代，佈局可以不經修正，直接發送給光罩廠進行後續工序。從 180 nm 技術節點開始，曝光時的衍射和干涉效應不能被忽略，必須對佈局引進鄰近效應修正（OPC）。65 nm 技術節點以下，即使使用了各種解析度提升技術，有些佈局仍然無法曝光，積體電路生產廠就需要設定規則對佈局的設計進行限定和要求，即可製造性設計（design for manufacturability，DFM）。設計出的佈局必須透過可製造性檢查才能發給光罩廠（代工廠）。在諸多製造製程中光刻是唯一能產生圖形的製程，所謂的可製造性檢查主要是指光刻製程的可行性和製程視窗檢查。

1.3.1 可製造性檢查（DFM）

DFM 主要是依靠於嚴格的設計規範檢查（design rule correction，DRC）。代工廠向設計公司提供一個比較完整的設計規範庫（design rule library），這個資料庫裡面包含有各種不適合光刻製程的圖形。軟體把設計佈局拆分，與這個資料庫裡的圖形對照，從而發現並標注出不適合製造的部分。

在先進節點，佈局的複雜度有了大幅度的提高，特別是二維（2D）圖形較多。為此，在傳統 DRC 的基礎上，EDA 公司又開發了很多附加功能。

（1）圖形匹配（pattern matching）又叫 DRCplus。該軟體在佈局中找 2D 的圖形，根據 DRC，檢查其可製造性。它可以發現 2D 圖形的壞點（hotspots），但缺點是它只能檢查出有規則設定的 2D 圖形。

（2）光刻製程檢查（litho-friendly design，LFD）是在佈局發送到光罩廠之前（tapeout）的驗證工具（verification tool），它幫助確定佈局對製程變異的靈敏度，即計算製程變異的頻寬（PV-band）。它用於計算的模型（model）是由 OPC 提供的。

（3）可製造程度分析（manufacturing analysis and scoring，MAS），它根據規則對佈局做評估，統計出違反某個特定規則的比例和在佈局上的分佈。

（4）提高製程良率的工具（yield enhancement suite，YES）。這個軟體根據有關的規則在佈局上增加一些有利於製程和元件可靠性的圖形，如增加多餘的導通孔（redundant via）、把方形的導通孔改變成長形（via bar）的、增大金屬層圖形的面積等。

1.3.2　設計與製造技術協作最佳化（DTCO）

隨著技術節點的進一步縮小，設計和製程愈加複雜。在可製造性設計的基礎之上，積體電路製造提出了一種新的技術理念，即設計與製造協作最佳化（design and technology co-optimization，DTCO）[7]。作為 DFM 思想的發展進化，DTCO 綜合考慮設計與製造各方面的情況，架起了設計者和代工廠之間雙向交流的橋樑，對提升積體電路製造的製程良率具有十分重要的意義。

DFM 是基於成熟的設計規範，即其所依賴的製程技術基本研發完成；而 DTCO 主要用於早期的研發，並延伸到良率提升（yield learning）階段。另外，DFM 的規則是代工廠的製程工程師提供給設計工程師的，它是一個方向的交流，DTCO 則提供了雙向的資訊交流。

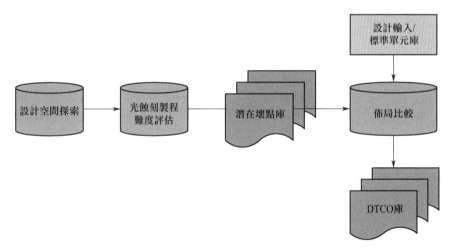

圖 1-16　一個保證光刻製程可行性的 DTCO 流程

圖 1-16 是一個保證光刻製程可行性的 DTCO 流程，由 Mentor 公司提供。首先對各種設計圖形做光刻製程難度評估，產生一個儘量完備的壞點庫（hotspots library）。這個壞點庫將來用於檢查佈局，圖形匹配

軟體檢查佈局中的各部分，並與壞點庫中的圖形進行比較，找出可製造性差的部分。這個流程中的「設計空間探索」是指使用一種專門的圖形生成軟體（layout schema generator，LSG）基於基本設計規範（ground design rule）生成各種圖形（clips）。這一軟體使用 Monte Carlo 演算法，像搭積木一樣生成各種圖形，圖形的寬度則由基本設計規範確定。流程中的「光刻製程難度評估」就是光刻模擬軟體，它對 LSG 生成的圖形做光刻模擬計算，以確定其可製造性。

本章參考文獻

[1] 拉貝艾、錢德卡桑等合著. 數位整合電路: 電路、系統與設計[M]. 2 版. 北京: 電子工業出版社，2010.

[2] 韋斯特. CMOS 超大規模整合電路設計[M]. 北京: 電子工業出版社，2012.

[3] 陳春章，艾霞，王國雄. 數位整合電路物理設計（國家整合電路工程領域工程碩士系列教材）[M]. 北京: 科學出版社，2008.

[4] 韓雁. 整合電路設計製造中 EDA 工具實用教程[M]. 杭州: 浙江大學出版社，2007.

[5] XIAO H. Introduction to Semiconductor Manufacturing Technology [M]. 2nd ed. Bellingham: SPIE Press, 2012.

[6] 韋亞一. 超大規模整合電路先進光刻理論與應用[M]. 北京: 科學出版社，2016.

[7] LIEBMANN L, CHU A, GUTWIN P. The daunting complexity of scaling to 7 nm without EUV: Pushing DTCO to the extreme[C]. Proc SPIE, 2015, 9427, 942702.

Chapter 02

積體電路物理設計

積體電路物理設計是以性能、功耗和面積為考量指標，將電路網路表檔案及約束檔案轉為可用於製造的佈局檔案的過程。在早期，晶片的物理設計可以透過人工訂製完成，但隨著晶片中電晶體的規模越來越大，尤其是數位電路的物理設計是基於標準單元的層次化設計，這就為電子設計自動化（electronic design automation，EDA）軟體提供了良好的環境。在 EDA 軟體的輔助下，工程師的精力不必放在每一個標準單元的位置置放上，尤其是那些非關鍵的時序路徑；工程師可以更有針對性地關注晶片的整體晶片配置，規劃電源網路，以及提供給 EDA 軟體有效約束之後指導軟體自動佈局佈線（place and route），分析關鍵的時序路徑，列出訂製化的方案，從而使得晶片的物理設計能夠更快地收斂，縮短整個設計過程的週期，降低晶片的設計成本。物理設計中最為關心的三個參數是性能（performance）、功耗（power）和面積（area），簡稱 PPA。

數位電路物理設計流程如圖 2-1 所示，包括了設計匯入、晶片配置（floorplan）與電源規劃、佈局、時鐘樹綜合（clock tree synthesis，CTS）、佈線和簽核（時序簽核、功耗簽核和物理驗證）。本章在簡單介紹各個步驟的基礎上，將著重介紹實際的設計過程中各階段所採用的方法，如電源網路的設計、靜態隨機存取記憶體（static random-access memory，SRAM）相關閂鎖器的位置置放、有用時鐘偏移（useful skew）、非正常設計規範、減少干擾的方法等。

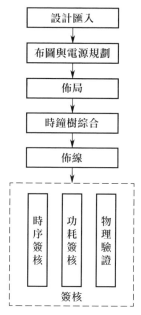

圖 2-1　數位電路物理設計流程

常見的物理設計 EDA 軟體包括物理設計工具、時序簽核工具、功耗簽核工具和物理驗證簽核工具等，見表 2-1。

表 2-1　常見的物理設計 EDA 軟體

物理設計工具	Innovus Implementation System, IC Compiler II, Empyrean ClockExplorer
時序簽核工具	Tempus Timing Signoff Solution, PrimeTime
功耗簽核工具	Voltus IC Power Integrity Solution
物理驗證簽核工具	Calibre, IC Validator

2.1　設計匯入

設計匯入（design in）階段主要包括將設計前端的網路表檔案、時序約束檔案、功耗約束檔案及對應 PDK 檔案匯入到物理設計的軟體中，建立初步的專案檔案；進而分析在沒有佈局和佈線等物理資訊時該模組的時序，並與設計前端中得到時序結果進行比較。

2.1.1　製程設計套件的組成

製程設計套件（process design kits，PDK）檔案包括技術檔案、設計規範檔案、積體電路模擬程式（simulation program with integrated circuit emphasis，SPICE）模型及網路表、標準單元資料庫和時序資料庫。

技術檔案（technology file）是 Fab 提供給設計公司的檔案，其中記錄了製程的相關資訊，包括各層的層標誌、光罩名稱、圖形標識資訊、圖形週期（pitch）、最小線寬（minimum width）、最小邊距（minimum space）、最小面積、厚度、各種導通孔的定義和較複雜圖形（線到端的間距、點對點的間距、圖形密度）的設計規範。設計規範檔案則詳細、完整地定義了每一層佈局的規則，用於指導晶片配置、佈局和佈線，並在物理驗證中進行設計規範檢查，確保簽核的完成。

SPICE 模型是由 Foundry 提供的模擬模型檔案，定義了電晶體的模型方程式和對應參數。一個較優的元件模型，應當既能正確反映元件的電學特性，又能在電腦上進行數值求解。SPICE 網路表定義了每個標準單元內部的拓撲結構和元件參數，由元件描述敘述、模型描述敘述、電源敘述等組成。

標準單元資料庫包含了標準單元的圖形設計系統（graphic design system，GDS）格式、資料庫交換格式（library exchange format，LEF）、時序資料庫（timing library）。GDS 檔案是標準單元的佈局，定義了各層的圖形，包括層號（layer number）和資料編號（data number）。LEF 檔案是標準單元佈局的簡化，包含了標準單元的大小和各個通訊埠的資訊。標準單元大小用於整個物理設計階段中標準單元位置的置放和最佳化。各個通訊埠的資訊，用於電源網路連接和繞線時所需的通訊埠處金屬層、大小和位置。LEF 檔案作為一個黑盒子，內部元件層是不可見的，但其包含了簽核前各個階段所需的資訊，有利於提升軟體的效率。時序資料庫包含了各個標準單元的建立時間和持續時間、功耗等資訊，用於整個物理設計過程中的時序模擬和功耗模擬。

2.1.2 標準單元

標準單元通常分為組合單元和時序單元。組合單元又稱組合電路，特點是任意時刻的輸出訊號與訊號作用前電路的狀態無關，僅取決於當前時刻的輸入訊號。常見的組合標準單元包括反相器、緩衝器、反及閘、反或閘等。

反相器是組合單元中最基本的單元，由一個 NMOS（n-channel MOS）和一個 PMOS（p-channel MOS）組成，NMOS 和 PMOS 均為金屬氧化物半導體場效應電晶體（metal-oxide-semiconductor field effect transistor，MOSFET）。根據輸入訊號電位的不同，PMOS 和 NMOS 分別在對應電位下開啟及關斷。舉例來説，當輸入為高電位時，NMOS 的源汲導通，PMOS 的源汲關斷，輸出被下拉到低電位；相反，當輸入為低電位時，NMOS 的源汲關斷，PMOS 的源汲導通，輸出被上拉到高電位，最終造成反相的作用。反相器電路圖如圖 2-2 所示。反相器佈局如圖 2-3 所示。對於 CMOS（complimentary MOS）組成的標準單元，PMOS 位於上方，NMOS 位於下方。電源線的寬度通常大於訊號線的寬度，進而保證電源網路的穩定性。

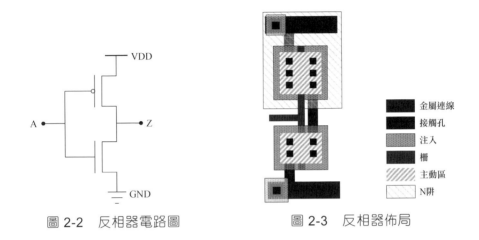

圖 2-2　反相器電路圖　　圖 2-3　反相器佈局

反及閘由兩個 NMOS 和兩個 PMOS 組成，其中，兩個 NMOS 串聯，兩個 PMOS 並聯，電路圖如圖 2-4 所示。及閘的組成為反及閘和反相器的串聯，電路圖如圖 2-4（a）所示。同理，反或閘兩個 NMOS 和兩個 PMOS 組成，其中，兩個 NMOS 並聯，兩個 PMOS 串聯，電路圖如圖 2-4（a）所示。或閘的組成為反或閘和反相器的串聯，電路圖如圖 2-4（b）所示。

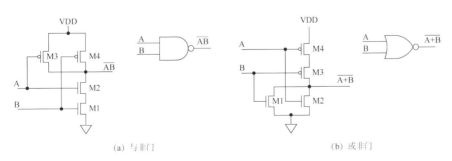

(a) 与非门　　　　　　　　　　　　　　(b) 或非门

圖 2-4　反及閘、反或閘

時序單元又稱時序電路，其特點是任意時刻的輸出訊號不僅與當前時刻的輸入訊號有關，還取決於訊號作用前電路的狀態。時序單元包括門鎖器、暫存器等。門鎖器是一個電位敏感電路，當不存在鎖存訊號時，輸出端的訊號隨輸入訊號變化，就像訊號透過一個緩衝器一樣，此時門鎖器處於透明模式；當鎖存訊號輸入時，資料被鎖住，輸入訊號不起作用，此時門鎖器處於保持模式[1]。與門鎖器的電位觸發不同，暫存器為邊沿觸發，即只在時鐘翻轉時取樣輸入，可分為正沿觸發暫存器和負沿觸發暫存器。門鎖器與暫存器的差異如圖 2-5 所示。可以看出，門鎖器輸出端 Q 在時鐘訊號輸入端 Clk 為 1 的時候隨輸入端 D 的變化而變化，暫存器輸出端 Q 僅在 Clk 為上昇緣觸發的時刻擷取 D 的訊號。

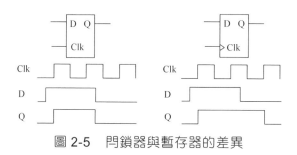

圖 2-5　門鎖器與暫存器的差異

2.1.3　設計匯入流程

設計匯入流程如圖 2-6 所示。輸入檔案包括：網路表檔案、標準設計約束（standard design constraints，SDC）檔案、PDK 檔案。網路表檔案是由設計前端列出的暫存器傳輸級（register transfer level，RTL）檔案根據所採用的技術檔案及標準單元資料庫綜合得到的。標準約束檔案包括時鐘訊號的定義、輸入和輸出訊號的延遲、輸入訊號的轉換時間、輸出訊號的負載及時鐘有用偏差的定義。

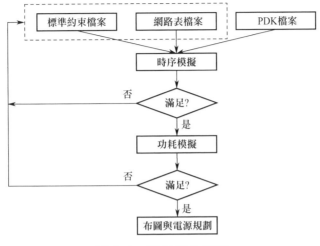

圖 2-6　設計匯入流程

2.1.4　標準單元類型選取及 IP 清單

對初始的標準單元類型進行設定，保證各種類型的所佔比例，從而平衡整個模組的功耗和時序。常見的分類標準為閘極通道摻雜類型、閘極通道長度和驅動能力。以 40 nm 製程庫為例，閘極通道摻雜類型可分為超低電壓電晶體（ultra-low voltage transistor，ULVT）、低電壓電晶體（low voltage transistor，LVT）、標準電壓電晶體（standard voltage transistor，SVT）、高電壓電晶體（high voltage transistor，HVT）和超高電壓電晶體（ultra-high voltage transistor，UHVT）；閘極通道長度包括 40 nm、45 nm、50 nm；驅動能力分為 1X、2X、4X、8X、16X（其中，2X 代表 2 倍驅動能力）。一般來說隨著電壓的升高，功耗降低，速度變慢；隨著閘極通道長度的增加，速度變慢。不同類型單元的性能功耗分佈如圖 2-7 所示。可以看出，SVT50（採用標準電壓的閘極通道長度為 50 nm 的標準單元）比 HVT40 的功耗低、速度快。

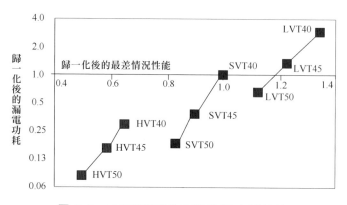

圖 2-7 不同類型單元的性能功耗分佈

在設計領域，經常聽到的詞是 IP 核心，IP 是智慧財產權（intellectual property）的英文縮寫。IP 核心是指由專業公司開發的一段具有特定功能的電路模組。設計人員能夠以 IP 核心為基礎進行專用積體電路系統的設計，以減少設計所需的時間。為了對設計所使用的 IP 有全面的把握，通常會建立一個 IP 列表，列明所用 IP 的類型、通訊埠數量等資訊。同時，根據物理設計中 IP 通訊埠所選用的金屬層，對每一個 IP 進行 LEF 的取出，便於後續電源網路的連接和繞線。

2.2　晶片配置與電源規劃

晶片配置與電源規劃階段主要根據整個晶片規範中定義的晶片大小及封裝中對應凸塊位置，進行晶片大小的規劃、電源網路的規劃和設計，以及頂層模組的位置分佈，以保證電源網路的穩健性和繞線的壅塞（congestion）程度滿足要求。

2.2.1 晶片面積規劃

物理設計的三個重要指標是性能、功耗和面積。晶片的面積和成本直接相關，較小的晶片面積能夠使得在一片晶圓上切割出更多的晶片，從而有效降低晶片的成本。同時晶片的面積也和物理設計收斂相關。晶片面積過小，會使得繞線過於壅塞，進而帶來時序難以收斂的問題。晶片面積和所採用的金屬層數有關，大部分的情況下，增加金屬層數可以縮小晶片面積。增加金屬層數，等於把互連線的維度沿垂直於晶片表面的方向發展。晶片面積和晶片的通訊埠數量有關，如果通訊埠數量過多，則晶片面積受限於通訊埠；反之，則受限於標準單元的數量及繞線的壅塞程度。因此，晶片面積的規劃應當折中考慮這四個因素。

2.2.2 電源網路設計

電源網路的設計首先要考慮所採用的金屬連線的層數。不同的金屬層數電源網路的規劃也有所不同。如常見 1P7M5X1Z 具有 7 層金屬連線，包含了 6 層 X 金屬和 1 層 Z 金屬。這裡的 X 和 Y 分別代表金屬的不同厚度，同時設計規範中的寬度也有所不同。此時，採用的電源網路常為第 1 層和第 3 層形成的底層電源網路，第 6 層和第 7 層形成的高層電源網路，並透過中間幾層的金屬層和導通孔層組成的疊層導通孔層連接底層電源網路和高層電源網路。如 1P9M5X2Y1Z 具有 9 層金屬連線，包含了 6 層 X 金屬、2 層 Y 金屬和 1 層 Z 金屬。對應的電源網路常為第 1 層和第 3 層形成的底層電源網路，第 6 層形成的中層電源互連，第 8 層和第 9 層形成的高層電源網路，並透過中間幾層的金屬層和導通孔層組成的疊層導通孔層連接底層電源網路和高層電源網路。

電源網路應當在滿足電壓降的情況下佔用較少的繞線資源。首先，從凸塊連接至標準單元電源通訊埠的各層金屬和導通孔應當滿足各自的電壓降的需求，電流從上往下均勻地流下。其次，IP 模組和標準單元的功耗不同，應根據 IP 模組和標準單元分佈的不同，來確定電源網格的密度。最後，電源網路並不是越密越好，對於固定面積的晶片，繞線資源是一定的，因此需要合理地分配電源網路和訊號繞線。對於電源網路的指標主要為電壓降和接地彈跳（ground bounce），通常為不能超過電源電壓的 5%，從而保證所連接的每一個標準單元包括 IP，工作和關斷時的電壓穩定。電源網路如圖 2-8 所示，其中右斜線區域為第 2 層金屬連線，左斜線區域為第 3 層金屬連線，左斜線區域中的方格為第 2 層導通孔，共同組成了電源網路。點畫線區域為標準單元內部的第 1 層金屬連線，是標準單元的訊號線。

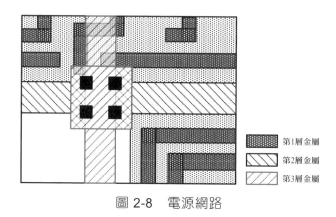

圖 2-8　電源網路

2.2.3　SRAM、IP、通訊埠分佈

晶片配置階段的主要工作之一是完成 SRAM、IP 和通訊埠的位置置放。由於 SRAM 和 IP 的大小相對於標準單元大很多，是模組層級中功能較為複雜的單一模組，決定了大致的資料流程走向，所以這種等

級模組不是交給工具去完成，而是採用人工訂製的方法，在晶片配置階段完成位置置放及對應供電網路的連接。在位置置放時，會參考各個子模組的大致位置分佈，避免後續繞線發生壅塞的情況。通訊埠分佈需要結合頂層凸塊（bump）的位置和子模組的位置分佈，來確保整個連線的通暢。在晶片配置階段會根據系統層面指定的凸塊位置分佈，設計凸塊的電路網路，以及這些凸塊和對應通訊埠的訊號連線，這些訊號連線多採用頂層金屬完成。SRAM、IP 和通訊埠位置置放後的晶片示意圖，如圖 2-9 所示。

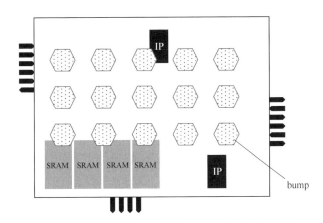

圖 2-9　SRAM、IP 和通訊埠位置置放後的晶片示意圖

如果是頂層設計，則需要考慮各個模組的位置，相鄰的模組之間應當預留出繞線通道和放置特定標準單元的位置。該特定標準單元是用於連接不同電壓域的低功耗單元、用於滿足時序要求的緩衝器單元等。

2.2.4　低功耗設計與通用功耗格式匯入

常見的降低功耗技術包括多電壓技術（multi-Vt）、時鐘開關技術（clock gating）等。先進的降低功耗技術包括多供電電壓技術（multi-voltage）、區域電源關斷技術（power shut off）、動態電壓調頻技術（dynamic voltage frequency scaling）、基體偏置技術（body-biasing）等[2]。各種低功耗技術的比較如圖 2-10 所示。可以看出，在性能指標方面，低功耗技術在降低功耗的同時，對時序及面積都會造成影響，是 PPA 相互平衡的過程。

低功耗約束檔案主要定義了電路中所使用的各種電壓訊號，以及由此劃分的電壓域和所採用的各種低功耗單元。同時，該檔案定義了各個電壓域的可關斷狀況，如常開電壓域、可關斷電壓域。根據電壓域的定義，在晶片配置階段中完成電壓域的區域劃分和對應低功耗單元的位置置放，進而形成完整的電源網路。常見的低功耗約束檔案有 Cadence 公司的通用功耗格式（common power format，CPF）檔案和 Synopsys 公司的統一功耗格式（unified power format，UPF）檔案。

低功耗技術	漏電功耗	動態功耗	時序	面積	對物理設計的影響	對邏輯設計的影響	對驗證的影響
多閾值電壓技術	6X	0%	2%	-2%~2%	低	無	無
時鐘開關技術	0X	20%	0%	2%	低	低	無
多供電電壓技術	2X	40%~50%	0%	<10%	中	中	低
區域電源關斷技術	10X~50X	約 0%	4%~8%	5%~15%	中高	高	高
動態電壓調頻技術	2X~3X	40%~70%	0%	<10%	高	高	高
基體偏置技術	4X	約 0%	3%	2%	高	高	高

圖 2-10　各種低功耗技術的比較

常見的低功耗單元包括電源閘控單元、隔離單元、常開單元、電位轉換單元、可記憶的暫存器等。電源閘控單元（power gating cell）包括控制訊號的輸入通訊埠 NSI 及輸出通訊埠 NSO、供電電壓通訊埠

TVDD 和輸出電壓通訊埠 VDD，如圖 2-11 所示。透過控制訊號的電位變化控制 VDD 通訊埠是否和 TVDD 通訊埠接通，進而實現控制某區域的電源供電情況。

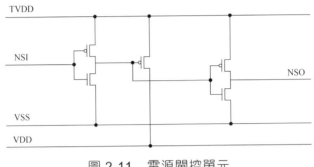

圖 2-11 電源閘控單元

隔離單元（isolation cell）用於控制不同電壓域之間訊號通路的開關狀態。常開單元（always-on cell）能夠在可關斷的電壓域中連接常開電源網路處於開啟狀態，不會受到當前電壓域開關狀態的影響。

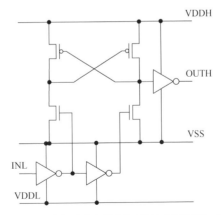

圖 2-12 低壓域到高壓域的電位轉換單元電路圖

電位轉換單元（level shifter cell）包括輸入訊號 INL 及輸出訊號 OUTH、連結的兩個電壓域的電壓通訊埠 VDDH 和 VDDL、接地通訊埠 VSS。該單元用於轉換不同電壓域的訊號供電電壓，包括高壓域到低壓域的電位轉換單元和低壓域到高壓域的電位轉換單元，其電路圖如圖 2-12 所示。可記憶的暫存器（state-retention power-gated register）用於當前電壓域關斷時，該暫存器記憶輸出能夠持續保存，當前電壓域再次開啟時，該暫存器能夠在更短時間內恢復，進而縮短系統的引導時間。

2.3　佈局

佈局（place）階段主要根據晶片配置及電源規劃進行模組約束規劃，設定有用時鐘偏移，制定 latch 的放置區域，同時制定不可修改單元（don't touch cell）和不可使用單元（don't use cell），然後進行佈局。佈局後，進行時序分析並考量標準單元的圖形密度。

2.3.1　模組約束類型

常見的模組約束定義了控制模組的位置置放的約束。類型包括模組指導約束（guide）、模組區域約束（region）、模組柵欄約束（fence）三種。guide 指導相關模組進行位置置放，是一種軟約束，相關模組的標準單元儘量放在指定的區域內，也可以根據連接關係放在區域的外面，同時其他模組的標準單元也可以放在該區域內，如圖 2-13（a）所示。region 是一種強約束，相關模組的標準單元必須放在指定的區域內，同時其他模組的標準單元也可以放在該區域內，如圖 2-13（b）所示。fence 是一種硬約束，相關模組的標準單元必須放在指定的區域內，同時其他模組的標準單元不可以放在該區域內，如圖 2-13（c）所示。

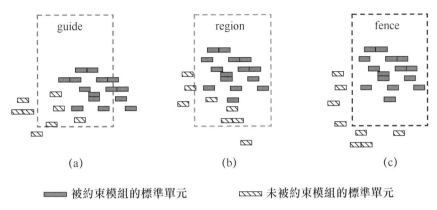

　　　　(a)　　　　　　　　(b)　　　　　　　　(c)

▬▬ 被約束模組的標準單元　　　▨▨ 未被約束模組的標準單元

圖 2-13　guide、region、fence 的區別

2.3.2　壅塞

壅塞表徵了在繞線前預估的連線的緊密程度及可實現性。較大的壅塞會導致在繞線階段，無法完成繞線或形成最為緻密的連線，增加了線與線之間的耦合電容，進而增加了連線的延遲時間，造成時序違規。

對於部分低功耗單元的第二電源通訊埠通常在繞線階段完成，如常開緩衝器的第二電源通訊埠。這是由於這些單元依賴於與其相連的標準單元的位置，需要在佈局階段才能確定位置。其所連接的第二電源會在繞線階段根據繞線通道和最近的電源網路相連接。

1.　壅塞的表徵

壅塞在物理設計過程中通常使用壅塞標記來表徵，如圖 2-14 所示。在實際佈線中多採用水平或豎直方向走向，因此根據方向的不同，壅塞分為水平壅塞和豎直壅塞，分別用 H 和 V 表示。其中，壅塞的程度用不同的顏色表示。每個單位區域包含了 10 個全域單元。圖 2-14 中上面的單位區域的豎直壅塞程度為 1 級壅塞，即該區域可供走線的軌道數量為 50，而實際中需要有 51 條繞線從這裡透過，進而形成了壅塞。
下面的單位區域的豎直壅塞程度更為嚴重，需要額外的 2 條軌道才能
滿足要求。將整個佈局劃分為多個單位區域，計算每個單位區域的壅
塞程度，最終形成了整個佈局的壅塞分佈，可以較為直觀地反映出局
部壅塞的程度，如圖 2-15 所示。

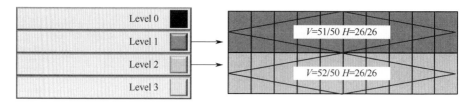

圖 2-14　壅塞標記

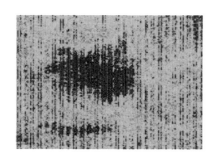

圖 2-15　佈局中的壅塞狀況

2. 壅塞的解決辦法

壅塞的出現和晶片配置、佈局有較為直接的關係。因此在晶片配置和
電源規劃的階段，就需要考慮壅塞。在接腳位置指定時引入壅塞的計
算，是因為接腳的位置決定了整個晶片或模組的資料流向。錯誤的接
腳置放，往往會導致輸入訊號和輸出訊號在某一區域形成大幅重疊，
形成嚴重的壅塞。在晶片配置階段中解決壅塞的辦法是控制該區域及
鄰近區域的標準單元的密度，從而降低透過該區域的繞線數量。另外，

對於時序約束易滿足的繞線，可以透過增加引導緩衝器（guide buffer）
來控制這些繞線的走向，儘量避開壅塞較為嚴重的通道。

2.3.3　圖形密度

標準單元的圖形密度和繞線的壅塞程度直接相關。較高的標準單元圖
形密度往往會導致繞線壅塞，進而使得時序難以收斂。較低的圖形密
度使得晶片的使用率較低，從而增加了晶片的成本。同時，圖形密度
和所採用的標準單元資料庫的通訊埠密度有關，較高的通訊埠密度需
要對應較低的圖形密度，為通訊埠存取預留充足的空間。因此，需要
在繞線壅塞和使用率之間做折中考慮，業界常用的圖形密度為 60%～
80%。標準單元的圖形密度的計算公式為

$$標準單元圖型密度 = \frac{標準單元總面積}{晶片內部面積 - 硬核面積 - 空洞(halo)面積} \quad （2\text{-}1）$$

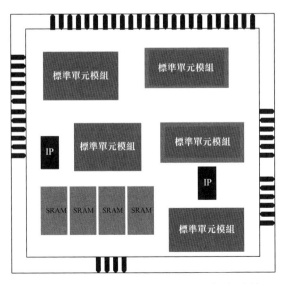

圖 2-16　標準單元分佈及圖形密度計算

如圖 2-16 所示，標準單元總面積為 5 個標準單元模組的面積之和，晶片內部面積為除通訊埠外的內部矩形的面積，硬核心面積為 SRAM 和 IP 的面積之和，空洞面積為圖中右斜線矩形的面積之和。

2.3.4　資料庫交換格式最佳化

在佈局階段，標準單元根據資料流向、時序約束、模組的物理位置約束、功耗約束進行置放。一般情況下，標準單元在發佈之後，標準單元內部不存在設計規範違規的情況。然而，在軟體完成自動佈局後的標準單元之間存在設計違規的可能性，主要來自兩方面：一方面是代工廠發佈標準單元沒有充分考慮標準單元的任意組合；另一方面是在電路物理設計中需要對標準單元的資料庫交換格式（library exchange format，LEF）進行修改。當兩個標準單元被放置在相鄰的位置上時就會導致這兩個標準單元內部的某層出現設計違規，如圖 2-17 所示的第一個金屬層。

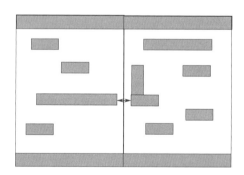

圖 2-17　標準單元之間的內部金屬層出現設計違規

對於這種違規的解決辦法是，在對應的標準單元的一側增加最小的填充單元，使得出現在設計中的該類別標準單元全部被有效隔離，避免設計違規的出現，如圖 2-18 所示。

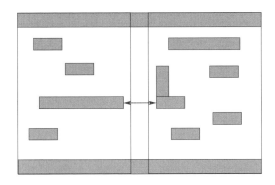

圖 2-18　增加填充單元後有效避免了設計違規的發生

2.3.5　閂鎖器的位置分佈

大部分的情況下，和 SRAM 相關的資料路徑中會包含閂鎖器（latch）用於鎖存資料。預設無約束時，latch 通常會由工具自動置放，如圖 2-19（a）所示，這種情況下的置放容易產生較多的壅塞，不利於後期的繞線，產生時序上的違規。此時就需要人工操作，通常會透過寫指令稿的辦法，根據 SRAM 和 latch 連接的通訊埠的位置，將 latch 吸附在對應的通訊埠附近，如圖 2-19（b）所示，這樣保證了資料路徑在物理連線上不會出現相互交換的情況，減少了壅塞。

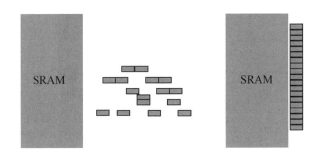

(a) 由工具擺放　　　　　(b) 由指令稿擺放

圖 2-19　和 SRAM 相關的 latch

另一種解決辦法是增加對應連線的權重。對於權重較大的連線，在佈局時會著重考慮該連線上所連接的標準單元之間的距離，進而達到拉近單元之間的距離或單元與通訊埠之間距離的目的。

2.3.6　有用時鐘偏移的使用

時鐘樹延遲（latency）是指從時鐘訊號輸入端到暫存器、SRAM 和 IP 的時鐘訊號輸入端的時間。在佈局階段，時鐘樹通常被認為是理想情況，即所有時鐘樹延遲相同，為實際時鐘樹的預估延遲，如圖 2-20 所示。

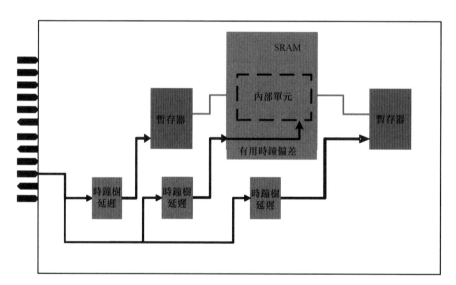

圖 2-20　SRAM 中的有用時鐘偏移

然而，在 SRAM 中通常已經完成內部時鐘訊號的佈線，從 SRAM 的時鐘訊號輸入端到內部單元時鐘訊號接收端已經存在一個固定的延遲。這就表示，從頂層時鐘訊號輸入端到 SRAM 內部單元時鐘訊號接收端的延遲要大於從頂層時鐘訊號輸入端到暫存器時鐘訊號接收端的延遲。進而導致從暫存器到 SRAM 的資料路徑延遲時間小於時鐘週期與時鐘偏移（此時為正）的和；而從 SRAM 到暫存器的資料路徑延遲時間大於時鐘週期與時鐘偏移（此時為負）的和，造成建立時間的違規。為了解決這一問題，需要列出 SRAM 內部時鐘樹的延遲，該延遲即為有用時鐘偏移。在理想情況下，時鐘訊號先到達 SRAM 的時鐘訊號輸入端，然後沿著內部時鐘樹到達內部時鐘訊號接收端，隨著時鐘訊號到達 SRAM 內部接收端，時鐘訊號同時到達了所有暫存器的訊號接收端，從而保證了從暫存器到 SRAM 及從 SRAM 到暫存器的資料路徑同時滿足時序要求。

同樣，在普通的暫存器中也存在有用時鐘偏移的情況。只是這種情況不是由暫存器內部時鐘樹延遲引起的（普通暫存器內部的時鐘訊號繞線很短，所有暫存器的內部時鐘訊號的延遲可以視為相等），而是由於不同模組位置不同導致了暫存器之間的資料路徑長短不一致。如圖 2-21 中，暫存器 1 和暫存器 2 由於模組（module）位置相距較遠，因此需要加入更多的暫存器來控制資料訊號的上升及下降時間，使得從暫存器 1 的 Q 端到暫存器 2 的 D 端的資料路徑延遲時間大於一個訊號週期。同時因為暫存器 2 和暫存器 3 的物理位置相距較近，需要的緩衝器較少，因此從暫存器 2 的 Q 端到暫存器 3 的 D 端的資料路徑延遲時間（延遲時間）小於一個訊號週期。此時，可以把暫存器 2 的時鐘訊號延遲加長，使得從暫存器 1 的 Q 端到暫存器 2 的 D 端的資料路徑和從暫存器 2 的 Q 端到暫存器 3 的 D 端的資料路徑同時滿足時序要求。其中，暫存器 2 的時鐘訊號延遲加長的部分即為有用時鐘偏移。

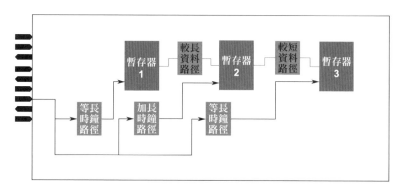

圖 2-21　普通暫存器中的有用時鐘偏移

2.4　時鐘樹綜合

時鐘樹綜合階段首先要確定時鐘樹所採用的標準單元類型及驅動能力，以及期望的時鐘偏移。對於關鍵的時鐘樹電源進行指定位置的放置[3]。完成時鐘樹綜合後，先針對全域時鐘偏移（global skew）進行時鐘樹最佳化，再針對局部時鐘偏移（local skew）進行時鐘樹最佳化，最後列出時鐘偏移的分析。生成時鐘樹之後，對時序列出分析並進行最佳化，此時的時序最佳化可稱為時鐘樹後時鐘最佳化。

2.4.1　CTS Specification 介紹

CTS Specification 包括了 clock 的定義和繞線類型的定義，並針對主樹和葉子端採用不同的繞線徑則，其中會採用非正常設計規範。另外，會設定 clock group、exclude pin、through pin 和 leaf pin 等。同時，會指定時鐘樹的最小長度和最大長度、時鐘偏移的最大值，以及時鐘樹的扇出設定和轉換時間（transition）等。

2.4.2　時鐘樹級數

時鐘樹由時鐘輸入端、緩衝器和暫存器組成。時鐘樹級數是指最長時鐘路徑中從時鐘輸入通訊埠到暫存器時鐘輸入接腳的緩衝器的數量，常見的時鐘樹級數如圖 2-22 所示。

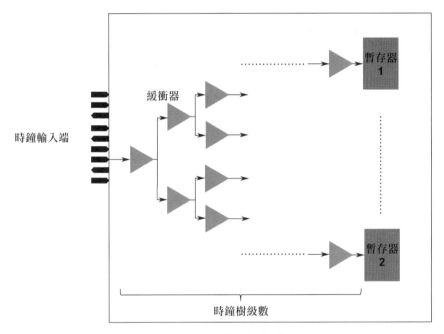

圖 2-22　時鐘樹級數

2.4.3　時鐘樹單元選取及分佈控制

時鐘樹綜合採用的緩衝器或反相器和普通的緩衝器或反相器不同，該類別緩衝器或反相器在普通的緩衝器或反相器的基礎上增加了去耦合功能，從而保證在高速的時鐘訊號傳輸中，降低耦合電容，減少連線延遲時間。

常見的時鐘樹單元的驅動能力分為 1X、2X、4X、8X、16X。通常在主時鐘樹上採用較大驅動能力的單元,保證足夠的驅動能力和減小時鐘樹級數,在葉子端(leaf)採用驅動能力較小的單元,保證整個時鐘樹的延遲平衡。

2.4.4 時鐘樹的生成及最佳化

時鐘樹的生成及最佳化分為時鐘樹綜合、全域時鐘偏移最佳化和局部時鐘偏移最佳化三個步驟。最佳化後生成的時鐘樹報告如圖 2-23 所示。其中,skew 指兩條時序路徑上的延遲時間偏差;Global skew 是指同一棵時鐘樹上,任意時鐘路徑上最大的 skew;Local skew 是指同一棵時鐘樹上,有邏輯連結關係的最大的 skew;Group skew 是指不同的時鐘樹上,任意時鐘路徑上最大的 skew。

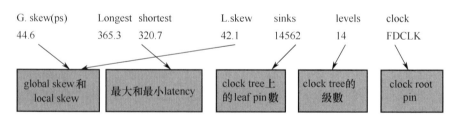

圖 2-23　最佳化後生成的時鐘樹報告

新興的時鐘樹時序協作最佳化(clock concurrent optimization,CCopt)技術在時鐘樹綜合的基礎上,同時考慮了時序的要求,即在原有 CTS 之上引入時序約束,從而能夠有效利用時鐘偏移來最佳化全域時序,使得時序能夠加速收斂。

2.5　佈線

佈線階段主要完成繞線、時序最佳化、物理驗證,具體流程圖如圖 2-24
所示。首先設定非預設的設計規範,對特定的訊號線指定對應的設計
規範。完成繞線後,進行時序最佳化。對於不滿足時序要求的路徑,
分析其原因並進行修復。其中時序最佳化的步驟分為兩步,先不考慮
干擾的問題,對時序進行最佳化;在時序滿足要求後考慮訊號間的干
擾,進行時序的二次最佳化。時序滿足要求後,進行填充單元的增加,
然後進行初步的物理驗證。

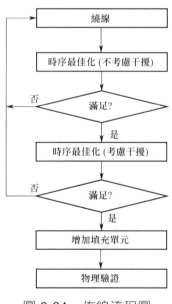

圖 2-24　佈線流程圖

2.5.1　非正常的設計規範

通常訊號線在各個金屬層的寬度都採用預設的最小寬度,保證了充足
的繞線資源。但在特定情況下,連線延遲時間過大時,需要透過減小

電阻的方式來減少延遲時間，並且需要針對這種連線採用非正常的設計規範（non-default design rule，NDR）。或，如果連線之間的耦合電容過大，則需要透過增加線與線的間距來減小耦合電容，並且也需要類似的非正常的設計規範。

2.5.2 屏蔽

在時序違規的很多情況中，由於訊號之間發生干擾導致訊號傳輸產生延遲，進而導致時序違規。為了能夠有效解決干擾的問題，通常會在關鍵訊號的繞線兩邊增加屏蔽（shielding），如圖 2-25 所示。屏蔽線的寬度通常為每層金屬的最小線寬。屏蔽線和關鍵訊號繞線的間距由設計規範決定。屏蔽線一般連接地訊號。在繞線之前，提前設定需要屏蔽的關鍵訊號以及屏蔽的基本屬性；在繞線時根據關鍵訊號的繞線走向在其兩邊留出繞線資源供屏蔽線使用，並將屏蔽線和最近的電源網路連接起來。

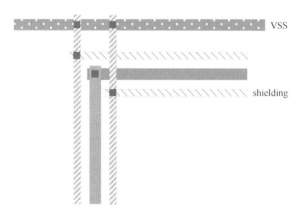

圖 2-25　增加屏蔽線

2.5.3 天線效應

1. 天線效應的定義

在深次微米積體電路加工製程中，蝕刻是圖形轉移的關鍵步驟之一。常用的蝕刻技術為基於電漿技術的離子蝕刻製程，如反應離子蝕刻。在蝕刻過程中會產生游離電荷，當蝕刻用於導電的層（金屬或多晶矽）時，裸露的導體表面就會收集游離電荷。通常所累積的電荷多少與其曝露在電漿束下的導體面積呈正比。如果累積了電荷的導體直接連接到元件的閘極上，就會在多晶矽閘級下的薄氧化層形成 F-N 隧穿電流的洩放電荷，當累積的電荷超過一定數量，這種 F-N 電流會損傷閘級氧化層，從而使元件甚至整個晶片的可靠性嚴重降低，壽命大大縮短。

2. 天線效應的解決辦法

（1）跳線。跳線即打斷存在天線效應（antenna effect）的金屬層，透過導通孔連接到上下層，再連接到當前層。通常分為「在上跳線」和「向下跳線」兩種方式，如圖 2-26 所示。這種方法透過改變金屬佈線的所在金屬層來解決天線效應，但同時增加了導通孔，由於導通孔的電阻很大，會直接影響到晶片的時序和干擾問題，所以在使用此方法時要嚴格控制佈線層次變化和導通孔的數量。在佈局設計中，在低層金屬裡出現天線效應，一般可採用向上跳線的方法消除。但當最高層出現天線效應時，通常採用反偏二極體。

（2）增加反偏二極體。透過給直接連接到閘極的存在天線效應的金屬層接上反偏二極體，形成一個電荷洩放迴路，累積電荷就不會對閘級氧化層構成威脅，從而消除了天線效應。當金屬層位置有足夠空間時，可直接加上二極體，遇到佈線阻礙或金屬層位於禁止區域時，就需要透過導通孔將金屬線延伸到附近有足夠空間的地方，插入二極體。

（3）插入緩衝器。對於較長走線上的天線效應，可透過插入緩衝器切斷長線來消除天線效應。

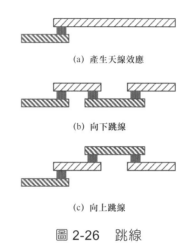

(a) 產生天線效應

(b) 向下跳線

(c) 向上跳線

圖 2-26　跳線

在實際設計中，考慮到性能和面積及其他因素要求的折中，常常將這三種方法結合使用來消除天線效應。

2.6　簽核

簽核階段作為物理設計的最後一步，主要完成整個模組的簽核（signoff），包括時序、功耗、物理驗證均能達到規範中的要求。對違反時序、設計規範、電學可靠性的部分，應根據具體情況進行自動或手動修復。一般來說在現有佈局佈線的情況下，如果只是極少部分出現違規，會只針對違規的單元或連線進行小範圍的修改，確保對整個晶片的影響降至最小，也成為工程變更指令（engineering change order，ECO）。該階段中的任何一次修改，都需要重新簽核，直到滿足要求為止。在最終把佈局交給代工廠之後，代工廠根據佈局中各層的邏輯關係生成對應的可製造層，並由物理設計工程師透過 ejobview 的方式進行確認，以保證是最終的提交版本。

2.6.1 靜態時序分析

當前的時序分析主要針對靜態時序分析（static timing analysis）[4]。本節主要介紹建立時間與持續時間、時序路徑、干擾、時序分析模式及類型、時序收斂。

1. 建立時間與持續時間

暫存器有三個重要的時序參數：建立時間（setup time）、持續時間（hold time）和傳播延遲時間。在時鐘作用沿到達之前，同步輸入訊號必須保持穩定一段時間使訊號不至於遺失，這段時間就叫建立時間（t_{setup}）。在時鐘作用沿到達之後，同步輸入訊號必須保持穩定一段時間使訊號不至於遺失，這段時間叫作持續時間（t_{hold}）[5]。傳播延遲時間 t_{c-q} 是指暫存器 Clk 端到 Q 端的延遲。暫存器的建立時間與持續時間如圖 2-27 所示。

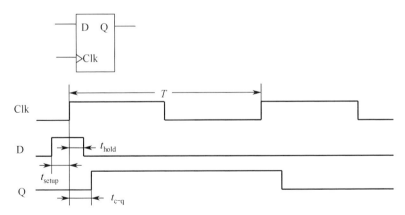

圖 2-27　暫存器的建立時間與持續時間

2. 時序路徑

時序路徑（timing path）由起點（startpoint）、連線延遲、單元延遲和終點（endpoint）組成。起點是資料被時鐘邊載入的那個時間點，而終點則是資料通過了組合邏輯被另一個時間沿載入的時間點。其中，從時鐘端到起點的路徑稱為發射時鐘路徑，從時鐘端到終點的路徑稱為捕捉時鐘路徑，從起點到終點的路徑稱為資料路徑。

按照訊號到達的先後，時序路徑可以分為最快路徑和最慢路徑。最快路徑（early path）指在訊號傳播延遲時間計算中呼叫最快製程參數的路徑，根據訊號的分類可以分為最快時鐘路徑和最快資料路徑。最慢路徑（late path）指在訊號傳播延遲時間計算中呼叫最慢製程參數的路徑，分為最慢時鐘路徑和最慢資料路徑。

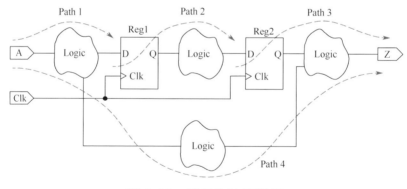

圖 2-28 常見的時序路徑

常見的時序路徑如圖 2-28 所示，包含了四種時序路徑：Path 1 為從輸入通訊埠到暫存器的時序路徑；Path 2 為從暫存器到暫存器的時序路徑；Path 3 為從暫存器到輸出通訊埠的時序路徑；Path 4 為從輸入通訊埠到輸出通訊埠的時序路徑。按照訊號類型的不同，時序路徑可以分為資料路徑和時鐘路徑。上述的 Path 1 到 Path 4 這 4 筆路徑為資料路徑，對應通過的時鐘樹路徑為時鐘路徑。如 Path 1 中的資料路徑為 A→D，時鐘路徑為與通訊埠 A 相關的時鐘路徑和 Clk→Regl/Clk 的時鐘路徑。

slack 為時序裕度，表徵時序路徑是否滿足約束指標，即若 slack 大於或等於 0，則設計滿足要求，否則不滿足要求。建立時間的時序報告如圖 2-29 所示。

clock SYS_2x_Clk (rise edge)	4.00	4.00
clock networl delay (propagated)	0.47	4.47
clock uncertainty	−0.10	4.37
I_RISC_CORE/I_ALU/Zro_Flag_reg/Clk (secrq)	0.00	4.37 r
library setup time	−0.37	4.00
data required time		4.00
--		
data required time		4.00
data arrival time		−3.99
--		
slack (MET)		0.01

圖 2-29　建立時間的時序報告

3. 干擾

干擾（crosstalk）是指由於兩條訊號線平行且距離較近而導致它們之間產生耦合電容進而產生雜訊的一種現象。干擾雜訊在不同外部條件下主要有兩種表現形式：干擾雜訊導致的突波（glitch）和延遲變化。

當受害者線處於靜態時，如果攻擊者線的訊號變化所產生的干擾雜訊大於受害者線的電壓，則能夠改變受害者線的邏輯狀態，導致功能錯誤，如圖 2-30 所示。

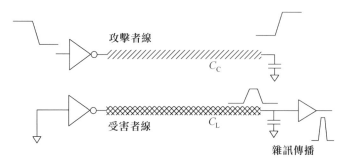

圖 2-30　干擾雜訊導致的訊號突波

當攻擊者線和受害者線的訊號同時變化時，由於耦合電容的存在，干擾雜訊將導致受害者線的延遲變化，如圖 2-31 所示。攻擊者線和受害者線的訊號變化有多種組合，因此該延遲變化與二者的訊號變化方向相關。如果變化方向相反，則延遲增大，可能導致觸發器或閂鎖器建立時間違規；反之，則延遲減小，可能導致觸發器或閂鎖器持續時間違規。

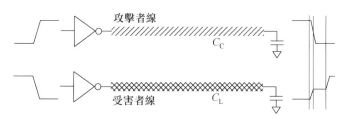

圖 2-31　干擾導致的訊號延遲變化

干擾的解決方法包括：

（1）增大訊號線之間的距離；

（2）透過跳線或插入緩衝器，使耦合長度儘量短；

（3）加入屏蔽線；

（4）減小相關訊號線的阻抗。

4. 時序分析模式及類型

時序分析的模式包括單一分析模式（single mode）、最好-最壞分析模式（best corner & worst corner mode，BC-WC mode）、全晶片變化分析模式（on-chip variation mode，OCV mode）。單一分析模式只考慮一種製程電壓溫度（process voltage temperature，PVT）模式下的時序。最好-最壞分析模式考慮最壞 PVT 模式下的建立時間和最好 PVT 模式下的持續時間。全晶片變化分析模式則會考慮晶片製造過程中的製程偏差導致時序路徑存在不一致的情況。在計算建立時間時，發射時鐘路徑和資料路徑都採用最壞 PVT 模式下的延遲時間，捕捉時鐘路徑採用最好 PVT 模式下的延遲時間。反之，計算持續時間時，發射時鐘路徑和資料路徑都採用最好 PVT 模式下的延遲時間，捕捉時鐘路徑採用最壞 PVT 模式下的延遲時間。

時序分析分為基於圖形的時序分析（graph based analysis，GBA）和基於路徑的時序分析（path based analysis，PBA）兩種類型。在靜態時序分析中，需要折中考慮執行時間和準確度。基於圖形分析的時序分析選擇最差的輸入轉換時間（input transition）來計算標準單元的延遲時間，因而具有相對較短的執行時間，但計算結果的準確度和實際情況相比較差。大部分的情況下，時鐘樹不會受到 GBA 的影響，因為時鐘樹上的單元都是單輸入標準單元。基於路徑的時序分析根據實際路徑中通過的輸入通訊埠的轉換時間來計算標準單元的延遲時間，因此具有較高的準確性。

圖 2-32 中，左圖列出了一個三輸入及閘的延遲時間尋找表。根據輸入端的 input transition 和輸出端 Z 的 output load 查表即可得到對應的延遲時間。右圖列出了及閘各個輸入端的 input transition 和輸出端的 output load。以此為例，計算在 PBA 和 GBA 中延遲時間計算的差異。

在 GBA 中，A 端的 input transition 採用三個輸入端的最差值，即 C 端的 50ps，Z 端的 output load 為 0.2pF，查表得到 A-Z 的延遲時間為 60ps。同理，B-Z 和 C-Z 的延遲時間均為 60ps。在 PBA 中，按照實際路徑計算延遲，即 A 端的 input transition 為 20ps，輸出端的 output load 為 0.2pF，查表得到 A-Z 的延遲時間為 30ps。同理，B-Z 的延遲時間為 50ps，C-Z 的延遲時間為 60ps。可以看出，PBA 的計算結果較為準確。GBA 計算 A-Z 和 B-Z 的延遲時間計算並不準確。

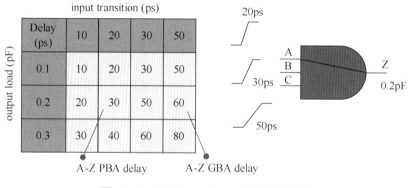

圖 2-32　PBA 和 GBA 差異的範例

由於考慮了標準單元中實際路徑的延遲時間，PBA 會耗費大量的計算時間，所以綜合考慮計算時間和準確度，首先採用 GBA 計算所有的時序路徑，對於 slack 為正且較大的時序路徑予以透過，對於 slack 為正且較小或為負的時序路徑進行 PBA 計算，並進行後續的時序修復，這樣在保證準確度的情況下，有利於縮短時序收斂的時間。

5. 時序收斂

時序收斂是指所有的時序路徑均滿足時序約束檔案中的要求。為了在簽核階段實現時序收斂，通常會對物理設計中各個階段的時序進行預算,規定每個階段的建立時間裕度(margin)。舉例來說,在設計匯入階段,需要考慮佈局、時鐘偏移、實際繞線延遲時間、干擾、時鐘不確定性的影響;在佈局階段,需要考慮時鐘偏移、實際繞線延遲時間、干擾、時鐘不確定性的影響;在繞線階段,需要逐步考慮實際繞線延遲時間和干擾、時鐘不確定性的影響。將這些因素帶來的影響預估並求和,設定為時鐘的不確定性。實際中 PPA 所涉及的建立時間裕度如表 2-2 所示。

表 2-2　建立時間裕度

階　　　段	建立時間裕度/ns	最差負裕度/ns		
		暫存器	SRAM	核心
佈局	0.225			
時鐘樹綜合	0.175	−0.198		
時鐘樹綜合後最佳化	0.175	−0.073	−0.058	−0.107
繞線	0.15	−0.117	−0.069	−0.127
繞線後最佳化	0.12	−0.141	−0.053	−0.11

在時序收斂的過程中,不能滿足時序約束的情況稱為時序違規。這就需要工程師根據時序報告進行分析,分析各個因素對 slack 的影響,主要包括時鐘偏移(skew)、連線延遲(net_delay)及訊號完整性(signal integrity,SI)。然後透過採用有用時鐘偏移、最佳化佈局佈線、增加屏蔽等方法,使得時序逐步收斂。其中,時序報告整理包含了各個時序路徑組的最差負裕度、總負裕度、違規時序路徑數量,以及最大電容、最大轉換時間、最大扇出和最大線長的違規情況,如圖 2-33 所示。

建立時間	所有類型	暫存器到暫存器	輸入到暫存器	暫存器到輸出	輸入到輸出
最差負裕度/ns	-0.271	0.004	-0.271	-0.047	N/A
總負裕度/ns	-26.310	0.000	-25.549	-0.232	N/A
違規時序路徑數量	159	0	123	13	N/A
總路徑數量	1.31e+05	1.16e+05	8029	2750	N/A

規則違規	實際值		總數
	連線數(通訊埠數)	最差違規值	連線數(通訊埠數)
最大電容/pF	2(2)	-0.015	252(252)
最大轉換時間/ns	121(225)	-0.477	134(260)
最大扇出	8(8)	-13	956(956)
最大線長/um	120(120)	-348	120(120)

密度:51.63%

繞線溢位:0.02% (水平方向)和 0.40% (豎直方向)

圖 2-33　時序報告整理

常見的時序違規的修復方法如下：

（1） 先修復 without SI 情況下的違規路徑，再修復 with SI 情況下的違規路徑；

（2） 設定不能使用的標準單元，進而較為精確地修復違規；

（3） 增加延遲時間單元修復 hold 違規；

（4） 更換標準單元的電壓類型及閘極通道長度類型；

（5） 時序借用：針對時序路徑中存在 latch 的前級路徑和後級路徑可採用時序借用（timing borrow）的方法；

（6） 有用時鐘偏移；

（7） NDR 繞線；

（8） 分 group 最佳化。

2.6.2 功耗

本節主要介紹功耗（power）的組成，以及功耗簽核的主要標準：功耗的組成、電壓降和接地彈跳、電遷移效應。

1. 功耗的組成

CMOS 電路的功耗為

$$
\begin{aligned}
P &= P_{\text{switching}} + P_{\text{short-circuit}} + P_{\text{leakage}} \\
&= \alpha f C_{\text{L}} V_{\text{DD}}^2 + I_{\text{mean}} V_{\text{DD}} + I_{\text{leakage}} V_{\text{DD}}
\end{aligned}
\tag{2-2}
$$

式中，P 為電路的功耗；$P_{\text{switching}}$ 為開關功耗；$P_{\text{short-circuit}}$ 為短路功耗或內部功耗；P_{leakage} 為靜態功耗或漏電流功耗。其中，開關功耗是指邏輯門在開關過程中，對負載電容進行充放電所帶來的功耗。短路功耗是指當 CMOS 邏輯門被有限上昇緣與下降緣的輸入電壓來驅動時，在開關過程中 PMOS 和 NMOS 就會在短時間內同步導通，從而在電源和地之間形成一條直流通路所產生的功耗。靜態功耗是指電路處於等待或不引導狀態時洩漏電流所產生的功耗。

一個模組的功耗除了按照功耗類型來劃分，還可以按照單元類型來劃分，如時序邏輯單元、組合邏輯單元、巨模組、通訊埠、時鐘單元等。根據這兩種分類，我們可以將總功耗劃分為二維度資料表格，行為功耗類型，列為單元類型，進而分析出功耗佔比及可能存在問題的區域。功耗分佈如表 2-3 所示。

表 2-3　功耗分佈

單元類型	功耗類型				百分比
	內部功耗/ mW	開關功耗/ mW	靜態功耗/ mW	總功耗/ mW	
時序邏輯單元	27.71	6.14	3.07	36.92	29.02%
巨模組	24.54	2.37	1.63	28.54	22.43%
通訊埠	0.00	0.30	0.00	0.30	0.24%
組合邏輯單元	17.80	27.20	0.23	45.23	35.55%
時鐘單元(組合部分)	0.85	14.94	0.01	15.80	12.42%
時鐘單元(時序部分)	0.34	0.10	0.00	0.44	0.34%
總和	71.24	51.05	4.94	127.23	100.00%

2. 電壓降和接地彈跳

由於在實際電路中導線是有電阻的,因此電流透過導線時會產生電壓降的一種現象。對電源訊號來說是電壓降(IR drop),對地訊號來說是接地彈跳(ground bounce)。電壓降和接地彈跳的存在,使得連接在電源網路上的單元所獲的電源訊號和標準電源訊號出現偏差,直接影響標準單元的時序,造成時序違規。一般來說一個設計的電壓降和接地彈跳都不能超過電源電壓的 1.5%。

3. 電遷移效應

電遷移效應(electro-migration effect)是指金屬導線中的電子在大電流的作用下,產生電子遷移的現象,可能會引起電路的開路現象。電遷移效應主要發生在高電流密度和高頻率變化的連線上,如電源線、時鐘線等。在晶片的正常壽命時間中,電源網路中的大電流會引起電遷移效應,進而使得電源網路的金屬線性能變差,最終影響晶片的可靠性。避免電遷移效應的主要方法為增大金屬線寬。

2.6.3　物理驗證

物理驗證（physical verification）階段主要包括設計規範檢查（design rule check）、電路佈局驗證、電學可靠性檢查。

1. 設計規範檢查

該部分主要介紹了設計規範所包含的基本內容和常見的設計規範違規及修復方法。

設計規範（design rule）是由代工廠提供給設計公司的技術文件，定義了物理設計中佈局所需要滿足的規則。滿足設計規範是可製造的前提，也是保證良率的必要條件。設計規範的制定主要取決於製造水準，特別是光刻技術的水準，如光刻機的解析度和對準精度、圖形線寬和邊緣粗糙度的製程控制水準。在一層佈局中允許的最小線寬和週期又被稱為基本規則（ground rule），它是該技術節點的標示性參數之一。設計規範通常包括了以下幾項內容。

（1）通用的佈局資訊。包括光罩版的基本資訊、各層的層號和資料號、金屬層的命名規則、元件的電路圖及真值表等通用資訊。

（2）正常推薦的規則如圖 2-34 所示。該部分定義了每一層的基本規則。對於金屬層，包括了最小線寬、最大線寬、最小面積、最小長度、不同投影長度下所允許的圖形間距，以及針對導通孔層包邊的大小規定等。針對導通孔層，包括了方孔和矩形孔的尺寸及孔與孔的間距、孔的位置約束等資訊。

（3）針對元件效應的設計規範。包括阱鄰近效應（well proximity effect）、LOD（length of OD region）效應、OSE（OD space effect）和 MBE（metal boundary effect）。

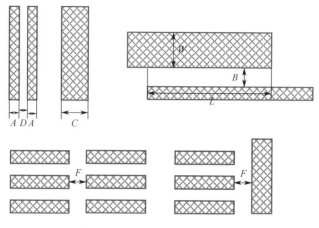

圖 2-34　正常推薦的規則

（4）填充圖形的設計規範。定義了需要填充的層和各層填充的規
　　　則，也包括填充單元、片內套刻誤差標記、IP 密度的規則。

（5）可製造性設計規範。為了提升良率，需要設定的對應可製造性
　　　設計（design for manufacturability，DFM）規則，包括推薦的設
　　　計規範、DFM 的解決方案。

（6）可靠性設計規範。包括前段製程和後段製程所涉及的可靠性規
　　　則和對應的模型，以及電遷移、故障機制和準則等。

（7）類比電路佈局設計規範。定義了 MOS 管、雙極性接面電晶體、
　　　電容等元件的指導意見和推薦規則。

（8）針對閂鎖效應和靜電放電的設計規範。

常見的設計規範違規包括間距違規、密度違規，如圖 2-35 所示。設計
規範違規的修復方法通常為工具自動修復和人工操作修復。解決間距
違規的辦法通常是分段平移違規的連線，這樣帶來的問題是會出現反
趨點。解決密度違規的辦法為增加填充單元來增加密度，或引導繞線
來降低密度。

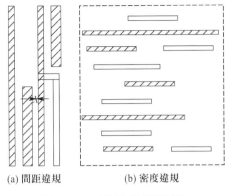

(a) 間距違規　　　　　(b) 密度違規

圖 2-35　　設計規範違規

2. 電路佈局驗證

除設計規範檢查外，還需要對佈局和電路圖是否一致進行檢查，即 LVS（layout versus schematic）。首先，根據最終的佈局進行電路圖取出，然後和網路表檔案進行比對。比對的結果會列出使用的單元數量和繞線名稱，以及存在不一致的具體資訊。如果不一致，則需要查明其中的原因並加以偵錯，直到 LVS 通過後，進行簽核。對於連線和單元數量不一致的情況，造成的原因包括電路圖中存在懸空的通訊埠、電路圖中存在空的模組等。

3. 電學可靠性檢查

電學可靠性檢查主要包括電學規則檢查（electricity rule check，ERC）和靜電放電（electro- static discharge，ESD）檢查。

電學規則是在佈局設計過程中檢查電氣連接是否存在問題，並透過 ERC 對存在的錯誤進行定位，便於設計者更正佈局。一般來說 ERC 在 LVS 的連接關係提取步驟中執行。電學規則檢查的物件主要包括節點斷路、短路、接觸點浮空、特定區域未接觸。

ESD 檢查主要針對輸入/輸出通訊埠、電源線與電晶體或 ESD 保護電路中電晶體的連接檢查。造成 ESD 故障的根本原因有大瞬態電流造成的熱擊穿、大超載電壓造成的閘級氧化層的電介質擊穿等，這些因素能直接導致晶片的故障，或導致電路功能的加速老化。ESD 模型包括人體放電模型（human body model，HBM）、機器放電模型（machine model，MM）、元件充電模型（charged device model，CDM）、電場感應模型（field induced model，FIM）[5]。

本章參考文獻

[1]   Rabaey J M, Chandrakasan A, Nikolic B.數位積體電路:電路、系統與設計[M]. 周潤德，等譯. 北京: 電子工業出版社，2004.

[2]   Keating M, Flynn D, Aitken R, et al. Low Power Methodology Manual: For System-on-Chip Design[M]. New York: Springer US, 2007.

[3]   Kahng A B, Lienig J, Markov I L, et al. VLSI Physical Design: From Graph Partitioning to Timing Closure[M]. Berlin: Springer Netherlands, 2011.

[4]   Bhasker J, Chadha R. Static Timing Analysis for Nanometer Designs[D]. New York: Springer US, 2011.

[5]   陳春章, 艾霞, 王國雄. 數位積體電路物理設計[M]. 北京: 科學出版社，2008.

光刻模型

光刻製程過程可以用光學和化學模型，借助數學公式來描述。光源射在光罩上發生衍射，對應級次的衍射光被投影透鏡收集並會聚在光刻膠表面，這一成像過程是一個光學過程；投影在光刻膠上的圖型觸發光化學反應，烘烤後導致光刻膠局部可溶於顯影液，這是化學過程。我們可以使用電腦來模擬、模擬這些光學和化學過程，從理論上探索增大光刻解析度和製程視窗的途徑，指導製程參數的最佳化。

電腦模擬的準確性取決於光刻數學模型的準確性。模型的基礎是光學成像理論、光化學理論、熱擴散理論，以及溶解動力學。此外，模型中還引入大量待校正的參數。光刻工程師使用一些專用的測試圖形曝光，收集晶圓上的線寬資料，來校正模型裡的參數，使之計算出的結果和實驗儘量吻合。光刻模型是所有光刻模擬的核心，光源光罩的協作最佳化（source mask optimization，SMO）、光學鄰近修正（optical proximity correction，OPC）和輔助圖形修正等都是建立在光刻模型基礎上的。

3.1 基本的光學成像理論

3.1.1 經典衍射理論

自然界中，衍射現象是普遍存在的，只是由於光的波長很短，光透過小孔或狹縫時才能明顯觀察到衍射現象。雖然光波是一種向量波，但是當滿足以下條件時，可以使用純量理論分析光透過孔徑的衍射現象：

（1）衍射孔徑比波長大得多；

（2）衍射場的觀察面距離衍射孔徑很遠。

惠更斯於 1678 年提出了子波的概念，將波前上的每個點都看作球面子波的波源，由這些子波的波前組成下一時刻的波前形狀。1818 年，菲涅耳補充了惠更斯原理，認為空間光場應是子波干涉的結果。對於在真空中傳播的單色光波，惠更斯–菲涅耳的數學運算式 [1] 是

$$U(P) = C \iint_{\Lambda} U(P_0) K(\theta) \frac{\mathrm{e}^{jkr}}{r} \mathrm{d}s \qquad （3\text{-}1）$$

式中，Λ 為光波的波面；$U(P_0)$ 為波面上任意一點 P_0 的複振幅；$U(P)$ 為光場中任意一個觀察點 P 的複振幅；r 為從 P 到 P_0 的距離；θ 為 $\overline{P_0 P}$ 和過 P_0 點的元波面法線 n 的夾角，這裡用傾斜因數 $K(\theta)$ 表示子波源 P_0 對 P 的作用與角度 θ 有關；C 為常數。

衍射理論所要解決的問題是：光場中任意一點 P 的複振幅能否用光場中其他各點的複振幅表示出來。顯然，這是一個根據邊界值求解波動方程式的問題。

計算 $U(P)$ 所使用的格林定理如下所述。

當 $U(P)$ 和 $G(P)$ 是空間位置座標的兩個任意複函數時，S 為包圍空間某體積 V 的封閉曲面。若在 S 面內和 S 面上，$U(P)$ 和 $G(P)$ 均單值連續，且具有單值連續的一階和二階偏導數，則有

$$\iiint_V (G \cdot \nabla^2 U - U \cdot \nabla^2 G)\mathrm{d}V = \iint_S \left(U \cdot \frac{\partial G}{\partial n} - G \cdot \frac{\partial U}{\partial n} \right)\mathrm{d}S \qquad （3-2）$$

式中，$\partial/\partial n$ 表示 S 上任一點沿向外的法線方向上的偏導數。

1882 年，克希何夫利用格林定理求解波動方程式，結合了亥姆霍茲方程式的特點，獲得了亥姆霍茲和克希何夫積分定理

$$U(P) = \frac{1}{4\pi}\iint_S \left[\frac{\partial U}{\partial n} \cdot \frac{\mathrm{e}^{jkr}}{r} - U \cdot \frac{\partial}{\partial n}\left(\frac{\mathrm{e}^{jkr}}{r} \right) \right]\mathrm{d}S \qquad （3-3）$$

式中，r 表示 P 指向任意點 P_0 的向量 $\boldsymbol{r}$ 的長度。上述定理的意義在於，衍射場中任意一點 P 的複振幅分佈 $U(P)$，可以用包圍該點的任意封閉曲面 S 上各點擾動的邊界值 U 和 $\partial U/\partial n$ 計算得到。

對於無限大不透明螢幕上的孔徑的衍射問題，利用亥姆霍茲-克希何夫積分定理可以計算出孔徑後方任意一點 P 處的複振幅分佈。

如圖 3-1 所示，假設光波從左側照射螢幕和孔徑，要計算孔徑後面一點 P 處的光場。封閉曲面由兩部分組成，即由緊靠螢幕後的平面 S_1，以及中心在觀察點 P、半徑為 R 的球面 S_2 組成，根據積分定理有

$$U(P) = \frac{1}{4\pi}\iint_{S_1+S_2} \left(G \cdot \frac{\partial U}{\partial n} - U \cdot \frac{\partial G}{\partial n} \right)\mathrm{d}S \qquad （3-4）$$

式中，G 代表球面波，$G = \mathrm{e}^{jkr}/r$。

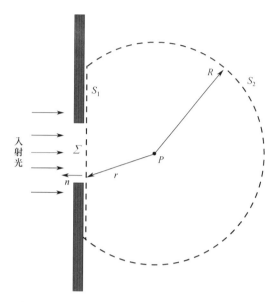

圖 3-1　無限大不透明螢幕上一個有限孔徑的衍射示意圖

在克希何夫邊界條件下：

（1）在孔徑 $\varSigma$ 上，場分佈 U 及其偏導數 $\partial U / \partial n$ 與沒有螢幕時是完全相同的；

（2）在 S_1 位於螢幕幾何陰影區的那一部分上，場分佈 U 及其偏導數 $\partial U / \partial n$ 恒為零。

任意一點 P 處的光場分佈為

$$U(P) = \frac{A}{j\lambda} \iint_{\varSigma} \frac{e^{jkr'}}{r'} \cdot \left[\frac{\cos(\boldsymbol{n}, \boldsymbol{r}) - \cos(\boldsymbol{n}, \boldsymbol{r'})}{2} \right] \cdot \frac{e^{jkr}}{r} \mathrm{d}S \qquad （3\text{-}5）$$

式（3-5）稱為菲涅耳-克希何夫衍射公式，可以改寫為

$$U(P) = \frac{1}{j\lambda} \iint_{\varSigma} U(P_0) \cdot K(\theta) \cdot \frac{e^{jkr}}{r} \mathrm{d}S \qquad （3\text{-}6）$$

雖然這裡僅討論單一球面波照明孔徑的情況，但是該衍射公式適用於更普遍的任意單色光波照明的情況。波動方程式的線性允許對單一球面波長區分別應用上述原理，再把它們在 P 點產生的貢獻疊加起來。

根據克希何夫對平面螢幕假設的邊界條件，孔徑以外的陰影區內 $U(P_0) = 0$，因此式（3-6）中的積分限可以擴充到無窮。從而有

$$U(P) = \frac{1}{\mathrm{j}\lambda} \iint_{-\infty}^{\infty} U(P_0) \cdot K(\theta) \cdot \frac{\mathrm{e}^{\mathrm{j}kr}}{r} \mathrm{d}S \qquad （3\text{-}7）$$

令

$$h(P, P_0) = \frac{1}{\mathrm{j}\lambda} \cdot K(\theta) \cdot \frac{\mathrm{e}^{\mathrm{j}kr}}{r} \qquad （3\text{-}8）$$

則

$$U(P) = \iint_{-\infty}^{\infty} U(P_0) \cdot h(P, P_0) \mathrm{d}S \qquad （3\text{-}9）$$

假如孔徑位於 $x_0 y_0$ 平面，觀察點位於 xy 平面，則式（3-9）又可以表示為

$$U(x, y) = \iint_{-\infty}^{\infty} U(x_0, y_0) \cdot h(x, y; x_0, y_0) \, \mathrm{d}x_0 \mathrm{d}y_0 \qquad （3\text{-}10）$$

從式（3-10）可以得出以下推論：光波的傳播現象可以看作一個線性系統，系統的脈衝響應 $h(x, y; x_0, y_0)$ 正是位於點 (x_0, y_0) 的子波源發出的球面子波在觀察平面上產生的複振幅分佈。

條件（1），當點光源 P' 足夠遠，而且入射光在孔徑面上各點的入射角都不大；條件（2），觀察平面與孔徑的距離 z 遠大於孔徑，而且觀察平面上僅考慮一個對孔徑上各點張角不大的範圍下，脈衝響應具有

空間不變的函數形式。也就是說，無論孔徑平面上子波源的位置如何，所產生的球面子波的形式都是一樣的。這樣，式（3-10）可以改寫為

$$U(x,y) = \iint_{-\infty}^{\infty} U(x_0, y_0) \cdot h(x - x_0, y - y_0) \, \mathrm{d}x_0 \mathrm{d}y_0 \qquad （3\text{-}11）$$

式（3-11）表明孔徑平面上透射光場 $U(x_0, y_0)$ 和觀察平面上光場 $U(x,y)$ 之間存在著一個卷積積分所描述的關係。這樣我們在忽略了傾斜因數的變化後，就可以把光波在衍射孔徑後的傳播現象看作線性不變系統，系統的空間域的特性唯一地由其空間不變的脈衝響應所確定。這一脈衝響應就是位於孔徑平面的子波源發出的球面子波在觀察平面所產生的複振幅分佈。$U(x_0, y_0)$ 可以看作不同位置的子波源所指定球面子波的權重因數。將所有球面子波的相干疊加，就可以得到觀察平面的光場分佈。

實際的衍射現象可以分為兩種類型：菲涅耳衍射和夫朗和斐衍射。為了得到這兩種衍射圖樣，通常都要對衍射理論列出的結果做出某種近似，而對菲涅耳衍射和夫朗和斐衍射所採用的近似方法是不同的。

如前述理論，觀察平面上複振幅分佈為

$$U(x,y) = \iint_{-\infty}^{\infty} U(x_0, y_0) \cdot h(x - x_0, y - y_0) \, \mathrm{d}x_0 \mathrm{d}y_0 \qquad （3\text{-}12）$$

式中

$$h(x - x_0, y - y_0) = \frac{\mathrm{e}^{jkr}}{\mathrm{j}\lambda r} \qquad （3\text{-}13）$$

通常假設觀察平面和孔徑所在平面之間的距離 z 遠大於孔徑 $\varSigma$ 及觀察區域的最大尺寸，即採用傍軸近似。這時式（3-13）分母中的 r 可以用 z 來近似，但因 k 值很大，為避免產生大的位相誤差，複指數中的 r 必須進行更為精確的近似。

當 z 大於某一尺度時，計算 r 的根式時，展開式內二次方以上的項可以忽略，即採用菲涅耳近似

$$r = \sqrt{z^2 + (x - x_0)^2 + (y - y_0)^2} \approx z\left[1 + \frac{1}{2}\left(\frac{x - x_0}{z}\right)^2 + \frac{1}{2}\left(\frac{y - y_0}{z}\right)^2\right] \quad （3\text{-}14）$$

於是脈衝響應為

$$h(x - x_0, y - y_0) = \frac{1}{j\lambda r} \exp(jkz) \exp\left\{j\frac{k}{2z}\left[(x - x_0)^2 + (y - y_0)^2\right]\right\} \quad （3\text{-}15）$$

可見，菲涅耳近似的物理實質是用二次曲面來代替球面的惠更斯子波。把菲涅耳近似式代入平面的複振幅分佈，可以得到菲涅耳衍射的計算公式

$$U(x, y) = \frac{e^{jkz}}{j\lambda r} \iint_{-\infty}^{\infty} U(x_0, y_0) \cdot \exp\left\{j\frac{k}{2z}\left[(x - x_0)^2 + (y - y_0)^2\right]\right\}dx_0 dy_0 \quad （3\text{-}16）$$

若使觀察平面距離衍射孔徑的距離 z 進一步增大，使其不僅滿足菲涅耳近似，而且滿足

$$z \gg \frac{k}{2}(x_0^2 + y_0^2)_{\max} \quad （3\text{-}17）$$

則觀察平面所在區域可稱為夫朗和斐區。為簡單起見，夫朗和斐的條件可以規定為

$$z \gg \frac{d^2}{\lambda} \quad （3\text{-}18）$$

這樣，r 的計算式中可以進一步忽略 $\frac{(x_0^2 + y_0^2)}{2z}$ 項，故

$$r \approx z + \frac{x^2 + y^2}{2z} - \frac{xx_0 + yy_0}{z} \quad （3\text{-}19）$$

這一近似即為夫朗和斐近似。將式（3-19）代入脈衝響應運算式中，則平面的複振幅分佈為

$$U(x,y) = \frac{e^{jkz}}{j\lambda r} \cdot e^{\frac{jk(x^2+y^2)}{2z}} \iint_{-\infty}^{\infty} U(x_0, y_0) \cdot \exp\left[-j2\pi\left(x_0 \cdot \frac{x}{\lambda z} + y_0 \cdot \frac{y}{\lambda z}\right)\right] dx_0 dy_0$$

$$= \frac{e^{jkz}}{j\lambda r} \cdot e^{\frac{jk(x^2+y^2)}{2z}} \cdot F\{U(x_0, y_0)\}_{f_x = \frac{x}{\lambda z}, f_y = \frac{y}{\lambda z}}$$

（3-20）

式（3-20）表明，觀察平面上的場分佈正比於孔徑平面上透射光場分佈的傅立葉轉換。

3.1.2　阿貝成像理論

對於一個一般的成像系統，它可能由多個透鏡或反射鏡組成，最終系統將列出一個像。

一般的成像系統示意圖如圖 3-2 所示。由此可見，任何成像系統都可以分成三部分：第一部分為物面到入瞳；第二部分為入瞳到出瞳；第三部分為出瞳到像面。入瞳和出瞳分別為系統孔徑光闌在物空間和像空間的幾何像。光波在第一部分和第三部分內的傳播可以按照菲涅耳衍射或夫朗和斐衍射處理，而第二部分可以看作一個黑箱，而不考慮其內部結構的細節。為了確定系統的脈衝響應，有必要獲得黑箱對一點光源發出球面波的回應。一般來說，實際的光學系統都是有像差的，因此黑箱的特徵可以表徵為：點光源發出的發散球面波投射到入瞳上，而出瞳處的波前由於像差存在，經過透鏡組變換的會聚球面波，其會聚點可能同理想像素存在差異。

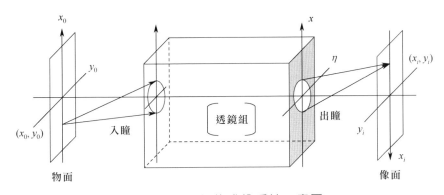

圖 3-2　一般的成像系統示意圖

阿貝基於對顯微鏡成像的研究，1873 年提出了衍射成像理論。他認為成像過程包含了兩次衍射過程。這兩次衍射過程也就是兩次傅立葉轉換的過程：由物面到後焦面，物體衍射光波分解為各種頻率的角譜分量，即不同方向傳播的平面波長區分量，在後焦面上得到物體的頻譜，這是一次傅立葉轉換過程。由後焦面到像面，各角譜分量又合成為物體的像，這是一次傅立葉逆變換過程。

當不考慮光學系統有限光瞳的限制時，物體所有頻譜分量都參與成像，所得的像應十分逼近物體。但是實際上，由於物鏡光瞳尺寸的限制，物體的頻率分量只有一部分參與成像。一些高頻成分被遺失，因而產生像的失真，即影響像的清晰度或解析度。若高分頻量具有的能量很弱，或物鏡光瞳足夠大，遺失的高分頻量的影響就較小，像也就更接近於物。因此，光學系統的作用類似一個低通濾波器，它濾掉了物體的高頻成分，而只允許一定範圍內的低頻成分透過系統，這正是任何光學系統不能傳遞全面細節的根本原因。阿貝認為衍射效應是由有限的入瞳引起的，1896 年瑞利提出衍射效應來自有限的出瞳。由於一個光瞳只不過是另一個光瞳的幾何像，這兩種看法是等效的。衍射效應可以歸結為有限大小的入瞳（或出瞳）對成像光波的限制。

3.2　光刻光學成像理論

當前超大型積體電路製造中通常採用投影式光刻系統，將光罩版上的電路結構圖形複製到晶圓上表面的光刻膠上。投影式光刻系統的光學成像過程可以定性地描述為：照明光源發出的光波經過照明系統，以一定的照明方式（傳統照明或變型照明）、一定的能量均勻照明光罩版，照明光波透過光罩版上的圖形和結構時發生衍射，一部分帶有光罩佈局形資訊的衍射光被投影物鏡接收，並在晶圓上表面的光刻膠中發生干涉，形成光罩圖形的像[2]。

3.2.1　光刻系統的光學特徵

1. 部分相干照明與部分相干成像

在投影光學光刻系統中，對光罩版的均勻照明是透過採用科勒照明系統來實現的[3]。光刻系統中使用的科勒照明結構示意圖如圖 3-3 所示。

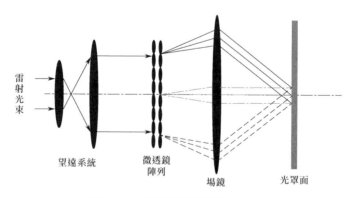

圖 3-3　科勒照明結構示意圖

光源發出的光波經過望遠系統，在微透鏡陣列的後組上形成照明光源的分佈。照明光源被場鏡成像到無限遠處的照明系統出瞳上，照明系統出瞳與投影物鏡入瞳重合。從圖 3-4 中可以看出，光罩版平面被來自多個角度的平行光源射，此時即使各束平行光之間的強度不同，光罩版平面上的每個點接收的能量也是相同的。由於每束平行光來自光源上不同的光源點，所以它們之間是不相干的。當光罩版被來自不同角度而非一個角度的平行光源射時，這種照明方式可以稱為部分相干照明[4]。描述部分相干照明的入射角度分佈的方法有很多，其中最常用的參數是部分相干因數。需要指出的是，這裡的部分相干因數有別於經典光學理論中的相干因數。在經典光學理論中，相干因數與兩束光之間的相干度直接相關，而在光刻成像領域，部分相干因數僅表徵光罩版上表面接收到的入射角的角度分佈範圍。部分相干因數定義為入射到光罩上的平面波波向量與光軸最大夾角的正弦同投影物鏡物方數值孔徑（NA）的比值。

$$\sigma = \frac{n\sin(\theta_m)}{n\sin(\theta)} = \frac{\text{有效光源半徑}}{\text{投影物鏡入瞳半徑}} \qquad （3\text{-}21）$$

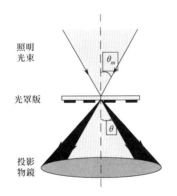

圖 3-4　光源部分相干因數示意圖[5]

當光罩版上表面的入射光角度分佈範圍為−90°～90°，即入射光填充了光罩版上表面的空間，這種照明方式稱為非相干照明。從部分相干因數的定義可以看出，如果部分相干因數大於 1，那麼大於 1 部分的入射光並不會被投影物鏡接收，因此在光刻系統中，當部分相干因數大於 1 即稱為非相干照明。在當前的先進技術節點中，投影光刻機常用的部分相干照明類型如圖 3-5 所示。

傳統照明　　　環狀照明　　　二極照明　　　四極照明

圖 3-5　部分相干照明類型

由科勒照明的原理可知，部分相干光源對光罩的均勻照明可以看作一系列不相干的平面波以不同的角度入射到光罩面，因此光源的形狀可以看作光源點的非相干集合。

由上述內容可知，光刻系統中採用的擴充光源在發光面上的各點是互不相干的、發光強度均勻的。採用準單色光作為光源，可以根據範西特-澤尼克定理，計算出在觀察螢幕（光罩面）上 P_1 和 P_2 兩個受照射點之間的複相干度 j_{12}。

擴充光源上一點對觀察螢幕（光罩面）上兩點的照明示意圖如圖 3-6 所示。

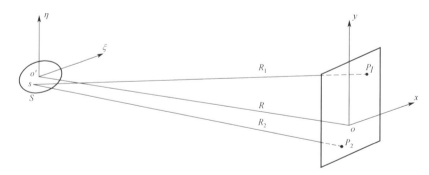

圖 3-6　擴充光源上一點對觀察螢幕（光罩面）上兩點的照明示意圖

假設 (ξ,η) 為擴充光源面上光源點 s 的座標，且 P_1 和 P_2 點座標分別為 (x_1,y_1) 和 (x_2,y_2)，則由圖 3-6 中的幾何關係可知

$$R_1^2 = (x_1 - \xi)^2 + (y_1 - \eta)^2 + R^2 \qquad (3\text{-}22)$$

只保留到的 x_1/R、y_1/R、ξ/R 和 η/R 的一次項，則有

$$R_1 \approx R + \frac{(x_1 - \xi)^2 + (y_1 - \eta)^2}{2R} \qquad (3\text{-}23)$$

相似地，對光源點到觀察點 P_2 的距離 R_2 採取相同的近似，可以得到

$$R_1 - R_2 \approx \frac{(x_1^2 + y_1^2) - (x_2^2 + y_2^2)}{2R} - \frac{(x_1 - x_2)\xi + (y_1 - y_2)\eta}{R} \quad (3\text{-}24)$$

因此，P_1 和 P_2 兩個受照射點之間的複相干度 j_{12} 可以表示為

$$j_{12} = \frac{\mathrm{e}^{\mathrm{j}\varphi} \iint\limits_{S} I(\xi,\eta)\mathrm{e}^{-\mathrm{j}k(p\xi+q\eta)}\mathrm{d}\xi\mathrm{d}\eta}{\iint\limits_{S} I(\xi,\eta)\mathrm{d}\xi\mathrm{d}\eta} \qquad (3\text{-}25)$$

其中

$$p = \frac{x_1 - x_2}{R}, \quad q = \frac{y_1 - y_2}{R}$$

$$\varphi = k\frac{(x_1^2 + y_1^2) - (x_2^2 + y_2^2)}{2R}$$

根據複相干度的定義，當複相干度的模值為 1 時，表示完全相干；當複相干度的模值為 0 時，表示完全不相干；當複相干度的模值介於 0 和 1 時，表示部分相干。由式（3-25）可知，如果光源的線性尺度和 P_1、P_2 的間距比 P_1 和 P_2 到光源的距離小得多，則相干度等於光源強度函數的歸一化傅立葉轉換的絕對值。

如果光源的形狀是一個半徑為 a 的均勻的圓，則式（3-25）積分的結果是

$$j_{12} = \left(\frac{2J_1(\vartheta)}{\vartheta} \right) \mathrm{e}^{\mathrm{j}\phi} \qquad （3\text{-}26）$$

式中

$$\vartheta = \frac{2\pi}{\lambda} \frac{a}{R} \sqrt{(x_1 - x_2)^2 - (y_1 - y_2)^2} \qquad （3\text{-}27）$$

式（3-26）中，J_1 是一階第一種貝索函數，其宗量 ϑ 等於 0 時，$|2J_1(\upsilon)/\upsilon|$ 的值為 1，ϑ 約等於 3.83（1.22π）時，$|2J_1(\vartheta)/\vartheta|$ 的值為 0。可見，隨著 P_1 和 P_2 之間的距離逐漸增加，相干度將逐漸減小，直到完全不相干，此時可以根據 ϑ 的值計算出 P_1 和 P_2 之間的距離。

函數 $|2J_1(\vartheta)/\vartheta|$ 的值從 ϑ 等於 0 時的 1 持續下降，到 ϑ 等於 1 時其值降至 0.88，這時 P_1 和 P_2 之間的距離為 $0.16R\lambda/a$。如果假設可容許的最大偏差為 12%（與理想值 1 的差值），則可以得到以下結果：一個準單色的、均勻的、不相干或半徑為 a 的圓形光源，在距離 R 處的受照射面上可產生一個近乎完全相干的圓形照明區，其直徑為 $0.16R\lambda/a$。

由式（3-26）和式（3-27）可知，對於光刻製程，當光源的半徑等於 0 時（$a=0$），光罩面上任意兩點之間的相干度為 1，此時的照明方式稱為相干照明；當光源的半徑等於無限大時（$a=\infty$），光罩面上任意兩點之間的相干度為 0，此時的照明方式稱為非相干照明；當光源半徑在 0 和無限大之間時，光罩面上任意兩點的相干度介於 0 和 1，此時的照明方式稱為部分相干照明。由式（3-21）可知，光刻系統中照明光源的部分相干因數 σ 是一個比例值，當 σ 等於 1 時，即可看作非相干照明；當 σ 在 0 和 1 時，即為部分相干照明。

以上從複相干度的角度介紹了部分相干照明，下面介紹部分相干成像的特徵及相關理論。

考慮如圖 3-7 所示的成像系統，利用互強度的概念及其傳播特性來描述部分相干成像過程。在單色光照明條件下，假設圖 3-7 中物點與幾何光學理想像素座標數值相同，物平面內兩點之間的互強度為 $J_o(x_o,y_o;x_o',y_o')$，$h(x_o,y_o;x_i,y_i)$ 為系統的回應函數。根據互強度的傳播特性，像平面上兩點之間的互強度為

$$J_i(x_i,y_i;x_i',y_i')=\iiint_{-\infty}^{\infty}\int J_o(x_o,y_o;x_o',y_o')$$
$$h(x_o,y_o;x_i,y_i)\cdot h*(x_o',y_o';x_i',y_i')\mathrm{d}x_o\mathrm{d}y_o\mathrm{d}x_o'\mathrm{d}y_o' \tag{3-28}$$

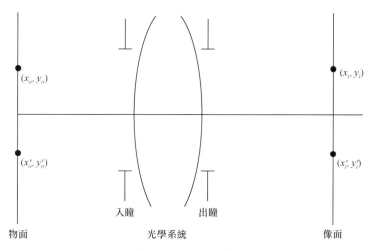

圖 3-7　成像系統

對於整個物平面，可以分割成多個等暈區，在一個等暈區內，可以使用 $h(x_i-x_o,y_i-y_o)$ 來近似表示 $h(x_o,y_o;x_i,y_i)$，進而得到

$$J_i(x_i,y_i;x_i',y_i')=\iiint_{-\infty}^{\infty}\int J_o(x_o,y_o;x_o',y_o')$$
$$h(x_i-x_o,y_i-y_o)\cdot h*(x_i'-x_o',y_i'-y_o')\mathrm{d}x_o\mathrm{d}y_o\mathrm{d}x_o'\mathrm{d}y_o' \tag{3-29}$$

這是一個四維卷積積分，成像系統像面的互強度等於系統在空間域對相干性傳播的回應函數同物面互強度的卷積。當像面上兩點合二為一時，可得到像面光強分佈為

$$I_i(x_i, y_i) = \iiint_{-\infty}^{\infty} \int J_o(x_o, y_o; x_o', y_o')$$
$$h(x_i - x_o, y_i - y_o) \cdot h^*(x_i' - x_o', y_i' - y_o') \mathrm{d}x_o \mathrm{d}y_o \mathrm{d}x_o' \mathrm{d}y_o' \qquad (3\text{-}30)$$

當物平面（光罩面）上的物體對入射光透射率為 t，且照明光的互強度為 J_S 時，物面上的互強度改變為

$$J_o(x_o, y_o; x_o', y_o') = t(x_o, y_o) \cdot t^*(x_o', y_o') \cdot J_S(x_o, y_o; x_o', y_o') \qquad (3\text{-}31)$$

這樣，像面上某一點的光強分佈為

$$I_i(x_i, y_i) = \iiint_{-\infty}^{\infty} \int t(x_o, y_o) \cdot t^*(x_o', y_o') \cdot J_S(x_o, y_o; x_o', y_o')$$
$$h(x_i - x_o, y_i - y_o) \cdot h^*(x_i' - x_o', y_i' - y_o') \mathrm{d}x_o \mathrm{d}y_o \mathrm{d}x_o' \mathrm{d}y_o' \qquad (3\text{-}32)$$

對互強度和系統回應函數分別進行傅立葉轉換，可以得到準單色光照明時成像系統的部分相干轉換函數 Υ_P，它描述了系統對於互強度在頻域的傳遞特定，部分相干轉換函數同相干轉換函數的關係為

$$\Upsilon_P(f_x, f_y; f_x', f_y') = H_c(f_x, f_y) \cdot H_c^*(-f_x', -f_y') \qquad (3\text{-}33)$$

式中，$H_c(f_x, f_y)$ 為相干照明下，成像系統的轉換函數，它和系統的回應函數 h 呈傅立葉轉換對的關係。

相似地，在非相干照明條件下，成像系統的非相干轉換函數可以表示為

$$\Upsilon_N(f_x, f_y) = \frac{H_c(f_x, f_y) \bigstar H_c(f_x, f_y)}{\iint_{\infty} |H_c(x_i, y_i)|^2 \, \mathrm{d}x_i \mathrm{d}y_i} \qquad (3\text{-}34)$$

式中，★表示自相關運算；$\varUpsilon_N(f_x, f_y)$ 也稱為系統的光學轉換函數。上式表示對於同一系統，光學轉換函數等於相干轉換函數的歸一化自相關函數。光學轉換函數 $\varUpsilon_N(f_x, f_y)$ 的模值常稱為調制轉換函數（modulated transfer function，MTF）。以成像系統的截止頻率為水平座標，三種不同相干模式下的 MTF 曲線如圖 3-8 所示。

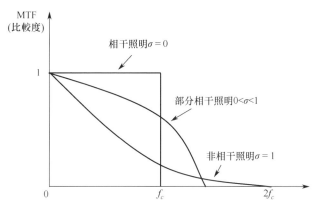

圖 3-8　三種不同相干模式下的 MTF 曲線

在圖 3-8 中，f_c 為成像系統的截止頻率，對於數值孔徑為 NA 的光刻成像系統，其截止頻率可以表示為 $f_c=\text{NA}/\lambda$。對於波長為 193 nm，數值孔徑為 1.35 的浸沒式光刻系統，其截止頻率的等效光柵週期約為 143 nm，2 倍截止頻率位置處的等效光柵週期約為 71.5 nm。

2. 薄光罩近似和三維光罩效應

光罩版是光刻成像系統中的「物」，光罩版上的圖形分佈直接決定了晶圓上「像」的分佈。光罩結構主要由基底、圖形層和保護膜組成，基底主要起承載作用，圖形層是光罩版的關鍵部分，由各種方在的透光和阻光區域組成，保護膜用於阻擋粒度等污染源對光罩版的污染。在投影光刻系統中，常用的光罩有二元光罩和相移光罩兩種類型。二元光罩上的電路圖形由完全不透光部分和透光部分組成,而相移光罩是在二元光罩的不同位置製作或增加了不同類型相移層的光罩。幾種典型的光罩結構如圖 3-9 所示。

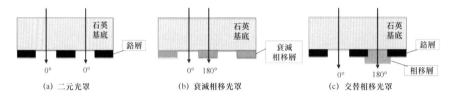

圖 3-9　幾種典型的光罩結構

當光罩上透光區和阻光區的寬度遠大於照明光的波長時,可以利用薄光罩近似來分析光罩的衍射近場分佈,即假設光罩上繪圖區域(圖 3-9 中的鉻層或相移層)的厚度可近似為 0,此時光罩的近場分佈可以表示為光罩結構的通過率函數與入射頻場的乘積。

設光罩的通過率函數為 $O(x, y)$,則光罩衍射近場分佈為

$$\boldsymbol{E}_{\text{near-field}} = \boldsymbol{M}(x, y) \cdot \boldsymbol{E}_i = \begin{bmatrix} O(x, y) & 0 \\ 0 & O(x, y) \end{bmatrix} \cdot \boldsymbol{E}_i \qquad (3\text{-}35)$$

在薄光罩近似條件下,圖 3-9 所示的幾種光罩結構在單位振幅平面波照明下的衍射近場分佈如圖 3-10 所示。

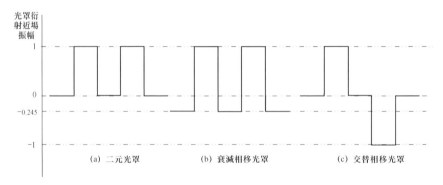

圖 3-10　衍射近場分佈

可以看出，薄光罩近似下，光罩的衍射近場由一系列門函數組成，此時其夫朗和斐衍射遠場的分佈可以根據門函數的傅立葉轉換得到。假設光罩上透光區和阻光區的週期為 p，阻光區域的寬度為 d，二元光罩的頻譜分佈為

$$F_{\text{BM}} = \frac{(p-d)}{p} \text{sinc}[f(p-d)] \sum_{n=-\infty}^{+\infty} \delta(f - \frac{n}{p}) \qquad n \in \mathbb{Z} \qquad （3\text{-}36）$$

式中，f 為光瞳座標，n 為衍射級次。而變替相移光罩的頻譜分佈為

$$F_{\text{Alt}} = \frac{(p-d)}{p} \text{sinc}[f(p-d)] \sin(\pi f p) \sum_{n=-\infty}^{+\infty} \delta(f - \frac{n}{2p}) \qquad n \in \mathbb{Z} \qquad （3\text{-}37）$$

對於 45 nm 及以下技術節點的投影光學光刻系統，光罩上電路圖形的關鍵尺寸與照明波長在一個量級甚至小於波長，此時薄光罩近似不再成立，光罩的衍射近場分佈受到透光區邊界和光罩材料、厚度等參數的影響。為了準確地運算微影成像結果，必須採用嚴格求解馬克斯威爾方程組的方法獲取光罩衍射近場分佈。常用的嚴格求解馬克斯威爾方程組的方法有時域有限差分法（finite decomposition of time domain，FDTD）、嚴格耦合波分析法（rigorous coupled wave analysis，RCWA）、有限元素分析（finite element method，FEM）和波導法（wave guide，WG）等。需要指出的是，這些方法的性質決定了由這些方法計算的光罩衍射近場分佈是數值化的，並且近場分佈隨著光罩上照明光波入射角度和偏振類型的不同而不同。此時光罩衍射近場的分佈可以表示為

$$\boldsymbol{E}_{\text{near-field}} = \boldsymbol{M}(x,y) \cdot \boldsymbol{E}_i = \begin{bmatrix} m_{XX}(x,y) & m_{XY}(x,y) \\ m_{YX}(x,y) & m_{YY}(x,y) \end{bmatrix} \cdot \boldsymbol{E}_i \qquad （3\text{-}38）$$

圖 3-11 列出了利用克希何夫近似和 RCWA 方法得到的光罩衍射近場分佈，二者計算的衍射近場振幅和相位均存在較大變化，這說明對於 45 nm 及以下技術節點的光罩結構，只有採用嚴格電磁場模擬的方法才能準確分析光罩的衍射場分佈[6]。

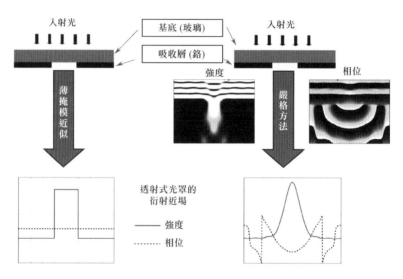

圖 3-11　利用克希何夫近似和 RCWA 方法得到的光罩衍射近場分佈[6]

3. 光刻投影物鏡的波像差與像面離焦

在投影光刻系統中，投影物鏡的作用表現為接收有限數目的光罩衍射級次，這些衍射級次對應的平面光在像面（晶圓）上發生干涉，形成光罩版上電路圖形的像，這個光學像結合光刻膠、顯影、蝕刻等製程實現了電路圖形的複製。因此，投影物鏡是投影光刻系統的核心部件，它的成像品質直接決定了光刻成像的性能。理想的投影物鏡是一個衍射受限成像系統，物面上的點發出的光線經過低通濾波後，完全匯聚到像面處的點上。在投影物鏡設計、製造使用過程中，有多種因素使得像面上匯聚光線的波前偏離了理想波前分佈，表現為相位的改變或

傳播方向的變化，這種實際波前與理想波前的差值稱為波像差，如圖
3-12 所示。

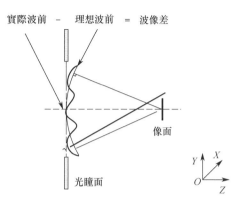

圖 3-12　波像差定義為實際波前與理想波前的差值

波像差可以用在單位圓內正交的澤尼克多項式表徵，即

$$W(r,\theta) = \sum_{n=1}^{N} z_n \cdot R_n(r,\theta) \qquad (3-39)$$

式中，$R_n(r,\theta)$ 為澤尼克多項式；z_n 為澤尼克係數。典型的波像差分佈
及其前 37 項（第 1 項和第 37 項的值為 0）澤尼克係數如圖 3-13 所示。

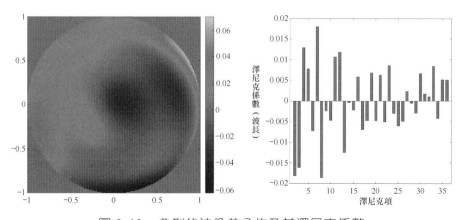

圖 3-13　典型的波像差分佈及其澤尼克係數

由於澤尼克多項式的各項均有明顯的物理意義，所以很容易從波像差中分離出各種幾何像差，如 Z9 表示球差等。澤尼克多項式按各項編號方法的不同，可分為標準澤尼克多項式和條紋澤尼克多項式[7]。由於大多數成像光學系統中，低階像差佔據主要部分，高階像差要小得多，而條紋澤尼克多項式完全按照各項的控制項頻率由小到大排列，因此在像差分析及光學檢測領域中常使用條紋澤尼克多項式表徵像差。前 36 項條紋澤尼克多項式的波面分佈如圖 3-14 所示。

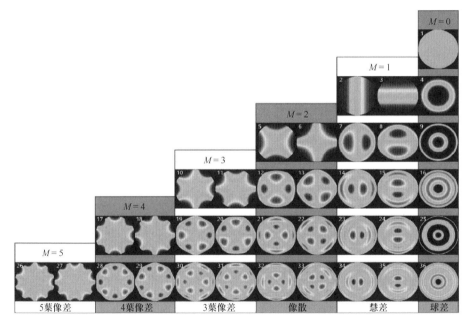

圖 3-14　前 36 項條紋澤尼克多項式的波面分佈

可以看出，在 $M=0$ 和偶數時，該單項像差為偶像差，當 M 為奇數時，該單項像差為奇像差。

在投影光刻系統中，為了確定光刻曝光的最佳焦面位置，需要移動工作台使成像位置偏離理想焦面位置，這種情形稱為離焦。在光刻成像理論中，一般將離焦量偏差對光刻空間影像的影響描述為像差。如圖 3-15 所示，檢查一束匯聚到晶圓上一點處的球面波，當晶圓與理想像素所在的平面共面時，此時的離焦量為 0。而當晶圓與理想像素所在的平面存在 δ 的位置差時，此時晶圓上的一點理想的波前分佈如圖 3-15（b）中的虛線所示。此時的離焦量為 δ，理想波前與實際波前的差異可以表示為 OPD，如圖 3-15（b）所示。

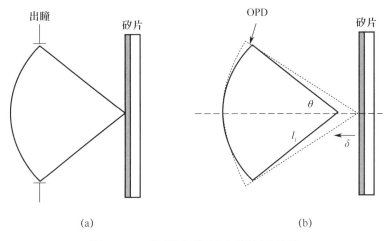

(a)   (b)

圖 3-15　澤尼克多項式的波面分佈

OPD 的影響因素有離焦量和匯聚光束在波前上的位置，當 δ 遠小於 l_i 時，OPD 可以表示為

$$OPD = n\delta(1 - \cos\theta) \qquad （3-40）$$

式中，n 為物鏡到晶圓之間媒體的折射率。考慮到離焦量對光刻成像的影響，離焦量引起的光瞳面上某個角度光線的相位變化可以表示為

$$P_{\text{defocus}}(f_x, f_y) = P_{\text{ideal}}(f_x, f_y)e^{j2\pi OPD/\lambda} \qquad （3-41）$$

4. 偏振成像與偏振像差

隨著光刻投影物映像檔方數值孔徑的增加，像面處干涉光線之間的夾角也越來越大，舉例來説，對於數值孔徑為 1.35 的浸沒式光刻投影物鏡，像面上干涉光線之間的夾角最大可將近 140°。此時檢查兩束光的干涉時，除波向量以外，還需要考慮光波的電場方向，這是因為在大角度干涉的情況下，光波電場中 TM 分量的干涉會對成像結果產生負面效應。

如圖 3-16 所示，根據雙光束干涉的性質，可以得到 TE 偏振光和 TM 偏振光干涉對應的光強和對比度：

對於 TE 偏振光：　$I_{\text{TE}} = I_{\text{I}} + I_{\text{II}} + 2\sqrt{I_{\text{I}}I_{\text{II}}}\cos\left(\dfrac{4\pi x}{\lambda}\sin\theta\right)$ 　　（3-42）

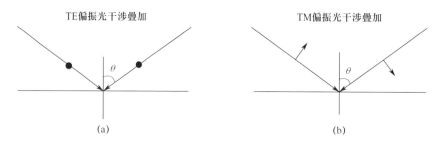

圖 3-16　TE 偏振光和 TM 偏振光的干涉

對於 TE 偏振光：$\text{Contrast}_{\text{TE}} = \dfrac{I_{\max} - I_{\min}}{I_{\max} + I_{\min}} = \dfrac{2\sqrt{I_{\text{I}}I_{\text{II}}}}{I_{\text{I}} + I_{\text{II}}}$ 　　（3-43）

對於 TM 偏振光：$I_{\text{TM}} = I_{\text{I}} + I_{\text{II}} + 2\sqrt{I_{\text{I}}I_{\text{II}}}\cos 2\theta \cdot \cos\left(\dfrac{4\pi x}{\lambda}\sin\theta\right)$ 　（3-44）

對於 TM 偏振光：$\text{Contrast}_{\text{TM}} = \dfrac{2\sqrt{I_{\text{I}}I_{\text{II}}}}{I_{\text{I}} + I_{\text{II}}}\cos 2\theta$ 　　（3-45）

從以上四個式子可以看出，無論雙光束干涉的夾角如何變化，TE 偏振光干涉的對比度始終不變，而 TM 偏振光干涉的對比度隨著夾角的改變而改變，且當 $\theta = \pi/4$ 時，TM 偏振光干涉的對比度為 0。因此為了保證得到較好的光刻成像結果，必須採用偏振照明。研究表明，當入射偏振光電場的震動方向與光罩上圖形的取向一致時，可以得到較好的成像結果。在投影光學光刻系統中，常用的偏振照明方式有 X 偏振光、Y 偏振光、TM 偏振光和 TE 偏振光，這四種偏振光在有效光源面上的震動方向及其電場的瓊斯向量表徵如圖 3-17 所示。

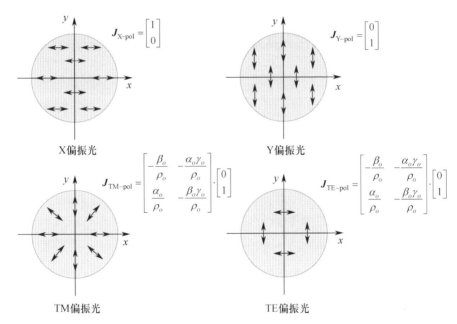

圖 3-17　四種偏振光在有效光源面上的震動方向及其電場的瓊斯向量表徵

由此可見，偏振照明是高數值孔徑的投影光刻系統中經常採用的一種提升解析度的技術，ASML 公司在 NA0.93 以上的光刻機中均提供了偏振照明的模組。

然而，在高數值孔徑的投影物鏡中，光線在光學元件表面的入射角很大，根據菲涅耳係數可知，光線的偏振態也會發生變化。另外，光學薄膜、材料的本征雙折射和應力雙折射等因素也會改變出射光的偏振態。此時波像差已經不足以描述投影物鏡的性能，需要引入偏振像差的概念。偏振像差是指不同方向的光透過光學系統時，光的振幅、相位、偏振及相位延遲的變化，它是幾何光學中波像差的擴充。目前，表徵偏振像差的方法有以下幾種：瓊斯光瞳、物理光瞳、泡利光瞳[8]。

（1）瓊斯光瞳。

向量成像時，投影物鏡入瞳和出瞳處的電場分佈均可以表示為瓊斯向量的形式，這樣可以使用瓊斯矩陣來表示投影物鏡對入射光振幅、相位及偏振態的影響。

$$\begin{pmatrix} E_x^{out} \\ E_y^{out} \end{pmatrix} = \begin{pmatrix} J_{xx} & J_{xy} \\ J_{yx} & J_{yy} \end{pmatrix} \cdot \begin{pmatrix} E_x^{in} \\ E_y^{in} \end{pmatrix} \tag{3-46}$$

對於投影物鏡光瞳內的每一點，均有一個二維複數矩陣來表示投影物鏡對入射光的影響，這些二維矩陣的集合稱為瓊斯光瞳。從式（3-46）的形式可知，瓊斯光瞳是複數形式，共有 8 個分量：$Re\{J_{xx}\}$，$Im\{J_{xx}\}$，$Re\{J_{xy}\}$，$Im\{J_{xy}\}$，$Re\{J_{yx}\}$，$Im\{J_{yx}\}$，$Re\{J_{yy}\}$，$Im\{J_{yy}\}$，其中 $Re\{\}$ 和 $Im\{\}$ 分別表示實部和虛部。

（2）物理光瞳。

對瓊斯光瞳所包含的資訊按照物理含義進行分解，可以將瓊斯光瞳中每點的瓊斯矩陣表示成純量變跡（apodization）、波像差（aberration）、相對強度衰減（diattenuation）和相對相位延遲（retardance）乘積的形式：

$$J(f,g) = A_{\mathrm{p}}(f,g) \cdot \mathrm{e}^{jW(f,g)}$$
$$\begin{pmatrix} 1+d\cos 2\theta & d\sin 2\theta \\ d\sin 2\theta & 1-d\cos 2\theta \end{pmatrix} \cdot \begin{pmatrix} \cos\phi - \mathrm{j}\sin\phi\cos 2\theta & -\mathrm{j}\sin\phi\sin 2\theta \\ -\mathrm{j}\sin\phi\sin 2\theta & \cos\phi - \mathrm{j}\sin\phi\cos 2\theta \end{pmatrix} \quad (3\text{-}47)$$

式中，(f,g) 表示光瞳座標；純量變跡（A_{p}）描述光強在兩個特徵向量方向具有相同的衰減；波像差（W）描述兩個特徵向量方向具有相同的波面變形。相對強度衰減是指光強的變化在兩個特徵向量方向的差異，用兩個量描述：衰減量 d 和特徵偏振方向（用快軸角 θ 表示）。相對相位延遲是指傳播相位在兩個特徵向量方向上的差異，用兩個量描述：延遲量 ϕ 和特徵偏振方向（用快軸角 θ 表示）。可以看出，純量變跡和相對強度衰減描述了投影物鏡對透射光振幅的影響，而波像差和相對相位延遲描述了投影物鏡對透射光相位的影響。

（3）泡利光瞳。
對瓊斯光瞳進行泡利分解，可以將瓊斯矩陣表示成單位矩陣和泡利矩陣相組合的形式

$$J = p_0\delta_0 + p_1\delta_1 + p_2\delta_2 + p_3\delta_3 = \begin{pmatrix} p_0+p_1 & p_2-\mathrm{j}p_3 \\ p_2+\mathrm{j}p_3 & p_0-p_1 \end{pmatrix} \quad (3\text{-}48)$$

$$\delta_0 = \begin{bmatrix} 1 & 0 \\ 0 & 1 \end{bmatrix}, \ \delta_1 = \begin{bmatrix} 1 & 0 \\ 0 & -1 \end{bmatrix}, \ \delta_2 = \begin{bmatrix} 0 & 1 \\ 1 & 0 \end{bmatrix}, \ \delta_3 = \begin{bmatrix} 0 & -\mathrm{j} \\ \mathrm{j} & 0 \end{bmatrix} \quad (3\text{-}49)$$

$$p_0 = \frac{J_{xx}+J_{yy}}{2}, \ p_1 = \frac{J_{xx}-J_{yy}}{2}, \ p_2 = \frac{J_{xy}+J_{yx}}{2}, \ p_3 = \frac{J_{xy}-J_{yx}}{-2\mathrm{j}} \quad (3\text{-}50)$$

單位矩陣表示瓊斯矩陣中非偏振部分，泡利矩陣和的特徵向量分別是 x/y 方向線偏振、45°/135°方向線偏振及左/右圓偏振。

5. 製程疊層的光學傳輸矩陣

在光刻成像中，光線透過光罩版的衍射，再經過投影物鏡系統的會聚後，干涉成像的接收面並不是另一個光學系統或光學接收器，而是一種光化學材料——光刻膠。為了提高光刻膠中成像的對比度，以及良好的轉移蝕刻效果，實際光刻製程中會使用由多個不同材料形成的多層膜結構，統稱為製程疊層。典型的製程疊層包括頂層抗反膜、光刻膠、雙層的底層抗反膜及基底等，如圖 3-18 所示。

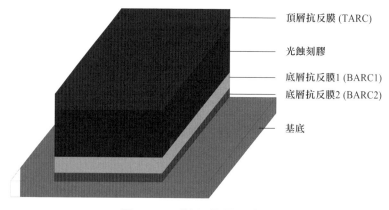

頂層抗反膜 (TARC)

光蝕刻膠

底層抗反膜1 (BARC1)
底層抗反膜2 (BARC2)

基底

圖 3-18 　製程疊層示意圖

在先進節點的製程疊層中，絕大多數膜層的厚度在 100 nm 左右。光線透過膜層時均會在介面處發生反射和透射，這些反射和透射的光波最終會影響光刻膠中的光強分佈。因此，為了準確反映光刻膠中光強分佈的實際情況，需要在成像模擬中考驗這些膜層的影響。

製程疊層可以看作一個各向同性的多層膜結構，如圖 3-19 所示，光線在製程疊層中的傳播可以利用傳輸矩陣方法進行模擬。

對於一個各向同性的單層膜結構，當一個與 z 軸夾角為 θ 的 TE 偏振光在該膜層中傳播時，該膜層的特徵矩陣可以表示為

$$U_{\text{TE}}(z) = \begin{bmatrix} \cos(k_0 \cdot n_r \cdot z \cdot \cos\theta) & \dfrac{j}{\cos\theta}\sqrt{\dfrac{\mu_m}{\varepsilon_e}}\sin(k_0 \cdot n_r \cdot z \cdot \cos\theta) \\[3mm] j\cos\theta\sqrt{\dfrac{\varepsilon_e}{\mu_m}}\sin(k_0 \cdot n_r \cdot z \cdot \cos\theta) & \cos(k_0 \cdot n_r \cdot z \cdot \cos\theta) \end{bmatrix}$$

（3-51）

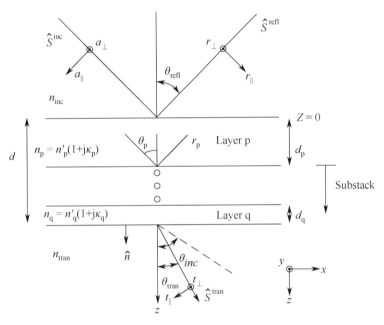

圖 3-19　多層膜結構示意圖

其中，n_r 和 z 分別表示這個單層膜結構的折射率和厚度。相似地，當入射偏振光為 TM 時，該膜層的特徵矩陣為

$$U_{\text{TM}}(z) = \begin{bmatrix} \cos(k_0 \cdot n_r \cdot z \cdot \cos\theta) & \dfrac{-j}{\cos\theta}\sqrt{\dfrac{\varepsilon_e}{\mu_m}}\sin(k_0 \cdot n_r \cdot z \cdot \cos\theta) \\[3mm] -j\cos\theta\sqrt{\dfrac{\mu_m}{\varepsilon_e}}\sin(k_0 \cdot n_r \cdot z \cdot \cos\theta) & \cos(k_0 \cdot n_r \cdot z \cdot \cos\theta) \end{bmatrix}$$

（3-52）

對於一個含多層各向同性膜層的結構，其整體特徵矩陣可以透過單一膜層的特徵矩陣相乘獲得，即

$$U_{\text{total}}(d) = \begin{bmatrix} u_{11} & u_{12} \\ u_{21} & u_{22} \end{bmatrix} = \prod_{t=1}^{q} U_t(d_t) \qquad (3\text{-}53)$$
$$= U_1(d_1) \cdot U_2(d_2) \cdot U_3(d_3) \cdots U_q(d_q)$$

對於 TE 偏振光和 TM 偏振光可以分別利用上式求出各自對應的膜層特徵矩陣。

3.2.2　光刻成像理論

當投影物鏡的 NA 小於 0.6 時，採用純量成像理論即可準確地描述投影光學光刻系統的成像過程。在純量模型中，投影光學光刻系統中的每部分都可以用一個純量函數來表示，即：

（1）光源表示為純量的強度函數；
（2）照明系統對光罩的均勻照明效應表示為不同方向平面波的等強度非相干疊加；
（3）光罩對照明光波的衍射過程服從克希何夫近似，光罩的衍射近場分佈可表示為光罩結構的二維振幅通過率函數；
（4）投影物鏡的相干轉換函數表示為含有輻射度修正因數和波像差的純量函數；
（5）採用駐波表示光波在光刻膠中的干涉效應。

純量成像理論具有模型簡潔、計算簡便的優點，在投影物鏡 NA 小於 0.6 的投影光學光刻成像領域可以得到準確的結果。但是當 NA 大於 0.6 時，純量理論中採用的傍軸近似不再成立；並且純量成像理論中忽略的光波的向量特性對光刻成像性能的影響逐漸顯著，此時需要對純

量成像理論進行改進，即考慮光波的向量特性。同純量理論相比，向量成像理論採用偏振光入射，考慮了投影物映像檔方電場分佈的向量特性，並採用薄膜干涉理論分析光波在光刻膠中的干涉成像[9,10,11]等。下面按照阿貝成像的過程，分析向量成像理論的過程。

根據投影光學光刻系統的特徵，用於浸沒式光刻系統的投影物鏡是由幾十片光學元件（包括透射和反射）組成的。從物理光學的角度，我們不考慮透鏡物鏡內部的具體結構，只使用光瞳面及相關函數來表示投影物鏡對光罩衍射場分佈的影響，光刻系統的成像原理如圖 3-20 所示。

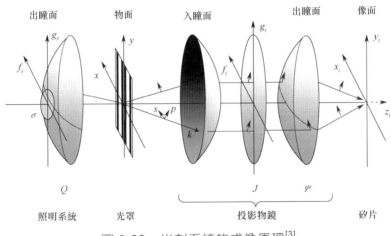

圖 3-20　光刻系統的成像原理[3]

在圖 3-20 中，從左向右的三個球面分別表示照明系統的出瞳面、投影物鏡的入瞳面和投影物鏡的出瞳面，照明系統出瞳面上的半徑為 σ 的圓表示有效光源。當照明方式發生改變時，有效光源的形狀也隨之變化。根據部分相干照明的原理，有效光源上每一點和照射到光罩上的平行光波向量是一一對應的。需要注意的是，圖 3-20 中物面和像面均表示空間域的分佈，而光瞳面均表示頻率域的分佈。

圖 3-20 中還定義了全域座標系 (x,y,z) 和局部座標系 (s,p,k)，兩種座標系的轉換關係為

$$
\begin{pmatrix} E_x \\ E_y \\ E_z \end{pmatrix} = \begin{pmatrix} -\dfrac{\beta}{\sqrt{\alpha^2+\beta^2}} & -\dfrac{\alpha\gamma}{\sqrt{\alpha^2+\beta^2}} \\ \dfrac{\alpha}{\sqrt{\alpha^2+\beta^2}} & -\dfrac{\beta\gamma}{\sqrt{\alpha^2+\beta^2}} \\ 0 & \sqrt{\alpha^2+\beta^2} \end{pmatrix} \cdot \begin{pmatrix} E_s \\ E_p \end{pmatrix}
\tag{3-54}
$$

定義光源面的座標為 (f_s,g_s)，物面的座標為 (x,y)，像面的座標為 (x_i,y_i)，投影物鏡入瞳面和出瞳面的光瞳座標分別為 (f,g) 和 (f_i,g_i)，二者之間的關係為 $f/f_i = g/g_i = -T$，其中 T 為投影物鏡放大倍率，其典型值為 1/4。定義從有效光源上的一點 (f_s,g_s) 發出的均勻照射到光罩上的平面波的方向餘弦為 $(\alpha_s,\beta_s,\gamma_s)$，從光罩上到投影物鏡入瞳面之間傳播光線的方向餘弦為 (α,β,γ)，從投影物鏡出瞳面到像面之間傳播的光線的方向餘弦為 $(\alpha_i,\beta_i,\gamma_i)$。令投影物鏡出瞳面前後存在不同的頻譜分佈，即出瞳面前方的電場 $\boldsymbol{E}_{\text{ex-pupil}}^{\text{before}}(\alpha_i,\beta_i)$ 和出瞳面後方的電場 $\boldsymbol{E}_{\text{ex-pupil}}^{\text{after}}(\alpha_i,\beta_i,\gamma_i)$。

令從光源上一點光源 (f_s,g_s) 發出、入射到光罩上的平面波為

$$
E_i(x,y,z) = \sqrt{Q(f_s,g_s)} \exp[j(2\pi(\frac{\alpha_s}{\lambda}x + \frac{\beta_s}{\lambda}y + \frac{\gamma_s}{\lambda}z) - \omega t + \varphi_0)]
\tag{3-55}
$$

式中，$Q(f_s,g_s)$ 為光源點 (f_s,g_s) 發出平面波的強度。假設平面波的初相位為 0，忽略時間項後的平面波的波函數變為

$$
E_i(x,y,z) = \sqrt{Q(x_s,y_s)} \exp[j2\pi(\frac{\alpha_s}{\lambda}x + \frac{\beta_s}{\lambda}y + \frac{\gamma_s}{\lambda}z)]
\tag{3-56}
$$

當入射偏振光為 Y 偏振時，其電場的歸一化振幅可以表示為

$$\boldsymbol{E}_{i-Y} = \begin{pmatrix} E_x \\ E_y \end{pmatrix} = \begin{pmatrix} 0 \\ 1 \end{pmatrix} \tag{3-57}$$

根據前面的理論，光罩衍射的近場分佈為

$$\boldsymbol{E}_{\text{near-field}} = \boldsymbol{M}(x,y) \cdot \boldsymbol{E}_i \tag{3-58}$$

根據衍射成像理論可知，光罩上圖形分佈對入射光波的衍射可以看作光罩上多個子波源發出的球面波繼續向投影物鏡入瞳面傳播的過程。由於在浸沒式光刻系統中，投影物鏡一般採用雙遠心的形式，即投影物鏡的入瞳面和出瞳面理論上處於無限遠的位置，此時物面到投影物鏡入瞳面，以及像面到投影物鏡出瞳面的距離均遠大於照明光的波長，且投影物鏡的口徑也遠大於波長，因此光波從光罩面到投影物鏡入瞳面、投影物鏡出瞳面到像面的傳播過程服從德拜（Debye）近似條件，即球面波從物面到入瞳面的傳播、出瞳面到像面的傳播可以近似成一系列平面波的疊加。根據惠更斯–菲涅耳原理，光罩的衍射遠場——投影物鏡入瞳面上的電場分佈可以表示為

$$\boldsymbol{E}_{\text{en-pupil}}(\alpha,\beta,\gamma) = \iint h(\alpha,\beta) \cdot \boldsymbol{E}_{\text{near-field}}(x,y)\mathrm{d}x\mathrm{d}y \tag{3-59}$$

式中，$h(\alpha,\beta)$ 是投影物鏡的脈衝響應函數。假設物面位於 $z=0$ 平面處，投影物鏡的脈衝響應函數可以寫成

$$h(\alpha,\beta) \approx \frac{\gamma}{\mathrm{j}\lambda} \cdot \frac{\mathrm{e}^{\mathrm{j}2\pi r}}{r} \mathrm{e}^{-\mathrm{j}k(\alpha x_1 + \beta y_1)} \tag{3-60}$$

從而，投影物鏡入瞳面上的電場可以表示為

$$\boldsymbol{E}_{\text{en-pupil}}(\alpha,\beta,\gamma) = \frac{\gamma}{\mathrm{j}\lambda} \cdot \frac{\mathrm{e}^{\mathrm{j}2\pi r}}{r} F\{\boldsymbol{E}_{\text{near-field}}(x,y)\} \cdot H(\alpha,\beta) \tag{3-61}$$

式中，$F\{\}$ 表示傅立葉轉換，$H(\alpha,\beta)$ 是投影物鏡的光瞳函數，投影物鏡身為典型的衍射受限系統，只有投影物鏡口徑內的光罩衍射級次才能被投影物鏡接收並在像面上干涉成像，即

$$H(\alpha,\beta)=\begin{cases}1, & \sqrt{\alpha^2+\beta^2}\leqslant \text{NA}\\ 0, & \text{其他}\end{cases}\qquad（3\text{-}62）$$

對於一個理想雙遠心的投影物鏡，投影物鏡的入瞳面和出瞳面之間只有一個簡單的放大關係，出瞳面電場和入瞳面電場之間的映射關係需要滿足能量守恆和正弦條件。

$$\left|\boldsymbol{E}_{\text{en-pupil}}(\alpha,\beta,\gamma)\right|^2 \mathrm{d}S=\left|\boldsymbol{E}_{\text{ex-pupil}}^{\text{before}}(\alpha_i,\beta_i,\gamma_i)\right|^2 \mathrm{d}S'\qquad（3\text{-}63）$$

由圖 3-21 可知，$\mathrm{d}S=r^2\mathrm{d}\Omega=r^2\mathrm{d}\alpha\mathrm{d}\beta\big/\gamma$，$\mathrm{d}S'=r'^2\,\mathrm{d}\Omega'=r'^2\,\mathrm{d}\alpha_i\mathrm{d}\beta_i\big/\gamma_i$。而由正弦條件可知，$\alpha/n\alpha_i=\beta/n\beta_i=-T$，其中 n 為投影物映像檔方的最後一個光學表面到像面之間填充媒體的折射率。從而有

$$\boldsymbol{E}_{\text{ex-pupil}}^{\text{before}}(\alpha_i,\beta_i,\gamma_i)=\frac{nr}{r'}\sqrt{\frac{\gamma_i}{\gamma}}\cdot \boldsymbol{E}_{\text{en-pupil}}(\alpha,\beta,\gamma)\cdot T\qquad（3\text{-}64）$$

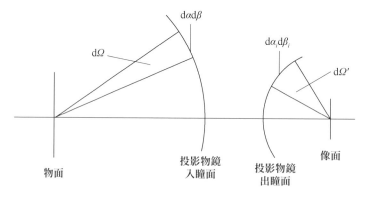

圖 3-21　入瞳和出瞳之間的映射

將式（3-61）代入上式可得

$$E_{\text{ex-pupil}}^{\text{before}}(\alpha_i, \beta_i, \gamma_i) = \frac{nT\sqrt{\gamma_i\gamma}}{j\lambda r'} e^{jkr} \cdot F\{E_{\text{near-field}}(x, y)\} \cdot H(\alpha, \beta, \gamma) \qquad （3-65）$$

在向量模型中，像面的電場分佈包含了三個電場分量，此時需要將局部座標系下表示的電場分佈轉換到全域座標系中。此外，由於光波在投影物鏡的入瞳面和出瞳面之間是平行於光軸傳播的，而在投影物鏡的出瞳面到像面之間的傳播方向同光軸存在一個夾角，這種波向量的旋轉會導致光波電場的 p（TM）分量的震動方向在入射面（子午面）內隨著波向量的變化而發生旋轉。因此電場在投影物鏡出瞳面的這兩種變化可以用變換矩陣表示為

$$E_{\text{ex-pupil}}^{\text{after}}(\alpha_i, \beta_i, \gamma_i) = \Psi_{\text{ex-pupil}}(\alpha_i, \beta_i, \gamma_i) \cdot E_{\text{ex-pupil}}^{\text{before}}(\alpha_i, \beta_i, \gamma_i) \qquad （3-66）$$

$$\Psi_{\text{ex-pupil}}(\alpha_i, \beta_i, \gamma_i) = \begin{pmatrix} \dfrac{\beta_i^2 + \alpha_i^2\gamma_i}{1 - \gamma_i^2} & -\dfrac{\alpha_i\beta_i}{1 + \gamma_i} \\[3mm] -\dfrac{\alpha_i\beta_i}{1 + \gamma_i} & \dfrac{\alpha_i^2 + \beta_i^2\gamma_i}{1 - \gamma_i^2} \\[3mm] -\alpha_i & -\beta_i \end{pmatrix} \qquad （3-67）$$

$$= \begin{pmatrix} 1 - \dfrac{f_i^2}{n(n + \sqrt{n^2 - f_i^2 - g_i^2})} & -\dfrac{f_i g_i}{n(n + \sqrt{n^2 - f_i^2 - g_i^2})} \\[4mm] -\dfrac{f_i g_i}{n(n + \sqrt{n^2 - f_i^2 - g_i^2})} & 1 - \dfrac{g_i^2}{n(n + \sqrt{n^2 - f_i^2 - g_i^2})} \\[4mm] -\dfrac{f_i}{n} & -\dfrac{g_i}{n} \end{pmatrix}$$

式中，等式左邊的電場有三個分量，分別表示像面電場在全域座標下的三個分量的空間頻譜分佈。

當投影物鏡的像方媒體為製程疊層時，利用傳輸矩陣法可以建立投影物映像檔方的變換矩陣[11]

$$
\boldsymbol{\Psi}_{\text{stack}}(\alpha_i, \beta_i, \gamma_i) = \begin{pmatrix} \psi_{S_{xx}} & \psi_{S_{yx}} \\ \psi_{S_{yx}} & \psi_{S_{yy}} \\ \psi_{S_{zx}} & \psi_{S_{zy}} \end{pmatrix}
$$

$$
= \begin{pmatrix} \kappa_\perp \cdot \upsilon_{x\perp x} + \kappa_\parallel^{xy} \upsilon_{x\|x} & \kappa_\perp \cdot \upsilon_{y\perp x} + \kappa_\parallel^{xy} \upsilon_{y\|x} \\ \kappa_\perp \cdot \upsilon_{x\perp y} + \kappa_\parallel^{xy} \upsilon_{x\|y} & \kappa_\perp \cdot \upsilon_{y\perp y} + \kappa_\parallel^{xy} \upsilon_{y\|y} \\ \kappa_\parallel^z \upsilon_{x\|z} & \kappa_\parallel^z \upsilon_{y\|z} \end{pmatrix}
\tag{3-68}
$$

式中

$$
\upsilon_{x\perp x} = \frac{\beta_i^2}{1-\gamma_i^2}, \quad \upsilon_{y\perp x} = -\frac{\alpha_i \beta_i}{1-\gamma_i^2}
$$

$$
\upsilon_{x\perp y} = -\frac{\alpha_i \beta_i}{1-\gamma_i^2}, \quad \upsilon_{y\perp y} = \frac{\alpha_i^2}{1-\gamma_i^2}
\tag{3-69}
$$

$$
\upsilon_{x\perp z} = 0, \qquad \upsilon_{y\perp z} = 0
$$

$$
\upsilon_{x\|x} = \frac{\alpha_i^2 \gamma_i}{1-\gamma_i^2}, \quad \upsilon_{y\|x} = -\frac{\alpha_i \beta_i \gamma_i}{1-\gamma_i^2}
$$

$$
\upsilon_{x\|y} = -\frac{\alpha_i \beta_i \gamma_i}{1-\gamma_i^2}, \quad \upsilon_{y\|y} = \frac{\beta_i^2 \gamma_i}{1-\gamma_i^2}
\tag{3-70}
$$

$$
\upsilon_{x\|z} = -\alpha_i, \qquad \upsilon_{y\|z} = -\beta_i
$$

$$
\kappa_\perp = \frac{\tau_\perp^{\text{stack}}}{\tau_\perp^{\text{substack}}} \left[e^{jk_z^p(d_p-z)} + \rho_\perp^{\text{substack}} e^{-jk_z^p(d_p-z)} \right]
\tag{3-71}
$$

$$\kappa_{\parallel}^{xy} = \frac{\tau_{\parallel}^{\text{stack}}}{\tau_{\parallel}^{\text{substack}}} \left[e^{jk_z^p(d_p-z)} - \rho_{\parallel}^{\text{substack}} e^{-jk_z^p(d_p-z)} \right] \quad (3\text{-}72)$$

$$\kappa_{\parallel}^{z} = \frac{\tau_{\parallel}^{\text{stack}}}{\tau_{\parallel}^{\text{substack}}} \left[e^{jk_z^p(d_p-z)} + \rho_{\parallel}^{\text{substack}} e^{-jk_z^p(d_p-z)} \right] \quad (3\text{-}73)$$

$$\rho_{\perp} = \frac{\vartheta_{\text{inc}}(u_{11}^{\text{TE}} - \vartheta_{\text{tran}}u_{12}^{\text{TE}}) + (u_{21}^{\text{TE}} - \vartheta_{\text{tran}}u_{22}^{\text{TE}})}{\vartheta_{\text{inc}}(u_{11}^{\text{TE}} - \vartheta_{\text{tran}}u_{12}^{\text{TE}}) - (u_{21}^{\text{TE}} - \vartheta_{\text{tran}}u_{22}^{\text{TE}})} \quad (3\text{-}74)$$

$$\tau_{\perp} = \frac{2\vartheta_{\text{inc}}}{\vartheta_{\text{inc}}(u_{11}^{\text{TE}} - \vartheta_{\text{tran}}u_{12}^{\text{TE}}) - (u_{21}^{\text{TE}} - \vartheta_{\text{tran}}u_{22}^{\text{TE}})} \quad (3\text{-}75)$$

$$\rho_{\parallel} = \frac{\vartheta_{\text{inc}}(u_{11}^{\text{TM}} - \vartheta_{\text{tran}}u_{12}^{\text{TM}}) + (u_{21}^{\text{TM}} - \vartheta_{\text{tran}}u_{22}^{\text{TM}})}{\vartheta_{\text{inc}}(u_{11}^{\text{TM}} - \vartheta_{\text{tran}}u_{12}^{\text{TM}}) - (u_{21}^{\text{TM}} - \vartheta_{\text{tran}}u_{22}^{\text{TM}})} \quad (3\text{-}76)$$

$$\tau_{\parallel} = \frac{-2\eta_{\text{tran}} \cos\theta_{\text{inc}}}{\vartheta_{\text{inc}}(u_{11}^{\text{TM}} - \vartheta_{\text{tran}}u_{12}^{\text{TM}}) - (u_{21}^{\text{TM}} - \vartheta_{\text{tran}}u_{22}^{\text{TM}})} \quad (3\text{-}77)$$

在式（3-71）中，d_p 為光刻膠的厚度，"stack"表示含光刻膠的所有製程疊層，"substack"表示光刻膠以下的製程疊層。

將式（3-67）或式（3-68）代入式（3-66）中，可以得到投影物鏡出瞳面後方的電場分佈，以式（3-67）為例：

$$E_{\text{ex-pupil}}^{\text{after}}(\alpha_i, \beta_i, \gamma_i) = \frac{nT\sqrt{\gamma_i\gamma}}{j\lambda r'} e^{jkr} \cdot \Psi_{\text{ex-pupil}}(\alpha_i, \beta_i, \gamma_i)$$
$$A(\alpha_i, \beta_i) \cdot F\{E_{\text{near-field}}(x,y)\} \cdot H(\alpha, \beta) \quad (3\text{-}78)$$

式中，$A(\alpha_i, \beta_i)$ 是投影物鏡的像差函數，若投影物鏡只存在波像差 $W(\alpha_i, \beta_i)$，則

$$A(\alpha_i, \beta_i) = e^{-jk'W(\alpha_i, \beta_i)} \qquad （3-79）$$

若投影物鏡存在偏振像差，則

$$A(\alpha_i, \beta_i) = \boldsymbol{J}(\alpha_i, \beta_i) = \begin{pmatrix} J_{xx} & J_{xy} \\ J_{yx} & J_{yy} \end{pmatrix} \qquad （3-80）$$

式中，$\boldsymbol{J}(\alpha_i, \beta_i)$ 表示偏振像差。

按照與式（3-66）相似的推導過程可以得到點光源 (f_s, g_s) 照明下光刻系統像面處的電場分佈。即

$$
\begin{aligned}
\boldsymbol{E}_{\text{image}}(x_i, y_i, z_i) &= j\frac{nTe^{-jk'r'}}{r'\lambda} \iint\limits_{S'} \boldsymbol{E}_{\text{ex-pupil}}^{\text{after}}(\alpha_i, \beta_i, \gamma_i) \cdot \text{Def}(\alpha_i, \beta_i, \gamma_i)e^{j2\pi(f_ix_i+g_iy_i)}\,dS' \\
&= j\frac{nTe^{-jk'r'}r'}{\lambda} \iint \boldsymbol{E}_{\text{ex-pupil}}^{\text{after}}(\alpha_i, \beta_i, \gamma_i) \cdot \text{Def}(\alpha_i, \beta_i, \gamma_i)e^{j2\pi(f_ix_i+g_iy_i)}\,\frac{d\alpha_i d\beta_i}{\gamma_i} \\
&= j\frac{nT}{\lambda^2} \iint \sqrt{\frac{\gamma}{\gamma_i}} \boldsymbol{\Psi}_{\text{ex-pupil}}(\alpha_i, \beta_i, \gamma_i) \cdot A(\alpha_i, \beta_i) \cdot \text{Def}(\alpha_i, \beta_i, \gamma_i) \cdot \\
&\qquad F\{\boldsymbol{E}_{\text{near-field}}(x, y)\} \cdot H(\alpha, \beta)e^{j2\pi(f_ix_i+g_iy_i)} \cdot d\alpha_i d\beta_i
\end{aligned}
$$
$$（3-81）$$

式中，$\text{Def}(\alpha_i, \beta_i, \gamma_i) = \exp[jk'\delta_i(1 - \sqrt{1 - \alpha_i^2 - \beta_i^2})]$ 為投影物映像檔面離焦量引起的相位變化。式（3-81）左端是一個 3×1 的向量，分別表示像面電場的 x、y 和 z 分量。

利用式（3-66）～式（3-81）即可獲得投影物映像檔面電場在全域座標系下的分量。從而在點光源 a 照明下，像面上的電場強度分佈為

$$I_{\text{coh}}^{a} = \left|\boldsymbol{E}_{\text{image}}(x_i, y_i, z_i)\right|^2 = \left|E_x^{\text{wafer}}\right|^2 + \left|E_y^{\text{wafer}}\right|^2 + \left|E_z^{\text{wafer}}\right|^2 \qquad （3-82）$$

如果點光源 a 發出部分偏振光，則根據偏振光學理論，部分偏振光的電場可以分解成兩個理想偏振光的電場疊加的形式。對於每一種理想的線偏振光，都按照上面的過程計算出投影光學光刻系統像面的電場強度分佈，最後把兩種理想偏振光對應的電場強度分佈相加即可得到該點光源照明下的像面電場強度分佈。

投影光學光刻系統中一般採用部分相干照明，其有效光源可以分解成一系列非相干的點光源。按照阿貝光源積分的原理，分別計算每個點光源照明時的像面電場強度分佈，最後將所得電場強度分佈相加即可得到部分相干光源照明下的像面電場強度分佈

$$I_{\text{total}}(x_i, y_i, z_i) = \iint Q(f_s, g_s) I_{\text{coh}}^a(x_i, y_i, z_i) \mathrm{d}x_s \mathrm{d}y_s \qquad （3\text{-}83）$$

在光罩衍射的克希何夫近似下，光罩圖形對不同方向平面波的光罩頻譜的振幅和相位是相同的，即光罩衍射頻譜具有平移不變性。這樣可以在成像模型中將光罩函數和光學系統函數獨立，並且表示光學系統的函數稱為透射相交係數（transmission cross coefficients，TCC），即

$$I_{\text{total}}(x_i, y_i, z_i) = \iint \iint \text{TCC}(f_1, g_1, f_2, g_2) \cdot \mathrm{e}^{\mathrm{j}2\pi[(f_1-f_2)x_i+(g_1-g_2)y_i]}$$
$$M(f_1, g_1) \cdot M^*(f_2, f_2) \mathrm{d}f_1 \mathrm{d}g_1 \mathrm{d}f_2 \mathrm{d}g_2 \qquad （3\text{-}84）$$

$$\text{TCC}(f_1, g_1, f_2, g_2; f_s, g_s) = \iint Q(f_s, g_s) L(f_1, g_1; f_s, g_s) L^*(f_2, g_2; f_s, g_s) \mathrm{d}f_s \mathrm{d}g_s \qquad （3\text{-}85）$$

$$L(f_1, g_1; f_s, g_s) = \boldsymbol{\Psi}_{\text{ex-pupil}} \cdot \text{RC} \cdot A \cdot \text{Def} \cdot H \qquad （3\text{-}86）$$

3.3 光刻膠模型

光刻膠是光刻成像的承載媒體，其作用是利用光化學反應的原理將光刻系統中經過衍射、濾波後的光資訊轉化為化學能量，進而完成光罩佈局的複製。目前，積體電路生產中使用的光刻膠一般由聚合物骨架（polymer backbone）、光酸產生劑（photo-acid generator，PAG）或光感化合物（photo active compound，PAC）、溶劑，以及顯影保護基團、蝕刻保護基團等其他輔助成分組成。光刻膠在光刻製程過程中的主要過程可以分為以下幾步。

（1）塗膠、勻膠──光刻膠被均勻塗覆在晶圓上，此時的光刻膠是一個均勻的薄膜。

（2）曝光──光刻膠接收來自物鏡的光資訊，這些光在光刻膠中產生的干涉條紋強度分佈引導了 PAG 或 PAC，PAG 或 PAC 按照一定的量子效率吸收光資訊。

（3）烘烤──加速完成光刻膠中的擴散-去保護催化反應。

（4）顯影──利用顯影液對經過化學反應的光刻膠進行沖洗，獲取預期的形貌。

在光刻模擬過程中，一般有兩種模型描述光刻膠的上述過程，一種為簡化模型──光刻膠設定值模型，另一種為嚴格模型──光刻膠物理模型。

3.3.1 光刻膠設定值模型

在光刻膠的曝光機烘烤過程中，光酸在一定溫度下會發生擴散。這種擴散在光刻膠中可以催化去保護反應，使得光刻膠剖面的形貌變得陡

直。由於擴散效應是隨機的，所以這種由擴散導致的空間影像對比度下降可以用一個高斯擴散來表示[12]

$$I_D(x_i', y_i', z_i') = \iiint_\infty \left(\frac{1}{a\sqrt{2\pi}} \right)^3 e^{-\frac{(x_i'-x_i)^2}{2a^2} - \frac{(y_i'-y_i)^2}{2a^2} - \frac{(z_i'-z_i)^2}{2a^2}} \cdot I_{\text{total}}(x_i, y_i, z_i) \mathrm{d}x_i \mathrm{d}y_i \mathrm{d}z_i$$

（3-87）

式中，a 為擴散長度；$I_D(x_i', y_i', z_i')$ 代表經過擴散後的光強分佈，該值在正性光刻膠中也等於擴散後的光酸濃度分佈。

由於一般光刻膠的顯影對比度很高，所以在光刻模擬中，顯影過程可以近似使用設定值模型來表示，最簡單的設定值模型就是二值化模型

$$Z = \begin{cases} 0, & I_D(x_i', y_i', z_i') \geqslant \text{tr} \\ 1, & I_D(x_i', y_i', z_i') < \text{tr} \end{cases}$$

（3-88）

式中，tr 表示設定值；Z 表示顯影後的光刻膠分佈。可見，式（3-88）表示的是一個不連續的步階分佈，在正性光刻膠的正顯影製程中，0 表示無光刻膠，1 表示存在光刻膠。

在光學鄰近修正、光源光罩聯合最佳化等需要求偏導數的場合，式（3-88）無法使用，此時需要利用 Sigmoid 函數建立光刻膠顯影的設定值模型，一般的 Sigmoid 函數的定義式為

$$\text{sig}(P) = \frac{1}{1 + e^{-a_r(P-\text{tr})}}$$

（3-89）

式中，tr 表示設定值；P 表示輸入的函數，在本文的場景中，P 為擴散後的光強分佈 $I_D(x_i', y_i', z_i')$；a_r 表示 Sigmoid 函數的陡峭度，當設定值為 0.5 時，一維 Sigmoid 函數在不同陡峭度下的分佈，如圖 3-22 所示。

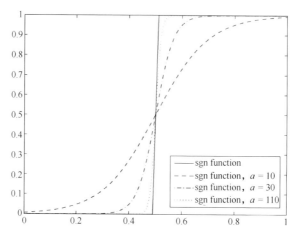

圖 3-22　一維 Sigmoid 函數在不同陡峭度下的分佈

3.3.2　光刻膠物理模型

光刻膠設定值模型具備模型簡單、計算效率高等優勢，但該模型在需要對光刻膠顯影後形貌進行精確模擬的場合下並不適用，如光刻膠選型、製程條件最佳化等。在上述場景中，光刻膠不一定完全適用於光刻製程，此時需要採用物理模型才能得到準確的光刻膠顯影後形貌。

以化學放大光刻膠為例，曝光時光化學反應被入射光場觸發，光酸產生劑分解產生光酸（三氟乙酸）及其他產物，光酸產生劑的反應速率及光酸的濃度與局域的光強分佈和曝光持續時間強相關。假設光刻膠中光酸產生劑的濃度是 [PAG]，隨著曝光過程的持續進行，光酸產生劑不斷分解，其濃度也不斷下降，這個過程可以描述為[13]

$$\frac{\mathrm{d}[PAG]}{\mathrm{d}t} = -C_1 \cdot I \cdot [PAG] \qquad (3\text{-}90)$$

式中，C_1 是曝光常數；I 表示光刻膠中光學強度分佈；t 為曝光時間。式（3-90）所述方程式的解為

$$[\text{PAG}]=[\text{PAG}]_0 \cdot e^{-C_1 \cdot I \cdot t} \qquad （3\text{-}91）$$

式中，$[\text{PAG}]_0$ 是曝光前光刻膠中的光酸產生劑的濃度。由於光刻膠具一定的吸收係數，曝光光強是光刻膠中空間位置的函數。由式（3-91）可見，光酸產生劑的濃度是曝光時間的函數，隨著曝光時間的增加，曝光區域光酸產生劑的濃度不斷降低，光刻膠對光子的吸收能力也不斷下降。由於光酸直接來自光酸產生劑的分解，因此光酸的濃度分佈可以表示為

$$[\text{H}]=[\text{PAG}]_0 -[\text{PAG}]=[\text{PAG}]_0 \cdot (1-e^{-C_1 \cdot I \cdot t}) \qquad （3\text{-}92）$$

式中，$[\text{H}]$ 和 $[\text{PAG}]$ 均為像空間座標 (x_i, y_i, z_i) 和曝光時間 t 的函數。利用式（3-92），光刻光學強度分佈被轉化為光酸濃度分佈，由於最終的光刻膠圖形就來自光酸的三維分佈，因此這種光刻膠在曝光後的光酸濃度分佈又被稱為曝光三維潛像（latent 3D image）。

為了進一步催化光化學反應、降低光刻膠內部的駐波、提升光刻膠沿光軸方向分佈的均勻性，光刻膠曝光後一般需要進行烘烤製程（post exposure bake，PEB），PEB 一般稱為後烘。在後烘製程中，光酸的分子在光刻膠中擴散，達到聚合物上保護基團所在的位置，使之分解觸發去保護反應、釋放另一個酸分子。經過去保護反應後的聚合物能溶於顯影液，且酸分子含量越高的位置，聚合物的保護基團就被分解得越多。假設$[\text{M}]$表示光刻膠中保護基團的濃度，那麼

$$\frac{d[\text{M}]}{dt}=- C_2 \cdot [\text{M}] \cdot [\text{H}] \qquad （3\text{-}93）$$

式中，C_2 為去保護反應的係數。對上式進行求解，並根據光刻膠中去保護反應的特徵，可以將光刻膠中去保護基團的濃度表示為

$$[P]=[M]_0 - [M]=[M]_0 \cdot (1 - e^{-C_2 \cdot [H] \cdot t_{PEB}}) \qquad （3\text{-}94）$$

式中，$[M]_0$是曝光前光刻膠中去保護基團的濃度。去保護反應係數 C_2 實際代表了在指定酸濃度分佈的情況下，去保護反應的機率。由於去保護反應是一個由溫度引導的反應，因此 C_2 是一個和溫度相關的量。

一般來説，去保護區域相比受保護區域具有更多的羥基，因此在水基溶液中具有更高的溶解速率，保護基團的濃度與顯影速率呈負相關。在光刻膠的顯影過程中，光刻膠中某處的顯影速率 r 和該處的保護基團的濃度 $[M]$ 有關。這種關係最初由經驗公式來描述，常用的是 Dill 提出的經驗公式，即

$$r(x,y,z)=\begin{cases} 0.006 \cdot \exp(F_1 + F_2[M] + F_3[M]^2), & [M] > -0.5\dfrac{F_2}{F_3} \\ 0.006 \cdot \exp\left(F_1 + \dfrac{F_2}{F_3}(F_2 - 1)\right), & 其他 \end{cases} \qquad （3\text{-}95）$$

目前有兩種比較成熟的模型來描述光刻膠顯影過程中，保護基團的濃度和顯影速率的數學表達關係，分別是 Mack 模型（mack model）和 Notch 模型（notch model）。

Mack 模型的原理式可以表示為

$$r = r_{max}\frac{(a+1) \cdot (1-[M])^n}{a + (1-[M])^n} + r_{min} \qquad （3\text{-}96）$$

式中，r 表示顯影速率；$[M]$ 是式（3-93）中的保護基團濃度；r_{max} 和 r_{min} 分別表示光刻膠經過完全曝光和未曝光時的顯影速率；n 代表使某處光刻膠分子溶於顯影液所需的去保護反應次數。

相似地，Notch 模型的原理式可以表示為

$$r = r_{max} \cdot (1-[M])^n \cdot \frac{(a_n+1) \cdot (1-[M])^{n\_notch}}{a_n + (1-[M])^{n\_notch}} + r_{min} \qquad （3\text{-}97）$$

$$a_n = \frac{n\_notch+1}{n\_notch-1} \cdot (1-[M]_{TH\_notch})^{n\_notch} \qquad （3\text{-}98）$$

式中，$[M]$、r_{max}、r_{min} 和 n 代表的含義與式（3-96）中的相同；$[M]_{TH\_notch}$ 表示沿著保護基團濃度分佈方向上 Notch 位置的濃度分佈；n_notch 表示 Notch 的強度。

3.4　光刻光學成像的評價指標

前面列出了光刻系統各子單元的成像特徵，以及光刻成像的理論和模型，而在實際的光刻成像中，常常涉及如何評價成像品質的問題。本節將介紹一些常用的評價光刻成像品質的指標，如關鍵尺寸、關鍵尺寸均勻性、對比度和圖型對數斜率、光罩誤差增強因數、焦深、曝光寬容度、製程視窗和製程變異帶等。

3.4.1　關鍵尺寸及其均勻性

我們知道，3.3 節列出的光刻空間影像將進入光刻膠中，並在合適的曝光劑量下形成一定寬度的圖形。評估這個寬度最直接的方法是採用空間影像的圖形寬度。檢查一個理想的正性光刻膠，任何高於曝光劑量設定值部分對應的光刻膠將被顯影液去除。

關鍵尺寸可以定義為，在特定曝光強度設定值下所得到的光刻膠溝槽

或線條的寬度，如圖 3-23 所示。相似地，光刻空間影像列出的是相對強度，那麼光刻空間影像的關鍵尺寸可以定義為在特定相對強度設定值下所得到的圖形的寬度。

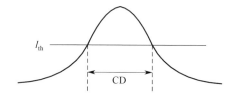

圖 3-23　光刻成像結果的關鍵尺寸示意圖

對於工作週期比為 1:1 的密集線條圖形，光刻系統所能分辨的最小關鍵尺寸又稱為分辨力。

$$\mathrm{CD}_m = k_1 \frac{\lambda}{\mathrm{NA}} \tag{3-99}$$

式中，k_1 為光刻製程因數。從上式可以看出，提高光刻成像分辨力有三種方法：減小曝光波長，提高投影系統數值孔徑，減小光刻製程因數。

以上列出了關鍵尺寸的定義，它表徵了光刻成像的一維特徵，而實際的光刻圖形均為二維圖形或有限長度的一維線條，為表徵這些圖形在二維上的成像品質，需要測量多個位置的關鍵尺寸，統計得出一個新的評價指標：關鍵尺寸均勻性（critical dimension uniformity）。

3.4.2　對比度和圖型對數斜率

在成像領域，一個比較經典的表徵指標是對比度。檢查一個等寬度線條圖形，這個圖形的透光區域和不透光區域具有相同寬度，如圖 3-24 所示。

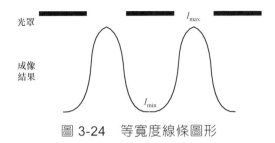

圖 3-24　等寬度線條圖形

等寬度線條圖形成像的對比度由成像結果的最大值和最小值決定,即

$$\text{Image Contrast} = \frac{I_{\max} - I_{\min}}{I_{\max} + I_{\min}} \qquad (3\text{-}100)$$

由於光刻成像的目標是在晶圓上呈現光罩版的清晰的像,因此成像的最小值越小,則對比度越大。如果最小值為 0,則對比度為 1。

在光刻成像中,如果光刻膠圖形線寬的控制對光刻性能影響更大,那麼影響光刻結果的指標是成像強度分佈在理想線寬邊緣處的斜率。光刻成像的強度分佈對座標的斜率表徵了座標範圍內的光刻成像變化趨勢。為了方便起見,這個值一般需要歸一化,歸一化的因數為強度分佈的值,即

$$\text{ILS} = \frac{1}{I} \cdot \frac{\mathrm{d}I}{\mathrm{d}x} = \frac{\mathrm{d}\ln(I)}{\mathrm{d}x} \qquad (3\text{-}101)$$

典型的圖型對數斜率一般取光罩圖形理想成像的邊界處的值,如圖 3-25 所示。

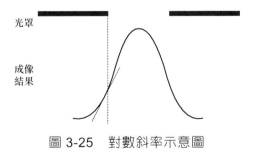

圖 3-25　對數斜率示意圖

由於光刻膠圖形中邊緣位置（線寬）的變化一般表示為理想線寬的比例，因此理想成像位置處的圖型對數斜率也可以透過乘以理想的線寬來進行歸一化，即歸一化圖型對數斜率為

$$\text{NILS} = w\frac{\text{d}(\ln(I))}{\text{d}x} \qquad（3-102）$$

式中，w 表示理想線寬；NILS 被認為是評價光刻空間影像品質的最佳指標。

3.4.3　光罩誤差增強因數

如上所述，光刻成像的目標是將光罩版上的圖型儘量不失真地複製到晶圓表面的光刻膠中。因此，光罩版上圖形變化極易影響光刻膠中成像的品質。隨著光刻技術的不斷發展，光刻系統可分辨的最小尺寸逐漸減小，此時光罩圖形的微小誤差有可能會對光刻膠中成像品質造成較大影響。研究表明，引起晶圓上光刻膠圖形的關鍵尺寸變化的因素中很大一部分來自光罩圖形的關鍵尺寸誤差。

為了定量地表示光罩上的關鍵尺寸誤差對光刻膠中圖形關鍵尺寸誤差的影響程度，需要定義一個參數：光罩誤差增強因數（mask error enhancement factor，MEEF）。根據 Wilhelm Maurer 在其論文中的表述，MEEF 定義為光刻膠中關鍵尺寸的變化率同光罩關鍵尺寸的變化率的比值[4]。

$$\text{MEEF} = \frac{\partial(\text{CD}_{\text{resist}})}{\partial(\text{CD}_{\text{mask}})} \qquad（3-103）$$

式中，CD_{mask} 和 $\text{CD}_{\text{resist}}$ 均為光刻系統像方維度的量。圖 3-26 和圖 3-27 所示為光刻膠曝光結果的 CD 值隨光罩圖形 CD 的變化趨勢，以及根據該趨勢得到的 MEEF 值的分佈[4]。

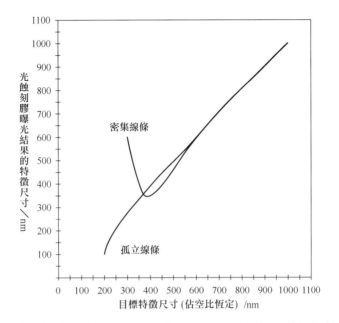

圖 3-26　光刻成像結果的 CD 值隨光罩寬度的變化趨勢

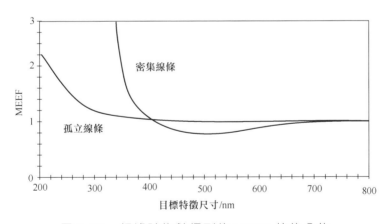

圖 3-27　根據該趨勢得到的 MEEF 值的分佈

從圖 3-27 中可以看出，對於 CD 為 300 nm 的孤立線條，MEEF 值為 1.4，這代表光罩關鍵尺寸上 10 nm 的誤差將導致光刻膠圖形的關鍵尺寸發生 14 nm 的誤差。

3.4.4 焦深與製程視窗

在投影光學光刻系統中，對於指定的關鍵尺寸，能保證線條品質所允許的成像位置偏離最佳焦面位置的範圍定義為焦深。對於光刻製程，焦深越大，則對光刻圖形的曝光越有利。焦深同曝光波長及投影物鏡的數值孔徑的關係如下

$$\mathrm{DOF} = k_2 \frac{\lambda}{\mathrm{NA}^2} \qquad （3\text{-}104）$$

式中，k_2 為焦深製程因數。隨著焦面位置的變化，曝光線條的品質也隨之變化，這樣必然存在一個曝光線條品質最好的位置，這個位置稱為最佳焦面，實際成像面偏離最佳焦面的值稱為離焦量。

光刻製程的目的是將光罩版上的圖形複製到具有一定厚度的光刻膠中，為了得到側壁陡直的線條，成像強度在光刻膠厚度範圍要儘量一致，這就要求投影光刻的焦深大於光刻膠的厚度。

關聯到光刻分辨力的公式，焦深的運算式可以改寫為

$$\mathrm{DOF} = \frac{k_2}{k_1^2} \frac{(\mathrm{CD})^2}{\lambda} \qquad （3\text{-}105）$$

可以看出，透過減小光刻製程因數和曝光波長可以擴大焦深。而曝光波長受到光刻系統的限制，增加焦深可行性的方式就是降低 k_1，一般透過採用變型照明、相移光罩、光學鄰近修正等解析度提升技術來實現。

以上列出了理想曝光情形下的焦深運算式，以及擴大焦深的方式，並未涉及曝光劑量的問題。在實際的光刻製程中，不同圖形對應的最佳曝光劑量是不同的，且最佳焦面位置容易受到像差、光罩三維效應等影響產生一定的變化。為了準確地得到最佳曝光劑量和最佳焦面位

置,需要對相同的光罩圖形在不同的曝光劑量和不同離焦量情形下進
行曝光,將所得的光刻膠關鍵尺寸用點列圖表述成卜松曲線的形式,
如圖 3-28 所示。

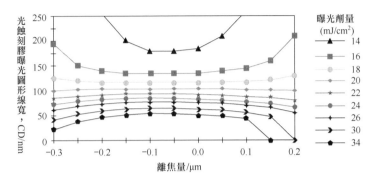

圖 3-28　光刻成像的卜松曲線示意圖

光刻曝光圖形的關鍵尺寸隨著曝光劑量及離焦量的變化存在較大的起
伏。在實際的光刻製程中,積體電路晶片的電學性能是允許光刻曝光
圖形的關鍵尺寸存在一定誤差的,這個可允許的誤差範圍通常是
±10%CD。按照這個標準,將圖 3-28 中標出符合條件的點,並將其連
線,可以得到圖 3-29 所示的製程視窗。

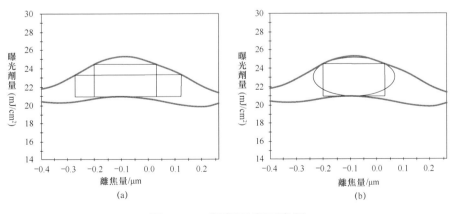

圖 3-29　製程視窗示意圖

圖中所示的曲線所能允許的最大矩形或橢圓包絡的部分稱為製程視窗。對於矩形的製程視窗，容易出現多個面積相同的視窗，如圖 3-29（a）所示，兩個矩形視窗分別可以解讀為在指定的曝光劑量變化範圍內所能得到的最大焦深（固定矩形的高度，獲得最大的矩形寬度），以及在指定的焦深範圍內所能得到的曝光劑量變化範圍（固定矩形寬度，獲得最大的矩形高度）。為了避免這種問題，光刻製程中一般採用橢圓製程視窗列出製程變異的範圍，如圖 3-29（b）所示，此時在封閉區域內，只能得到一個面積最大的橢圓。需要說明的是，圖 3-29中所表示的矩形或橢圓都是在由兩條曲線組成的封閉區域內畫出的，這兩條曲線表示在不同的焦面位置，分別滿足 CD（1+10%）和 CD（1-10%）兩種條件下的曝光劑量。在實際的光刻製程中，一般衡量製程視窗的標準是曝光劑量在 5%變化情況下的焦深值（即固定橢圓的 Y 軸長度，衡量橢圓的 X 軸長度），這個值越大表示製程視窗越大。

3.4.5 製程變異帶（PV-band）

在實際光刻製程中，製程條件會偏離預設位置，如曝光劑量及投影物鏡焦面位置。為了表徵圖形的光刻成像性能對這種製程條件變化的回應度，光刻成像領域定義了製程變異帶（process variation band，PV-Band）的概念。PV-Band 定義為光罩圖形在一定的製程變異範圍內進行光刻曝光時，在光刻膠中得到的最外側曝光輪廓和最內側曝光輪廓的差值。

典型的製程變異帶如圖 3-30 所示，圖中針對接觸孔結構列出了三種曝光輪廓，最內側的圓代表了光刻曝光時在不同製程條件下得到的最小輪廓，中間的圓代表了光刻曝光時在不同製程條件下得到的最佳輪廓，最外側的圓代表了光刻曝光時在不同製程條件下得到的最大輪廓，最大輪廓與最小輪廓的差值即為該接觸孔結構在這種光刻條件下的 PV-Band。一般而言，某種圖形的 PV-Band 越大，代表這種圖形對製程變異的敏感度越高、容忍度越低。

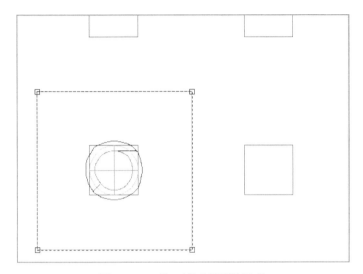

圖 3-30　典型的製程變異帶

本章參考文獻

[1]　呂乃光. 傅立葉光學[M]. 北京: 機械工業出版社，2006.

[2]　余國彬. 百奈米級微細圖形投影光學光刻偏振成像原理及方法研究[D]. 北京: 中國科學院光電技術研究所，2006.

[3]　董立松. 向量光刻成像理論與解析度提升技術[D]. 北京: 北京理工大學，2014.

[4]　Mack C A. Fundamental Principles of Optical Lithography: The Science of Microfabrication [M]. Chichester: John Wiley & Sons, Ltd., 2007.

[5]　姚漢民、胡松、刑廷文. 光學投影曝光維納加工技術 [M]. 北京: 北京工業大學出版社，2006.

[6]　Erdmann A, Evanschitzky P. Rigorous electromagnetic field mask modeling and related lithographic effects in the low k1 and ultrahigh numerical aperture regime [J]. J. of Micro/Nanolith. MEMS MOEMS, 2007, 6(3): 031002.

[7]　徐象如. 高數值孔徑投影光刻物映像檔質補償策略與偏振像差研究 [D]. 北京：中國科學院大學長春光學精密機械與物理研究所，2017.

[8]　McIntyre G, Kye J, Levinson H J, et al. Polarization aberrations in hyper-numerical aperture projection printing: a comparison of various representations [J]. J. Microlith., Microfab., Microsyst., 2006, 5(3): 033001.

[9]　Flagello D G. High numerical aperture imaging in homogeneous thin films [D]. Arizona: University of Arizona, 1993.

[10]　Socha R. Propagation Effects of Partially Coherent Light in Optical Lithography and Inspection [D]. California: University of California, Berkeley, 1997.

[11]　Wong A K. Optical Imaging in Projection Microlithography [M]. Bellingham, Washington: SPIE Press. 2005.

[12]　伍強，等. 衍射極限附近的光刻工藝[M]. 北京：清華大學出版社，2020.

[13]　韋亞一. 超大型積體電路先進光刻理論與應用[M]. 北京：科學出版社，2016.

Chapter 04

解析度提升技術

在光學成像領域，解析度是衡量分開相鄰兩個物點的像的能力。按照幾何光學理論，光學系統沒有像差時，每個物點應該產生一個銳利的點像。但是由於衍射現象的存在，實際的成像結果總是一個有限大小的光斑。如果兩個光斑（衍射圖樣，也稱為艾瑞斑）發生了重疊，那麼二者中心強度極大值的位置靠得越近，就越難以分辨出這兩個物點。為了定量判斷兩個物點的接近程度，瑞利提出了一個簡單的準則

$$R_r = 0.61 \frac{\lambda}{\mathrm{NA}} \qquad （4\text{-}1）$$

瑞利準則指出，當兩個艾瑞斑中的艾瑞斑主極大的位置與另一個艾瑞斑第一個零值點位置重合時，這兩個艾瑞斑處於可分辨的極限，如式（4-1）中的 R_r。其中，λ 為照明光波長，NA 為成像系統數值孔徑。

史派羅於 1916 年將可分辨的極限點定義為光學系統調制轉換函數（MTF，詳細定義參見第 3 章）等於零的位置，提出了史派羅準則

$$R_s = 0.5 \frac{\lambda}{\mathrm{NA}} \qquad （4\text{-}2）$$

需要指出的是，瑞利準則常用來評判成像的品質，而並非用於評判光刻成像。光刻成像與傳統成像的最大區別：光刻系統是在光刻膠中成像的。光刻膠是一種高比較的成像媒體，即使光學干涉結果的調制度較差，仍然可以在光刻膠中得到對比度較高的成像結果。因此，在某些曝光條件下，雖然光學解析度已經到達了瑞利準則所列出的分辨極限以下，但在光刻膠中依然可以呈現較好的結果。由於史派羅準則是根據 MTF 等於零的標準來制定的，因此當解析度在史派羅準則以下時，調制度為 0 光刻膠中也無法得到清晰的可分辨的像。

光刻成像的解析度由下式列出

$$R_{litho} = k_1 \frac{\lambda}{NA} \tag{4-3}$$

式中，R_{litho} 為光刻系統可分辨的圖形週期；k_1 為製程因數，其理論最小值為 0.5。R_{litho} 的值越小代表解析度越高。從式（4-3）可以看出，提高解析度（降低 R_{litho}）的途徑主要有三個：

（1）縮短曝光波長；
（2）擴大曝光系統的數值孔徑；
（3）減小製程因數 k_1。

事實上，光刻曝光波長已經經歷了 G 線（435 nm）、I 線（365 nm）、KrF（248 nm）和 ArF（193 nm）的深紫外波段的發展歷程，目前具備 13.5 nm 波長的極紫外光刻機已經投入到工業生產中。同樣，光刻投影物鏡的數值孔徑也經歷了從 0.4 到 0.93 的發展歷程。為了進一步的提高 ArF 光刻機的數值孔徑，產業化的光刻機中晶圓和投影物鏡最後一面鏡頭之間直接填充了去離子水，將數值孔徑提高到 1.35。目前，浸沒式 ArF 光刻機是先進半導體生產中的主流裝置。對於極紫外光刻系統，由於反射式投影物鏡系統的特徵，目前最新的光刻機中，數值孔徑已經可以達到 0.33。表 4-1 中列出了光刻系統波長減小及數值孔徑增大的歷史資料[1]。

表 4-1　光刻系統波長減小及數值孔徑增大的歷史資料

年份	解析度/nm (hp)	波長/nm	數值孔徑
1986	1200	436	0.39
1988	800	436/365	0.44
1991	500	365	0.50
1994	350	365/248	0.56
1997	250	248	0.62
1999	180	248	0.67
2001	130	248	0.70
2003	90	248	0.75/0.85
2005	65	248/193	0.93
2007	45	193	1.20
2009	38	193	1.35
2010	27	13.5	0.25
2012	22	13.5	0.33
2013	16	13.5	0.33

減小波長和增加數值孔徑雖然可以明顯地提高光刻成像的解析度，但是這兩種途徑會受到雷射器、材料、加工能力等因素的限制。光刻解析度的提高還可以透過最佳化光刻製程參數來實現，如光源條件的設定、光罩版的設計、光刻膠製程等，這些製程參數對解析度的改變都表現在製程因數 k_1 中。降低製程因數 k_1 的技術稱為解析度提升技術（resolution enhancement techniques，RET）。

由光學理論可知，一束光包含了振幅、相位、偏振態（電場的震動方向）和傳播方向等資訊，如圖 4-1 所示。

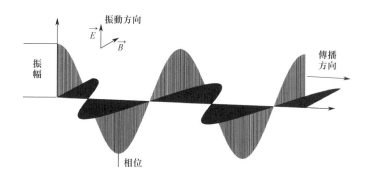

圖 4-1 一束光所包含的資訊[2]

光刻解析度提升技術是透過改變與控制光的以上四種資訊，使光刻膠上獲得比傳統條件下更細小圖形結構的技術[3]，如變型照明（off-axis illumination，OAI）技術可以改變光波的傳播方向，相移光罩（phase shift mask，PSM）技術可以改變光波的振幅和相位，光學鄰近修正（optical proximity correction，OPC）技術可以改變光波的振幅，光源－光罩聯合最佳化（source mask optimization，SMO）不僅改變了光波的傳播方向，而且改變了光波的振幅和相位。

4.1 傳統解析度提升技術

4.1.1 變型照明

阿貝於 1873 年發現利用傾斜入射的光線照明待測物體時，可以將顯微成像的解析度提高 2 倍。這種傾斜照明的方法同樣適用於光刻成像，並最早於 20 世紀 90 年代被引入到光刻領域。為了與照明光源點處於光軸的「在軸照明」相區分，這種傾斜又稱為變型照明。變型照明的原理是透過改變照明光入射到光罩上的入射角，達到擴充投影系統的截止頻率對應的圖形尺寸提高光刻系統解析度的目的。

根據資訊光學理論可知，光線透過物體衍射時，衍射頻譜中的高頻部分會包含更多的物體的細節資訊，並且衍射頻譜的分佈會隨著入射角的移動而發生平移。對於光柵形式的物體，其衍射譜的分佈以 0 級衍射譜為中心，左右對稱分佈。在投影光刻系統中，由於物鏡系統存在低通濾波效應，光罩的衍射譜中只有一部分能夠被物鏡接收並在像面上干涉成像。對於軸上點光源照明的情形，當光柵形式光罩圖形的週期使得其 1 級衍射光正好位於投影物鏡口徑的邊緣時，該點陣圖形的半週期即為光刻系統可分辨的最大解析度，如圖 4-2 所示。當光柵的半週期小於這個值時，1 級衍射光落在投影物鏡口徑之外，只有 0 級光透過投影物鏡，無法在像面上干涉成像。

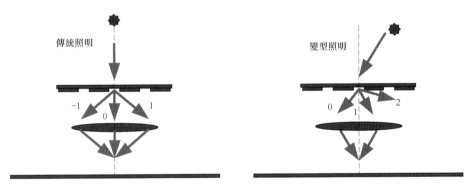

圖 4-2　傳統照明與變型照明比較示意圖

在軸上點光源照明下，投影系統的截止頻率為 NA/λ。因此在這種情況下，光刻成像的理論解析度極限為

$$R_{\mathrm{on}} = \frac{p_{\min}^1}{2} = \frac{\lambda}{2\mathrm{NA}} \qquad （4\text{-}4）$$

式中，$p_{\min}^1$ 表示軸上點光源照明時，光刻系統可以分辨的理論最小週期。對於軸外點光源照明的情形，由於入射到光罩版上的光線相對於

法線產生了一個夾角，此時光柵類型的光罩圖形的衍射頻譜也發生了平移。可見，此時對於同樣的週期為 $p_{\min}^1$ 的光柵線條，1 級衍射光向光瞳中心移動，如圖 4-2 所示。當光柵週期的變化使得 2 級衍射光正好位於投影物鏡口徑的邊緣時，該點陣圖形的半週期即為光刻系統軸外點光源照明下的最高解析度 $\dfrac{p_{\min}^2}{2}$ 。

$$R_{\mathrm{off}} = \frac{p_{\min}^2}{2} = \frac{\lambda}{4\mathrm{NA}} \qquad （4\text{-}5）$$

可見，透過採用軸外點光源照明，製程因數 k_1 的理論極值從 0.5 降低為 0.25，光刻成像的理論解析度提高了 2 倍。

軸上點光源變型照明技術的另一個優點是可以明顯地改善焦深，擴大製程視窗。以週期性點陣圖形為例：在傳統照明條件下，有三光束參與干涉成像，在離焦位置處，由於三束光到達像平面經歷的光程不同，所以它們之間存在相位差。當這種相位差達到 90°時，光束間不會發生干涉，像平面沒有任何圖形。相位差的存在使焦深受到很大限制。對於同樣的圖形，變型照明採用雙光束成像且兩光束同光軸的夾角小於軸上點光源照明的情形，減少了離焦帶來的相位差，可以有效地提高焦深。當兩束光以對稱於主光軸的角度入射到晶圓上時，無論像平面處於何處，相位差均為 0，理論上在這種情況下可以得到無限焦深。但在實際系統中，由於像場空間頻率是連續分佈的，成像光束間始終存在相位差，使用變型照明技術只可以適當地降低相位差，而不會完全避免相位差的影響，因此焦深不可能無限大，如圖 4-3 所示。

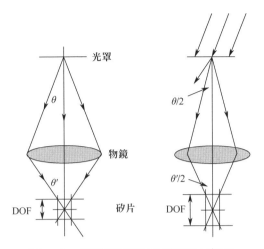

圖 4-3　變型照明提高焦深示意圖

為了更清晰地描述變型照明對光刻解析度和焦深的貢獻，上述分析均是針對點光源相干照明的情形。在實際的光刻製程中，光刻機內是採用部分相干光源對光罩版進行照明的。如第 3 章所述，決定部分相干照明類型的變數稱為部分相干因數 σ，其定義為照明光束與光軸最大夾角的正弦與投影物鏡物方 NA 的比值。

$$\sigma = \frac{n\sin(\theta_m)}{n\sin(\theta)} = \frac{\text{有效光源半徑}}{\text{投影物鏡入瞳半徑}} \tag{4-6}$$

光刻機中常用的部分相干照明方式如圖 4-4 所示。

傳統照明　　環形照明　　　二級照明　　　　四級照明

圖 4-4　光刻機中常用的部分相干照明方式

除傳統照明外，其他幾種照明方式均稱為變型照明，且傳統照明中包含了軸上點光源和變型照明。對於部分相干因數為 σ 的典型傳統照明，其理論解析度極限為

$$R_{tr} = \frac{\lambda}{2NA(1+\sigma)} \qquad （4\text{-}7）$$

在光瞳面，其衍射譜分佈如圖 4-5 所示。

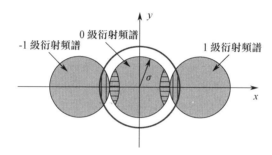

圖 4-5　傳統照明條件下，一維光柵結構的衍射頻譜分佈

在圖 4-5 中，中心點在原點處的較大的圓表示投影物鏡的接收口徑，其半徑代表投影物鏡的截止頻率。從圖 4-5 中可以看出，1 級和−1 級衍射頻譜中只有陰影所示的部分才能透過投影物鏡並和 0 級衍射頻譜中相對應的部分進行干涉成像，其餘部分均處於投影系統的接收孔徑以外。而 0 級衍射頻譜中除陰影所示以外的部分均只能在像面上產生直流分量，降低成像的對比度。可以預見，去除部分光源中除陰影以外的部分將極大地提高成像對比度。

圖 4-6 所示即為變型照明中常見的環狀照明條件下，一維光柵結構的衍射頻譜分佈。相比於部分相干因數為 σ 的傳統照明，該環狀照明的理論解析度仍然為

$$R_{Annu} = \frac{\lambda}{2NA(1+\sigma)} \qquad （4\text{-}8）$$

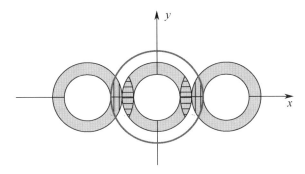

圖 4-6　環狀照明條件下，一維光柵結構的衍射頻譜分佈

從上述分析可知，當傳統照明和變型照明具有相同的部分相干因數 σ 時，二者的理論解析度極限是相等的，但因為變型照明去除了更多的成像結果中的直流分量，所以其成像結果具有更高的對比度。

在實際的光刻製程中，對於傳統照明，部分相干因數一般小於 0.5，而變型照明的部分相干因數一般大於 0.5。因此，在這個前提下，變型照明可以提高光刻成像的解析度和焦深。

4.1.2　相移光罩

傳統的光罩由透光區域和阻光區域組成，透光區域具有相同的厚度，光透過透光區域後具有相同的相位。由於該光罩的透光率只有 0 和 1 兩種情況，因此這種光罩又稱為二元型光罩（binary mask）。鉻二元型光罩是最早出現、也是使用最多的一種光罩，被廣泛應用於 365～193 nm 的光刻製程中。近年來，為了降低光罩三維效應提出的不透明的 MoSi 光罩（opaque MoSi on glass，OMOG）也屬於二元型光罩，OMOG 被廣泛應用於 32 nm 及以下技術節點關鍵光刻層的光罩生產中。二元型光罩的結構及其在晶圓上得到的電場及強度分佈如圖 4-7（a）所示。

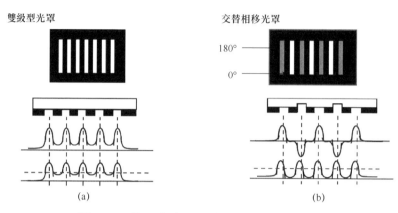

雙級型光罩　　　　　　　　　　交替相移光罩

(a)　　　　　　　　　　　(b)

圖 4-7　典型的光罩結構及其衍射場分佈

可以看出，由於透過二元型光罩中相鄰透光區域的光線具有相同的相位，二者在阻光區域對應的像面位置處會發生相長干涉，降低了成像結果的對比度。

相移光罩是一項透過改變光束相位來提高光刻解析度的技術，早在 1896 年，瑞利在他的論文中就論證了相位分別為 0° 和 180° 的光線之間的相消干涉效應[4]，此後在很多領域都出現了對相移技術的應用。第一次把相移技術應用於光刻領域的是在 1980 年，日本 Nikon 公司的 Hank Smith 提出了相移光罩的概念，美國的 Levenson 等人不僅獨立形成了相移光罩的概念，把它變成了實際的光罩，而且還利用這種相移光罩做了大量的模擬和實驗[5]。

相移光罩基本原理是透過改變光罩結構，使得透過相鄰透光區域的光波產生 180° 的相位差，二者在像面上特定區域內會發生相消干涉，減小光場中暗場的光強，增大亮區的光場，以提高比較，改善解析度，如圖 4-7（b）所示。可以看出，由於透過相鄰透光區域的光線具有 180° 的相位差，所以相鄰透光區域在像面上的電場具有相反的分佈形式，這對於提高成像對比度具有重要的作用。

下面以典型的交替型相移光罩為例，從光罩的頻譜分佈的角度對二元
型光罩和相移光罩進行比較。假設光罩上光柵的週期為 p，阻光區域
的寬度為 d，在光罩的衍射近場分佈服從克希何夫近似的條件下，二
元型光罩的頻譜分佈為

$$F_{BM} = \frac{(p-d)}{p} \sin c[f(p-d)] \sum_{n=-\infty}^{+\infty} \delta(f - \frac{n}{p}) \qquad n \in \mathbb{Z} \qquad （4-9）$$

式中，f 為光瞳座標；n 為衍射級次。而相移光罩的頻譜分佈為

$$F_{Alt} = \frac{(p-d)}{p} \sin c[f(p-d)] \sin(\pi f p) \sum_{n=-\infty}^{+\infty} \delta(f - \frac{n}{2p}) \qquad n \in \mathbb{Z} \qquad （4-10）$$

根據以上兩式得到的兩種光罩頻譜分佈如圖 4-8 所示。

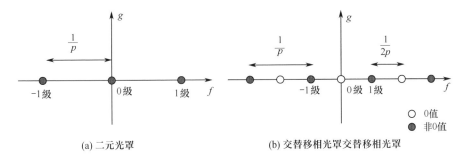

(a) 二元光罩　　　　　(b) 交替移相光罩交替移相光罩

圖 4-8　二元型光罩和相移光罩的頻譜分佈

從對兩種光罩的頻譜分析可知，傳統光罩的頻譜間距相比於相移光罩
擴大 2 倍，在相同的波長和投影系統條件下，交替相移光罩允許點陣
圖形的週期進一步縮小，提高了成像的解析度。此外，交替相移光罩
的 0 級和偶數級次衍射譜的值為 0，由於 0 級衍射光的缺失，在像面
上不存在直流分量，可以進一步提高成像的對比度。

雖然對於一維光罩圖形，交替相移光罩可以提高光刻成像的解析度和

焦深,但是對於二維圖形,交替相移光罩需要結合一個輔助光罩一起使用。首先使用交替相移光罩曝光得到高解析度的圖形,再使用一個二元型的修剪光罩(trim mask)曝光實現較大週期的圖形並去除不需要的圖形。由於修剪光罩的存在,交替相移光罩在產業化應用中存在以下技術問題。

(1) 修剪光罩和交替相移光罩的曝光結果必須對準。

(2) 給光學鄰近修正帶來了困難,單層光刻圖形在兩個光罩版上的分配難以做到標準化和規範化。

(3) 兩個光罩版所需的曝光條件不一致,交替相移光罩需要較小部分相干因數的傳統照明,而修剪光罩需要變型照明[1]。

由於交替相移光罩存在以上缺點,所以這種類型的光罩並沒有在產業化生產中得到廣泛使用。實際應用最多的是衰減型相移光罩。衰減型相移光罩是在石英基底表面沉積一層部分透光的 MoSi 材料,使得透過該部分的光線既發生了強度的衰減,又產生了 180° 的相移。

衰減型相移光罩被廣泛應用於 248 nm、193 nm 乾式和 193 nm 浸沒式的光刻製程中。通常衰減型相移光罩中 MoSi 的透光率控制在 4%～15%,而大部分的半導體製造廠商都採用 6%。衰減型相移光罩的頻譜分佈為

$$F_{\text{Att}} = \left\{ \frac{p-d}{p} \sin c[(p-d) \cdot f] - t \frac{d}{p} \sin c(d \cdot f) \cdot e^{-j\pi pf} \right\} \cdot \sum_{-\infty}^{\infty} \delta(f - \frac{n}{p}) \quad n \in \mathbb{Z}$$

（4-11）

從上式可以看出,衰減型相移光罩相比於二元型光罩並沒有改變衍射級次頻譜點的位置,而是在降低了 0 級衍射譜強度的同時,提高了 1 級衍射譜的強度,達到了降低直流分量,提高成像對比度的目的。

整體來說，交替相移光罩是一種強相移光罩，必須在較小部分相干因數的傳統照明條件下才能得到最佳的效果，而二元型光罩和衰減型相移光罩都必須使用變型照明才能得到最大的解析度和聚焦深度。表 4-2 歸納了不同類型的光罩所需要的光源條件及其所能實現的最小製程因數[1]。

表 4-2　不同類型的光罩所需要的光源條件及其所能實現的最小製程因數

	Cr 二元型	Cr 二元型 變型照明	Att.PSM	Att.PSM 變型照明	Alt.PSM
光罩種類					
投影物鏡光瞳上的衍射譜分佈					
k_1 因數的極限值	$\dfrac{1}{2(1+\sigma)}$	0.25	$\dfrac{1}{2(1+\sigma)}$	0.25	0.25

註：表中只考慮了 0 級和±1 級衍射光成像。

4.2　多重圖形技術

史派羅準則式（4-2）指出，對於數值孔徑 NA 為 1.35 的 193 nm 浸沒式光刻機，一維週期線條結構的理論極限解析度為 71.5 nm。考慮到實際光罩結構中存在變週期圖形，為兼顧製程視窗，量產製程所允許的單次光刻最小週期一般為 80 nm（金屬圖層）、76 nm（鰭式層或閘極層）。對於更小週期的圖形製造製程，則需要使用多重圖形成像技術，即將設計佈局拆分為多個佈局，使每一個佈局的最小尺寸週期均符合單次光刻的極限解析度的要求。在量產製程中，使用最多的多重圖形成像技術為雙重或多重「光刻–蝕刻」技術、自我對準成像技術（又稱

「側壁轉移技術」）。此外，兼顧圖形成像品質和套刻偏差，裁剪（Cut 或 Block）技術成為多重圖形技術的重要組成部分。

在研發或某些圖層的量產製程中，還使用了其他多重圖形成像技術，舉例來說，採用兩次二元照明的雙重曝光技術、固化第一次圖形的雙重曝光技術、光刻膠雙重顯影技術等，詳見參考文獻[1]。

不同技術節點及其使用的圖形製程技術簡表如表 4-3 所示。

表 4-3　不同技術節點及其使用的圖形製程技術簡表

製程節點	圖層	結構	最小週期/nm	方向	圖形製程
22 nm FinFET*	Fin 鰭式層	線條	60	單方向	SADP+Cut
	第一金屬層（M1）	溝槽	90	雙方向	LE
	最小金屬層	溝槽	80	單方向	LE
20 nm Planer	閘極層	線條	86 或 90	單方向	LE
	最小金屬層	溝槽	64	單方向	LELE
16 nm FinFET	鰭式層	線條	48	單方向	SADP+Cut
	閘極層	線條	90	單方向	LE
	M1	溝槽	64	雙方向	LELE
	Metal 1x	溝槽	64	單方向	LELE
14 nm FinFET	鰭式層	線條	42（Intel）48（其他）	單方向	SADP+Cut
	閘極層	線條	70（Intel）78/80（其他）	單方向	SADP（Intel）LE（其他）
	最小金屬層	溝槽	52（Intel）64（其他）	雙方向或單方向	SADP+Block（Intel）LELE（其他）
10 nm FinFET	鰭式層	線條	34（Intel）33（TSMC）42（Samsung）	單方向	SAQP（Intel）SAQP（TSMC）SADP（Samsung）

製程節點	圖層	結構	最小週期/nm	方向	圖形製程
	閘極層	線條	54（Intel） 66（TSMC） 68（Samsung）	單方向	SADP+Cut SADP+Cut SADP+Cut
10 nm FinFET	最小金屬層	溝槽	36（Intel） 44（TSMC） 48（Samsung）	單方向	LELELE（Intel） LELE+Cut（TSMC） LELE+Cut （Samsung）
7 nm FinFET	鰭式層	線條	30（TSMC） 27（Samsung）	單方向	SAQP+2Cut
	閘極層	線條	57（TSMC） 54（Samsung）	單方向	SADP+Cut
	最小金屬層	溝槽	40（TSMC） 36（Samsung）	單方向	SADP+ 3 Block SAQP+ 3 Block

* FinFET：鰭式場效應電晶體

4.2.1　雙重及多重光刻技術

雙重光刻（LELE 或 LE^2）技術和多重光刻（LE^n）技術是實現關鍵尺寸小於單次光刻極限的非常重要的光刻技術之一。雙重光刻技術將設計佈局拆分後放到兩塊光罩上，先後進行光刻和蝕刻等操作，將光刻圖形轉移到硬光罩層。兩次光刻和蝕刻製程之後，再統一轉移至目標圖表層。多重光刻技術將設計佈局拆分到 n 區塊光罩上，並分別進行光刻和蝕刻。n 值越大對製程的要求越高，特別是套刻對準精度。

1. 雙重光刻技術

雙重光刻（lithography etch lithography etch，LELE）技術多用於包含不規則排列光刻結構的製程實現，其可以實現週期從 80 nm 到 44 nm 的核心圖形。LELE 技術是金屬層和接觸孔圖層最常用的製程技術，其拆分方法直觀、光罩數量需求較少、對圖層的設計規範要求相對寬鬆。另外，在鰭式層、閘極層製程中，LELE 技術充當了結構裁剪的作用。按照設計佈局最終呈現的狀態（溝槽或線條），將 LELE 技術分為雙溝槽 LELE 技術和雙線條 LELE 技術。

雙溝槽 LELE 技術流程示意圖如圖 4-9（a）所示，這裡使用了兩次硬光罩以分別實現溝槽寬度控制和線條邊緣品質提升。其基本流程如下：使用經過拆分和 OPC 最佳化的第一硬光罩對塗覆光刻膠的晶圓進行光刻，形成第一次光刻圖形，由於第一硬光罩的最小週期已經加倍，所以光刻後圖形寬度也大於設計寬度，以實現最大光刻製程視窗；之後採用蝕刻製程將光刻膠圖形轉移至第一硬光罩，並在該過程中透過控制蝕刻製程或使用其他尺寸收縮技術實現對蝕刻後圖形寬度的控制；為使得線條寬度均勻性和邊緣粗糙度在預期範圍之內，上述蝕刻和尺寸收縮製程之後還要輔助使用第二次蝕刻製程，將圖形轉移至第二硬光罩，若前次轉移蝕刻後的圖形寬度尚未達到目標尺寸，則第二次轉移蝕刻仍然需要對寬度進行精確控制；之後塗覆光刻膠材料並進行第二次光刻和蝕刻製程，將設計圖形轉移至第二硬光罩層之後，統一蝕刻轉移至目標圖表層，實現凹槽結構。

雙線條 LELE 技術流程示意圖如圖 4-9（b）所示，仍然採用兩個硬光罩薄膜層以實現寬度收縮和邊緣品質提升。其基本流程如下：使用第一硬光罩對塗覆光刻膠的晶圓進行光刻，實現週期加倍圖形的曝光；對第一硬光罩進行轉移蝕刻並減小線條寬度；進行第二次光刻膠薄膜層的塗覆並進行第二次光刻，對第一硬光罩轉移蝕刻並精確控制線條寬度；對第二硬光罩和目標圖表層先後進行轉移蝕刻，最終實現目標圖形成像。

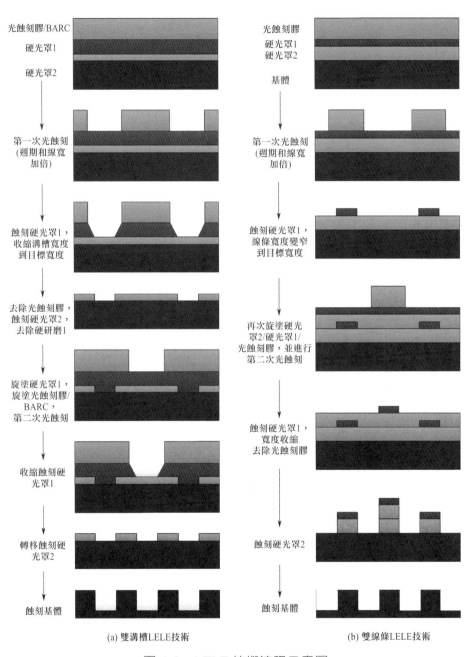

圖 4-9　LELE 技術流程示意圖

雙溝槽 LELE 技術是目前應用最廣泛的技術，舉例來説，22 nm 技術節點的中段製程互連孔，14 nm 技術節點的前段製程閘極層、中段製程互連孔層，後段製程第一金屬層、金屬接觸孔層等。即使在 7 nm 技術節點，雙溝槽 LELE 技術與側壁沉積技術結合，實現了對閘極層和金屬層的兩次裁剪，並在後段製程的 1.5×（指週期乘以 1.5 倍）或 2×via、Metal 圖層得到應用。

2. 尺寸縮減製程

LELE 技術的製程困難除精確控制兩層之間的套刻精度外，還對尺寸精確控制提出了更高的要求。蝕刻製程是實現寬度精確控制的常用方法之一，但是由於不同週期、不同寬度圖形的蝕刻裕度不同，所以需要收集大量資料，在 OPC 之前對光罩尺寸進行蝕刻裕度修正。

在現有的成熟 LELE 技術製程中，基於蝕刻製程實現尺寸縮減仍然是主流製程。舉例來説，14 nm 技術節點最小金屬層週期為 64 nm，經過圖形拆分後，由於金屬層設計圖形的複雜性，拆分後所允許的最小圖形週期為 80 nm。大部分的情況下，將光刻之後的圖形寬度定為 40 nm 左右，而蝕刻之後的目標寬度為 32 nm，可以看到圖形單邊的蝕刻裕度僅為 4 nm，蝕刻製程控制相對容易。

此外，若蝕刻裕度非常大，如將 40 nm 光刻後尺寸縮減至 20 nm，使用蝕刻製程將存在極大的誤差，這就需要輔助使用其他製程技術。輔助的尺寸縮減製程需要滿足幾個條件：製程步驟簡單、材料薄膜塗層少、尺寸控制精確、製程溫度低。一般而言，可以將輔助尺寸製程分為化學材料輔助、等離子體輔助兩大類。前者使用特殊化學材料，在一定烘焙溫度下發生化學反應；後者使用等離子體沉積技術，如化學氣相沉積（CVD）製程、低温原子層沉積（ALD）技術等。

開發化學材料輔助的尺寸縮減技術的主要目的是希望直接對光刻製程之後的光刻膠尺寸進行控制，降低使用更多的輔助製程和轉移蝕刻薄膜塗層，舉例來說，AZ 電子材料公司開發的 RELACS（resolution enhancement lithography assisted by a chemical shrink process）技術、TOK 公司開發的 SAFIER（shrink assist film for enhanced resolution）技術等。以 RELACS 為例，其基本原理是：對光刻後的光刻膠旋塗一種化學材料，並進行烘焙，烘焙溫度必須低於玻璃化溫度（T_g），但又能使光刻膠與新材料發生反應；高溫下，光刻膠中的光酸擴散進入該化學材料，與交聯物質發生反應，使其不溶於水，實現共形生長的目的。其製程流程示意圖如圖 4-10 所示。目前這些技術多見於製程研發或材料研發的文章中，較少用於量產製程。

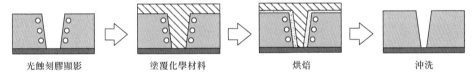

光蝕刻膠顯影　　　塗覆化學材料　　　烘焙　　　沖洗

圖 4-10　RELACS 製程流程示意圖[6]

等離子體輔助收縮技術是指在等離子體腔中沉積等離子體材料，實現表面共形生長的目的，透過控制生長的週期數，達到目標尺寸，並透過各向異性蝕刻，將底部和頂部等離子體材料去除，保留側壁材料。等離子體輔助收縮製程不會改變最終圖形的形貌，並可以提高圖形的尺寸均勻性。低溫原子層沉積技術是目前最先進節點尺寸控制技術的核心技術之一，也是側壁轉移技術的核心技術。該技術採用低溫原子層沉積，實現精確的共形生長和尺寸控制，其基本過程和等離子體輔助收縮技術類似，但是對尺寸的控制更加嚴格，圖形品質更加優異。圖 4-11 比較了三種不同類型的溝槽收縮技術，實驗研究顯示，使用低溫原子層沉積技術，並經過轉移蝕刻，可以獲得最佳的圖形品質。

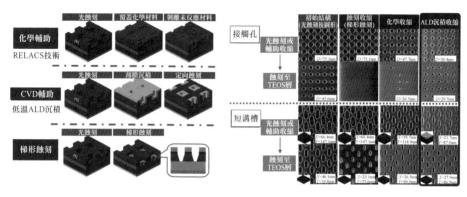

（a）接觸孔收縮的三種方法示意圖　　　　　（b）實驗驗證結果圖

圖 4-11　三種不同類型的溝槽收縮技術[7]

3. LELE 圖形拆分

LELE 圖形拆分是將一個完整的設計佈局拆分成兩套獨立的低密度圖形，實現製程可製造性的目的。拆分之後的佈局最小週期通常不小於 80 nm，以滿足單次光刻製程解析度的要求。一般情況下，對於 20 nm 及以下先進節點，光罩設計圖層的週期小於 80 nm，大於或等於 48 nm（若圖形非常規則，則可以降低至 44 nm），一般採用 LELE 製程，且不必再額外使用裁剪光罩。LELE 圖形拆分的流程示意圖如圖 4-12 所示。首先對目標佈局按照單次光刻最小解析度約束拆分為兩塊光罩（由於對 GDS 進行拆分時一般用兩種顏色進行區別顯示，所以一般又稱拆分為著色），並檢查是否存在製造衝突。當存在衝突時，需要根據圖形特徵選擇對衝突圖形進行併接（stitching），或直接對設計規範進行修正。無衝突的兩塊光罩將使用 OPC 等技術進行光罩圖形最佳化、隨後製版並進行光刻和蝕刻製程，得到最終的目標圖形。

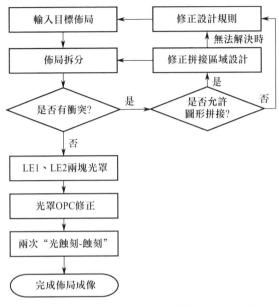

圖 4-12 LELE 圖形拆分的流程示意圖

圖 4-13 列出了 20 nm 技術節點邏輯元件 LELE 拆分流程：先按照規則將小於光刻解析度的線條和間距按一定演算法分開，如圖 4-13（a）所示；對每個拆分後設計圖形進行光源最佳化和光學鄰近修正，以期得到最佳的輪廓圖，如圖 4-13（b）所示；連續使用光刻和蝕刻製程，獲得最終目標圖形，如圖 4-13（c）所示。

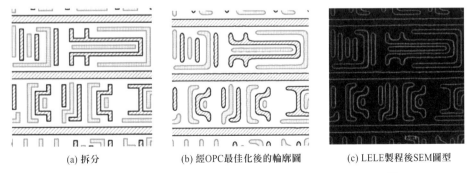

(a) 拆分　　　　(b) 經OPC最佳化後的輪廓圖　　　(c) LELE製程後SEM圖型

圖 4-13 20 nm 技術節點邏輯元件 LELE 拆分流程[8]

圖形拆分演算法是 LELE 製程設計規範的核心，圖形拆分的準則包括：拆分後的光刻可製造性、關鍵圖形是否採用併接模式、光罩圖形的密度平衡、併接區域的設計規範等。實現拆分後的兩個獨立光罩圖形均具有光刻可製造性，即拆分前設計結構不符合設計規範，但拆分後圖形符合設計規範時，進行 LELE 拆分。按照該原則對設計佈局中相鄰圖形進行準則並著色，是拆分演算法的第一步。在該過程中，往往會遇到某些相鄰圖形無法正確拆分到兩塊光罩版的問題，稱之為拆分衝突。舉例來說，圖 4-14 列出了奇數週期排列結構的拆分衝突示意圖，並列出了基於併接技術的解決方案。

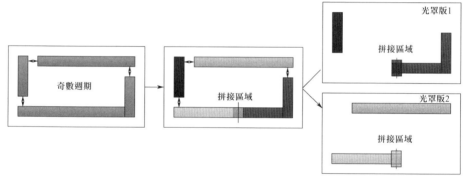

圖 4-14　奇數週期排列結構的拆分衝突示意圖及基於併接技術的解決方案

併接技術是解決 LELE 拆分衝突的重要方法，但是由於經過兩次獨立的光刻和蝕刻製程，往往造成併接區域圖形套刻失配，線端形貌失真，因此需要對併接區域進行設計最佳化，並需要嚴格控制製程套刻精度。修正併接區域設計需要遵循的規則為，對併接區域結構沿兩個方向適當延拓，使得在製程過程中不會導致線條斷開、橋連、錯位等缺陷。由於併接區域修改了兩個方向的尺寸，所以對原始佈局結構帶來了困難，並進而影響元件電學性質，特別是長線條結構一般不建議在中間位置進行併接拆分。

對於實際設計佈局的關鍵圖形，在拆分規則中往往規定了哪些結構可以使用併接技術，哪些不可以。對於明確規定不可以透過併接技術解決的拆分衝突，其解決方案只能透過反向更改設計來解決，最常用的修改方法是增加衝突圖形的間距。

拆分後光罩圖形的密度平衡問題是光刻、蝕刻、化學機械研磨等製程需要綜合考慮的問題，密度及圖形類型基本一致的兩塊光罩，可以最大限度地保證在光刻和蝕刻過程中的製程一致性，以及蝕刻之後圖形尺寸的一致性。而基於密度平衡的容錯結構的放置規則也需要在拆分演算法中表現，這種密度均衡的要求使得基於 LELE 製程的金屬層設計佈局與 28 nm 等單次製程金屬層設計佈局存在非常大的區別，特別是其拆分之後的佈局更規則、密度更均衡、線條方向性更好等。

4. 三重光刻技術（LELELE 或 LE^3）

三重光刻技術（LELELE 或 LE^3）是在雙重光刻技術（LELE）之後再增加一步光刻蝕刻製程，用於解決 LELE 解析度不足的問題。第三次光刻蝕刻製程的主要目的包括：

（1）進一步降低最小解析度，解決最小週期小於 44 nm 圖形的成像問題；

（2）作為裁剪製程，對 LELE 製程形成的圖形進行裁剪和修正，此時將其稱為裁剪技術，該內容將在 4.2.3 節重點說明；

（3）補充 LELE 製程，將 LELE 製程無法光刻的圖形或限制製程視窗的圖形剝離出來進行光刻和蝕刻製程，LELELE 技術的拆分示意圖如圖 4-15 所示。

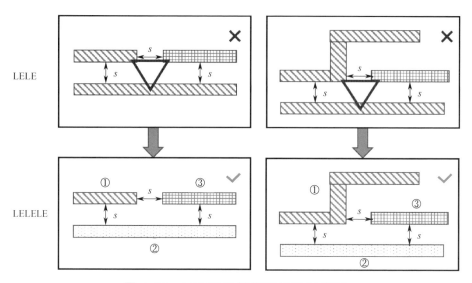

圖 4-15　LELELE 技術的拆分示意圖

LELELE 技術主要用於更小技術節點關鍵圖層的光刻實現。在 7 nm 技術節點不同核心圖層及光刻解決技術，其中局域互連層（local interconnect）和金屬接觸孔層（1×via）採用了 LELELE 技術，金屬層採用 SAQP 或 SADP 之後使用 LELELE Block 光罩對圖形進行精確裁剪。LELELE 技術的挑戰在於尺寸控制、套刻控制，尺寸控制是指經過三次光刻和蝕刻製程如何保證不同製程之後的圖形寬度相同；套刻控制是指不同製程之後圖形之間的距離是否出現較大差別。在真實的製程過程中，三重或四重光刻技術（LE^3 或 LE^4）多用於對線條結構的裁剪製程或自我對準孔型製程（雙鑲嵌製程），其允許的套刻偏差約為最小線條或間隙寬度的一半（或最小週期的四分之一），如 32 nm 最小週期所使用的自我對準孔型結構的套刻偏差最大值允許為 8nm，遠超過該節點對套刻偏差的控制約束。

4.2.2　自我對準雙重及多重圖形成像技術

1. 自我對準雙重圖形成像技術

自我對準雙重圖形成像（self-aligned double patterning，SADP）技術是指在光刻之後使用側壁沉積技術實現圖形密度加倍，之後使用裁剪光刻和蝕刻製程對圖形進行裁剪修飾。自我對準雙重圖形成像技術又稱為側壁轉移技術或側壁沉積技術。

按照製程方法可以將 SADP 分為正性 SADP 製程和負性 SADP 製程，圖 4-16 顯示了 SADP 製程流程示意圖。正性 SADP 製程流程如下：基於設計佈局生成芯軸（又稱 Mandrel 佈局）並進行光刻、蝕刻，使尺寸縮小至目標尺寸，採用側壁沉積技術沉積側壁材料並垂直蝕刻掉多餘材料，蝕刻去除 Mandrel 材料，轉移蝕刻至硬光罩層。負性 SADP 製程在側壁沉積之後增加了材料回填製程，透過蝕刻側壁材料形成目標圖形。

側壁製程的優勢在於圖形內套刻誤差小、側壁粗糙度和線寬均勻性非常好，因此在 FinFET 製程中作為鰭式層、閘極層的最佳製程，以及單方向金屬互連線圖層的最佳製程。舉例來說，圖 4-17 展示了使用正性 SADP 製程實現前段製程 Fin 結構的製程流程，該流程同時包含了主圖層光刻和側壁製程，以及後續的蝕刻裁剪製程的光刻與蝕刻、輔助圖形的光刻與蝕刻。在該製程中，使用無定型碳（α-C）作為核心圖層，SiN 作為側壁材料，並且使用了非常複雜的薄膜層以不斷提高蝕刻後的圖形品質。

SADP 的非常重要的應用在於先進節點閘極層和金屬互連線圖層，首先使用側壁製程獲得均勻的線條週期結構，再透過使用多次光刻和蝕刻技術，對該週期線條進行裁剪或修飾，從而獲得目標圖表層，這種技術的縮寫形式為 SALELE 或 SADP+Cut 技術。所有使用 SADP 的核心圖層都需要額外使用裁剪光罩，以實現對週期線條圖形的修飾。

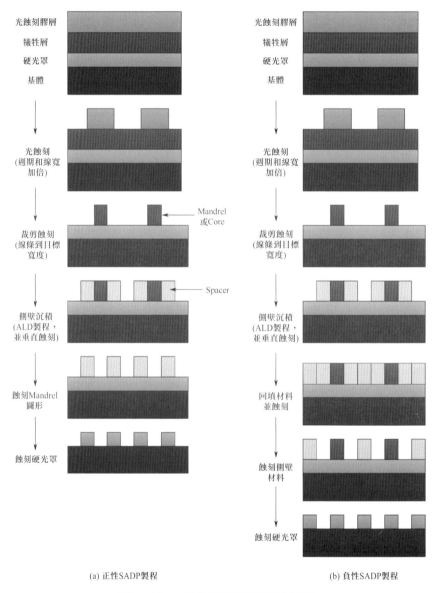

(a) 正性SADP製程　　　　　　　　　(b) 負性SADP製程

圖 4-16　SADP 製程流程示意圖

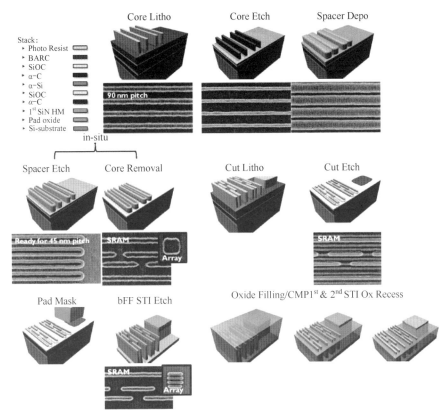

圖 4-17　正性 SADP 製程實現前段製程 Fin 結構的製程流程[9]

2. SADP 拆分技術

SADP 提供光刻和側壁沉積實現圖形密度加倍，因此第一次光刻時的芯軸位置可以是設計圖形中的一部分，也可以是設計圖形取「邏輯非」之後的一部分。當芯軸（Mandrel 或 Core）是目標設計圖形的一部分時，我們稱該拆分方法為正性拆分；當芯軸位置設計圖形取「邏輯非」之後的一部分，即側壁圖形所在的位置與目標圖形一致時，我們稱該拆分方法為負性拆分。一個簡單的正性拆分和負性拆分的例子如圖 4-18 所示。

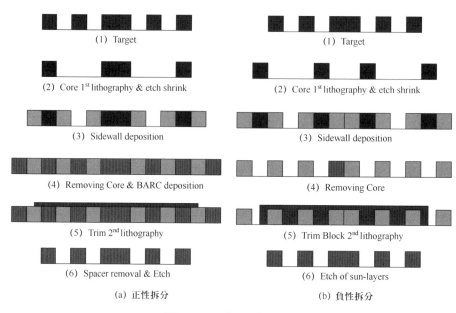

(1) Target　　　　　　　　　　　　(1) Target

(2) Core 1st lithography & etch shrink　　　(2) Core 1st lithography & etch shrink

(3) Sidewall deposition　　　　　　(3) Sidewall deposition

(4) Removing Core & BARC deposition　　(4) Removing Core

(5) Trim 2nd lithography　　　　　　(5) Trim Block 2nd lithography

(6) Spacer removal & Etch　　　　　(6) Etch of sun-layers

(a) 正性拆分　　　　　　　　　　(b) 負性拆分

圖 4-18　拆分的例子

邏輯元件前段製程的鰭式層由於對線條寬度均勻性要求極高，鰭式結構必須使用側壁材料，因此對鰭式層的拆分使用負性拆分。而對於後段的銅互連線圖層，正性拆分是較為通用的拆分方法，圖 4-19 列出了 20 nm 技術節點後段製程基於正性 SADP 拆分方法實現的銅互連線製造製程流程，選擇銅互連線的其中一部分為 SADP 第一次光刻芯軸，之後經過光刻、側壁沉積和蝕刻等製程，形成側壁圖形；然後使用裁剪（Trim/Cut/Block）光罩，對第一次光刻後圖形進行保護和裁剪，並經過光刻和蝕刻之後，形成溝槽結構，電鍍銅金屬形成互連線，最終實現的緻密金屬線的週期為 56 nm。

SADP 拆分的方法有多種，如傳統著色方法、友善型著色方法、增加輔助圖形的著色方法等，如圖 4-20 所示。傳統著色方法對裁剪光罩的套刻精度和裁剪之後圖形線寬具有非常高的製程精度要求，往往難以實現；友善型著色方法透過分析相鄰結構之間的距離，優先拆分著色單次曝光無法實現的圖形組合,從而最大限度降低裁剪光罩光刻製程難度。為實現 SADP 友善型著色,有多篇文獻報導了相關模型和演算法,如按照特定規律增加輔助圖形,或對設計圖形進行合理組合,或總結不適合 SADP 拆分的設計規範等。

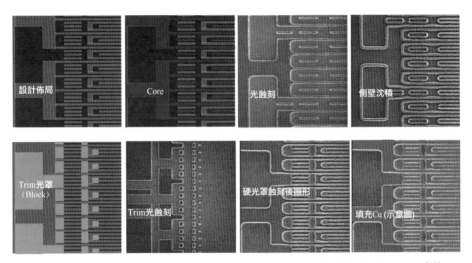

圖 4-19　基於正性 SADP 拆分方法實現的銅互連線製造製程流程[10]

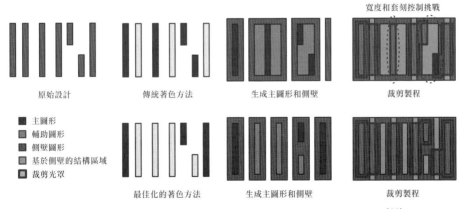

圖 4-20　不同著色方案帶來不同的裁剪光刻製程難度[11]

3. 自我對準多重圖形成像技術

自我對準多重圖形成像技術包括自我對準三重圖形成像（self-aligned triple patterning，SATP）技術、自我對準四重圖形成像（self-aligned quadruple patterning，SAQP）技術、自我對準八重圖形成像（self-aligned octave patterning，SAOP）技術等，統稱為自我對準多重圖形成像（self-aligned multiple patterning，SAMP）技術。

SATP 具有與 SADP 不同的拆分方法，圖 4-21 列出了自我對準三重圖形成像 SATP 製程流程，在第一次側壁製程之後直接進行第二次側壁製程，並透過裁剪製程去除第一次側壁材料，實現目標圖形成像。由於拆分直觀性較差，因此尚未有量產產品使用該技術。

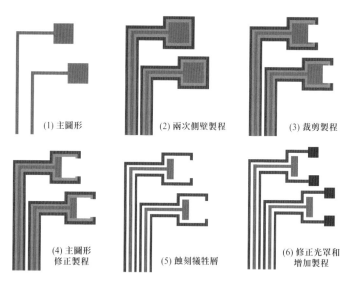

(1) 主圖形　　(2) 兩次側壁製程　　(3) 裁剪製程

(4) 主圖形修正製程　　(5) 蝕刻犧牲層　　(6) 修正光罩和增加製程

圖 4-21　自我對準三重圖形成像 SATP 製程流程[12]

SAQP 是兩次側壁沉積-蝕刻製程的疊加，可以實現半週期為 20～40 nm 的緻密線條圖形成像，如 7 nm 技術節點的鰭式層、規則金屬互連線圖層的製程實現。圖 4-22 列出了 SAQP 製程流程。

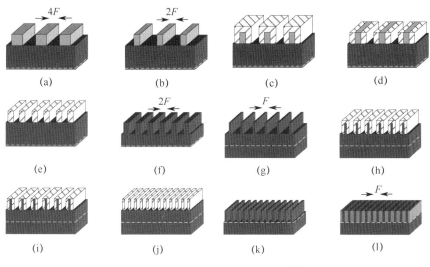

圖 4-22　SAQP 製程流程[13]

SAOP 是在 SAQP 的基礎上再增加側壁沉積和蝕刻製程，圖 4-23 列出了自我對準八重圖形成像 SAOP 製程流程，實驗驗證了其可以實現只有 5.5 nm 半週期的規則線條結構。但是，由於線條品質製程控制難度非常大，以及裁剪製程需要的套刻精度非常高，所以對於先進節點製程，該方法只停留在實驗研發階段。

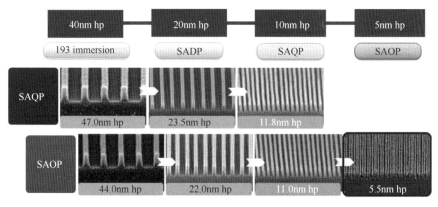

圖 4-23　自我對準八重圖形成像 SAOP 製程流程[14]

4.2.3　裁剪技術

在前述多重圖形技術描述中，我們已經多次提到了裁剪技術（製程）。一般而言，裁剪製程並不能增強光刻製程解析度，其本質任務是對自我對準多重圖形成像技術（SAMP）或多重光刻技術（LE″）進行精細加工，實現對規則圖形的切割或填充。廣義上將英文的"Cut"和"BLK（Block）"統稱為裁剪製程。"Cut"裁剪製程一般用於規則線條結構的裁剪，特別是鰭式結構和閘極結構，使用一個或多個裁剪光罩實現對線條結構的精細裁剪；"BLK"裁剪製程一般用於凹槽結構的裁剪，如金屬結構，在凹槽轉移蝕刻之前，使用光罩將某些結構覆蓋，實現對凹槽結構的裁剪。圖 4-24 列出了適用於不同核心圖層的多重圖形成像技術及邊界值，其中所有標註"Cut"、"BLK"均與裁剪製程相關，在"SALELE"技術中也廣泛使用了裁剪製程。

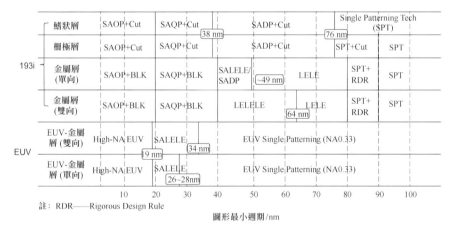

圖 4-24　適用於不同核心圖層的多重圖形成像技術及邊界值

1. 針對 SADP、SAMP 的裁剪規則

按照裁剪技術支援的多重圖形拆分技術，將拆分規則分為基於 SADP/SAMP 的裁剪規則、基於 LELE/LE″ 的裁剪規則。

針對 SADP/SAMP 的裁剪技術是指在一個完整的側壁轉移製程之後，對多餘的側壁進行「覆蓋」或「去除」。裁剪技術是自我對準多重圖形成像技術的必備技術，將規則線條結構分割成獨立結構，實現晶片電學功能。

一般而言，裁剪光罩圖形可以透過下面的公式計算得到：

裁剪光罩結構 ＝
側壁轉移製程後的核心結構或側壁結構 － 原始設計結構 （4-12）

即裁剪光罩結構的設計佈局（未經過可製造性檢查和 OPC 最佳化）是側壁轉移製程之後的多餘結構。需要注意的問題是，要提前固化 SADP 拆分演算法（正性拆分演算法、負性拆分演算法）和製程方法（正性製程方法、負性製程方法），並對裁剪光罩結構進行可製造性檢查和 OPC 最佳化。

規則 1：最少裁剪光罩約束。裁剪光罩結構應盡可能符合單次光刻成像可製造性要求，或經過拆分之後使用有限個光罩。一般而言，對於 SADP 製程，裁剪光罩採用一塊光罩，若一塊光罩無法實現圖形成像，就需要對原始設計規範進行檢查，必要時進行修改。對於 SAQP 和更複雜的 SAOP，裁剪光罩結構需要使用至少兩塊光罩，並使用 LELE 或 LE" 技術對裁剪光罩結構進行多重圖形光刻。裁剪光罩數量越多，其對製程控制越嚴格。因此，在 7 nm 技術節點，基於 193 nm 浸沒式光刻的 SAQP 技術，特別是金屬互連線圖層，以壓縮裁剪光罩數量為限制條件制定裁剪規則，進而約束核心圖層的設計規範。

規則 2：製程可製造性約束。裁剪光罩結構應具有良好的製程可製造性，包括裁剪圖層的光刻製程視窗、圖層之間的套刻誤差風險、其他製程良率風險等。裁剪光罩圖形需進行 OPC 修正，並檢查 OPC 修正之後的製程視窗。裁剪光罩圖形的尺寸和位置偏差對最終成像品質具有非常大的影響，因此還需要檢查由於製程偏差、套刻誤差等可能帶來的圖層之間的製程良率風險。其他製程，如蝕刻製程，在某些特定應用下需要被考慮到。舉例來說，台積電在 7 nm 技術節點鰭式層 SAQP 製程之後，使用了兩塊裁剪光罩，以鰭式結構的週期為劃分依據，即單鰭式結構使用一塊裁剪光罩、多鰭式結構（另一種週期）使用另一塊裁剪光罩，分別使用不同的轉移蝕刻製程以實現最好的蝕刻後圖形品質。

規則 3：基於裁剪製程的容錯結構設計約束。容錯結構是指不具備電路功能的結構，它對於晶片設計和製造均具有非常重要的作用。在先進製程節點，使用 SADP 或 SAQP 製程需要原始設計結構具有規則的排列特徵（嚴格遵循一維排列特徵），但是對於某些圖層，原始佈局結構存在長短不一的特徵，此時若使用式（4-12）將導致裁剪光罩圖形很難同時滿足規則 1 和規則 2。因此，增加容錯結構設計規範，有助提升 SADP、SAQP 和裁剪光罩結構的製程可製造性。

3. 針對 LELE、LE^n 的裁剪規則

$LELE/LE^n$ 製程與 SADP/SAMP 製程相比，具有更大的設計靈活度，其廣泛應用於金屬圖層、導通孔圖層等結構佈局靈活、尺寸不單一的圖層。其裁剪規則和 SAMP 的裁剪規則相似，但略有不同。

規則 1：最少主光罩數量和最少裁剪光罩數量約束。主光罩是指使用多重圖形技術實現週期加倍的光罩，一般指使用 LE^n 拆分之後的核心圖層光罩。主光罩數量約束是指一個核心圖層經過圖形拆分後，盡可能使用最少的主光罩，以降低主光罩之間製程偏差、套刻偏差帶來的尺寸變化和間距變化，進而導致關鍵結構橋連等嚴重影響電學性質的成像缺陷。

規則 2：最大製程可製造性約束。對 LE" 製程，除具備自我對準功能的導通孔圖層外，金屬圖層一般建議使用 LELE+Cut/BLK 製程來取代 LELELE 製程。其主要原因在於 Cut/BLK 光罩本身具備了自我對準功能，可以最大限度地降低對套刻製程偏差的影響。舉例來說，對於某些 LELE 衝突的佈線結構，我們雖然可以使用 LELELE，但是當採用 LELE+Cut 方法時，將獲得更好的製程製造良率，圖 4-25 列出了使用 LELE+Cut 製程取代 LELELE 的示意圖，裁剪技術的使用極大地降低了三塊光罩之間的套刻誤差及由此帶來的製程風險。但是，同時注意到，使用裁剪技術對設計規範帶來了約束，考慮到套刻誤差風險，裁剪光罩的位置應適當調整，以避開某些關鍵位置。

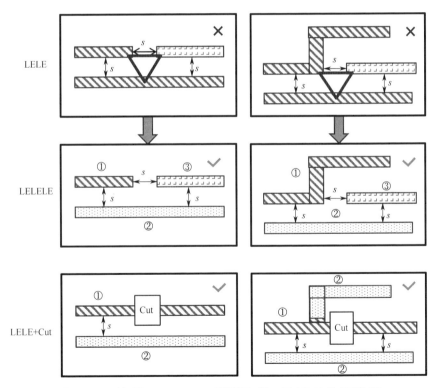

圖 4-25　使用 LELE+Cut 製程取代 LELELE 的示意圖

規則 3：基於裁剪製程的容錯結構設計約束。基於 LELE+Cut 製程補充容錯結構將非常具有挑戰性：首先，我們希望在主光罩拆分圖形中增加虛擬金屬，以得到更好的製程可製造性（製程視窗足夠大）；其次，虛擬金屬的使用是否必須使用裁剪光罩切斷其與芯軸的物理連結，並由此降低裁剪光罩的可製造性製程視窗；最後，虛擬金屬是否帶來額外的電學風險。

因此，在最先進的製程節點，積體電路晶片設計企業應與製造企業深度合作，在圖形拆分、虛擬金屬使用和製程良率等進行不斷疊代，完善基於不同製程方法所使用的光罩設計規範，不斷完善 PDK 檔案。

4.3　光學鄰近修正技術

在光刻製程中，光罩上的圖形透過曝光系統縮小投影在光刻膠上。當光刻光罩透光區域圖形的尺寸非常小時，透過光罩的光線的大部分能量將集中於高頻區域。但是曝光系統衍射受限形成的低通濾波效應濾除了很多高分頻量，導致光刻膠上所得到圖形變得模糊。光學鄰近修正（optical proximity correction，OPC）是一種透過調整光刻光罩上透光區域圖形的拓撲結構，或在光罩上增加細小的亞解析度輔助圖形，使得在光刻膠中的成像結果儘量接近光罩圖形的技術。光學鄰近修正也是一種透過改變光罩透射光的振幅，進而對光刻系統成像品質的下降進行補償的技術[15]。圖 4-26 列出了光學鄰近修正技術示意圖。圖中左側為初始光罩拓撲結構及其透過曝光系統在光刻膠中的成像結果。初始光罩的圖形分佈與目標結果一致，但是光學干涉和衍射效應導致光刻膠中的成像結果變得模糊，成像結果與目標結果差距較大。圖中右側為光學鄰近修正後的光罩圖形分佈。由於對光罩的拓撲結構進行了有針對性的修正，所以光刻膠中的成像結果獲得了改善，該結果與目標結果已經十分接近。

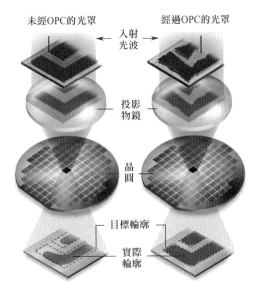

圖 4-26　光學鄰近修正技術示意圖

一般來説，當晶圓預期曝光圖形的線寬小於曝光波長時，就需要對光罩圖形做 OPC。OPC 技術一般分為基於規則的 OPC（rule based OPC，RB-OPC）和基於模型的 OPC（model based OPC，MB-OPC）[16]。

4.3.1　RB-OPC 和 MB-OPC

RB-OPC 的特點是預先建立圖形修正的規則化表格，然後透過查表快速得到修正後的光罩圖形。指定的圖形根據自身和環境參數，如線寬、間距等，在規則表中尋找自己所屬的類別，然後根據類別指定的修正方法進行修正。在實際應用中，基於規則的 OPC 一般採用基於邊緣的圖形修正方法。規則表中的規則按照優先順序排序，對於每一筆規則，圖形搜尋引擎從佈局中尋找出所有符合條件的線段，然後利用規則指定的量對線段進行位移，直到遍歷所有規則，完成圖形的修正。其流程如圖 4-27 所示[17]。

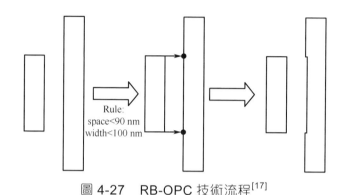

圖 4-27　RB-OPC 技術流程[17]

可見，RB-OPC 的關鍵是修正的規則，它規定了對佈局上各種圖形進行修正的方式及修正量，規則的形式和內容會極大地影響 OPC 資料處理的效率和修正的精度。對於一個典型的一維圖形，其修正規則如圖 4-28 所示。

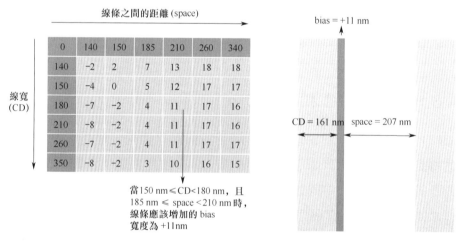

圖 4-28　RB-OPC 的修正規則[1]

在 RB-OPC 中，針對每種圖形特徵均有如圖 4-28 所示的修正規則表，根據表中的數值可以對佈局進行快速的修正。修正規則越詳細通常表示可以得到越高的修正精度，同時伴隨著越長的軟體執行時間。

雖然 RB-OPC 是一種快速高效的 OPC 方法，但是隨著積體電路製程節點的不斷發展帶來的圖形尺寸縮小，影響某個具體圖形成像結果的環境範圍相對於圖形尺寸越來越大，同樣的範圍內包含的圖形類型越來越多，不同環境需要不同設計規範的需求使得設計規範表的複雜度爆炸式增加。

與 RB-OPC 不同，MB-OPC 利用光刻成像模型（包括光學模型和光刻膠模型），對 OPC 問題建模並將其轉化為數學最佳化問題，結合數學最佳化演算法，最佳化出光罩結構和圖形[15]。由於成像模型可以包含影響光刻成像性能的更多因素，所以 MB-OPC 可以得到更優的光罩圖形最佳化策略。以基於邊緣移動的 MB-OPC 為例，最佳化過程中利用邊緣放置誤差（edge placement error，EPE）作為評價函數來衡量圖形修正的品質。如圖 4-29 所示，EPE 定義為評價點上的設計曝光輪廓同目標的差值，EPE 越小則表示曝光後的圖形與設計圖形越接近。

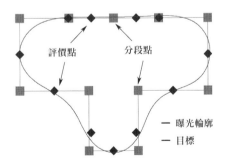

圖 4-29　邊緣放置誤差（EPE）示意圖

$$\text{Cost Function} = \sum_{x} \left| \text{EPE}_x \right|^2 \qquad （4\text{-}13）$$

式中，x 代表圖形邊緣分割後單一線段上的評價點序號。在 MB-OPC 中，最佳化演算法首先將光罩邊緣分解成多個線段，並在每個分段上設定一個評價點；然後計算每個評價點上光刻成像的輪廓同目標值的差值，即 EPE 的值；接著以評價函數對每個評價點的偏導數為指引，計算出每個分段的移動量，進行疊代最佳化；最後，評價函數的值收斂至穩定狀態或疊代次數達到預設值，則終止最佳化，輸出最佳的分段位置和 OPC 結果。

4.3.2　亞解析度輔助圖形增加

熟悉電路設計的人都知道，用於半導體生產的實際佈局中的圖形是多種多樣的。以常見的第一層金屬層為例，佈局中既有工作週期比為 1： 1 的密集線條，也有工作週期比極小的孤立線條。理論分析和實驗結果都表明，密集線條和孤立線條具有不同的製程視窗，在相同的照明條件下，二者很可能沒有重疊的製程視窗。為了解決這一問題，需要在半密集線條及孤立線條的芯軸周圍增加一些線條，破壞原有圖形的衍射譜分佈。為了防止這些線條對元件性能造成影響，這些輔助圖形的尺寸必須小於光刻機的解析度極限，且不可出現在曝光結果中。因此，輔助圖形也稱為亞解析度輔助圖形（sub-resolution assist features，SRAF）或散條（scattering bar，S-Bar）。

與 OPC 類似，增加 SRAF 的方法也分為基於規則的 SRAF 增加方法（RB-SRAF）和基於模型的 SRAF 增加方法（MB-SRAF）。在 RB-SRAF 方法中，輔助圖形的尺寸和放置的位置都是透過實驗資料得到的。對選定的圖形進行曝光實驗、收集資料後，建立輔助圖形的增加規則，並將其總結在一個表中。若製程改變，則這個規則表需要重新根據實驗結果制定。

隨著關鍵尺寸的減小，RB-SRAF 中的規則表已經無法滿足設計圖形複雜環境的需求，越來越多的 MB-SRAF 也開始出現。MB-SRAF 在模型中將 SRAF 的尺寸及插入位置設為可變參數，計算出芯軸成像結果的圖型對數斜率（ILS），然後不斷調整參數，直到獲取芯軸最大的 ILS 值。

4.3.3　逆向光刻技術

逆向光刻技術是光學鄰近修正技術和運算微影技術的融合，被認為具有將 193 nm 波長光刻技術推向極致製程節點的能力，在最近幾十年獲得了廣泛的應用和重視。與 RB-OPC 和 MB-OPC 不同，逆向光刻技術是對光罩圖形進行畫素級的修正，因此它又被稱為基於畫素的 OPC 技術（pixel based OPC，PB-OPC）。PB-OPC 首先將整個光罩圖形進行畫素化處理，利用成像模型和最佳化演算法獲取每個畫素點處光罩圖形的最佳通過率[18]，擺脫了原始設計佈局拓撲結構的限制，相比於傳統基於邊的修正策略，它具有更高的靈活度和最佳化自由度，更有利於提高光刻系統成像解析度。從理論角度講，PB-OPC 的基本原理可以用以下公式來描述[19]。光刻系統空間影像強度分佈的數值化形式可以表示為

$$I = \frac{1}{S}\left(\sum_{f} \sum_{g} \sum_{p=x_i,y_i,z_i} I_s \cdot \left\| \boldsymbol{H}_p^{f,g} \otimes \boldsymbol{M} \right\|_2^2 \right) \qquad （4\text{-}14）$$

式中，$\otimes$ 表示卷積；S 表示對部分相干光源光柵化後強度非零的光源點數目；$\boldsymbol{M}$ 表示光罩衍射頻譜。假設部分相干光源的強度分佈是均勻的且值為 1，即 $I_s = 1$，則理想光刻系統中表示光學系統的函數為

$$\boldsymbol{H}_p^{f,g} = C \cdot F^{-1}\{\boldsymbol{\varPsi}_{\text{ex-pupil}} \cdot \text{RC} \cdot H \cdot \boldsymbol{E}_i(f,g)\}, p = x_i,y_i,z_i \qquad （4\text{-}15）$$

式中，C 表示與變數無關的常數。由第 3 章的光學成像模型可知，簡化的光刻膠模型可以利用硬設定值模型近似表徵，但是硬設定值模型是一種步階函數。為了便於最佳化，最佳化演算法中常使用可導的 sigmoid 函數代替硬設定值模型來表徵光刻膠的曝光結果。利用 sigmoid 函數，光刻膠中的成像結果可以表示為

$$Z = \frac{1}{1 + e^{-a(I - t_r)}} \tag{4-16}$$

式中，a 表示 sigmoid 函數的陡度，t_r 表示 sigmoid 函數中使用的設定值。

將光罩圖形光刻曝光的目標值表示為 Z_T，那麼 OPC 演算法中的評價函數就可以表示為

$$F = \| Z - Z_T \|_2^2 \tag{4-17}$$

在數值化的 PB-OPC 演算法中，以上運算式中 I、M、$H_p^{f,g}$ 和 Z 均為 $N \times N$ 的矩陣，N 為對光罩圖形進行光柵化後的資料點數目。將光罩矩陣表示為向量的形式，並採用參數化的方法把光罩圖形的二值分佈轉化為連續分佈。對於二元光罩，令向量的元素

$$m_\xi = f(\omega_\xi) = \frac{1 + \cos \omega_\xi}{2}, \ \xi = 1, \cdots, N^2 \tag{4-18}$$

對於衰減相移光罩，令向量的元素

$$m_\xi = f(\omega_\xi) = \cos \omega_\xi, \ \xi = 1, \cdots, N^2$$

則 OPC 最佳化問題轉化為求出最佳的光罩圖形分佈 ϖ，使得評價函數 F 的值最小，這個過程可以表示為

$$\varpi = \arg\min\{F(\omega)\}$$

$$= \arg\min\left\{\sum_{\xi=1}^{N^2}\left(z_\xi - \cfrac{1}{1+\exp[-\cfrac{a}{S}\sum_f\sum_g\sum_{p=x,y,z}(\sum_{\eta=1}^{N^2}\boldsymbol{H}_{p,\xi\eta}^{f,g}f(\omega_\eta))^2+at_r]}\right)^2\right\} \tag{4-19}$$

這裡以最速下降法為例說明 OPC 演算法的流程。評價函數對光罩矩陣偏導數的形式為將上式推廣至光罩矩陣的全體元素

$$\frac{\partial F}{\partial \vec{\omega}_q} = 2f'(\vec{\omega}_q)\cdot\sum_{\xi=1}^{N^2}\left(\vec{z}_\xi - \cfrac{1}{1+\exp[-\cfrac{a}{S}\sum_f\sum_g\sum_{p=x,y,z}(\sum_{\eta=1}^{N^2}\boldsymbol{H}_{p,\xi\eta}^{f,g}\vec{m}_\eta)^2+at_r]}\right)\cdot$$

$$\cfrac{1}{1+\exp[-\cfrac{a}{S}\sum_f\sum_g\sum_{p=x,y,z}(\sum_{\eta=1}^{N^2}\boldsymbol{H}_{p,\xi\eta}^{f,g}\vec{m}_\eta)^2+at_r]}\cdot$$

$$\cfrac{\exp[-\cfrac{a}{S}\sum_f\sum_g\sum_{p=x,y,z}(\sum_{\eta=1}^{N^2}\boldsymbol{H}_{p,\xi\eta}^{f,g}\vec{m}_\eta)^2+at_r]}{1+\exp[-\cfrac{a}{S}\sum_f\sum_g\sum_{p=x,y,z}(\sum_{\eta=1}^{N^2}\boldsymbol{H}_{p,\xi\eta}^{f,g}\vec{m}_\eta)^2+at_r]}\cdot\left(-\frac{a}{S}\right)\cdot$$

$$\sum_f\sum_g\sum_{p=x,y,z}\left[\left(\sum_{\eta=1}^{N^2}\boldsymbol{H}_{p,\xi\eta}^{f,g}\vec{m}_\eta\right)\times\boldsymbol{H}_{p,\xi q}^{f,g}+\left(\sum_{\eta=1}^{N^2}\boldsymbol{H}_{p,\xi\eta}^{f,g}\vec{m}_\eta\right)^*\times\boldsymbol{H}_{p,\xi q}^{f,g}\right]$$

$$\nabla F(\Omega) = -\frac{4a}{S}f'(\Omega)\odot\sum_f\sum_g\sum_{p=x,y,z}\text{Real}$$

$$\left[\left((\boldsymbol{H}_p^{f,g})^{*o}\otimes\left\{\left(\boldsymbol{H}_p^{f,g}\otimes\boldsymbol{M}\right)\odot(\boldsymbol{Z}_T-\boldsymbol{Z})\odot\boldsymbol{Z}\odot(1-\boldsymbol{Z})\right\}\right)\right] \tag{4-20}$$

式中，$\odot$ 表示矩陣對應元素相乘；$*$ 表示複共軛；o 表示將矩陣的水平和垂直均旋轉 $180°$；$f'(\Omega)$ 為光罩矩陣的導數。假設最佳化中第 τ 次疊

代的結果為 Ω^{τ}，那麼第 $\tau+1$ 次疊代可以表示為

$$\Omega^{\tau+1} = \Omega^{\tau} - t_{\Omega} \nabla F(\Omega) \tag{4-21}$$

式中，t_{Ω} 為步進值。定義圖形誤差為目標圖形 $\boldsymbol{Z}_T$ 與晶圓上曝光圖形 $\boldsymbol{Z}$ 對應矩陣元素之間尤拉距離的平方，即

$$E_r = \sum_{y_e=1}^{N} \sum_{x_e=1}^{N} \left[Z_T\left(x_e, y_e\right) - Z\left(x_e, y_e\right) \right]^2 \tag{4-22}$$

式中，$Z_T\left(x_e, y_e\right)$ 為目標圖形中 $\boldsymbol{Z}_T$ 各矩陣元的畫素值，$Z\left(x_e, y_e\right)$ 為對應於光罩圖形的晶圓上曝光圖形 $\boldsymbol{Z}$ 各矩陣元的畫素值，$Z\left(x_e, y_e\right)$ 與 $Z_T\left(x_e, y_e\right)$ 的值均為 0 或 1。當圖形誤差降低到一個可接受的程度，或最佳化疊代次數大於一定量級後，則終止最速下降方法的運算。為了降低演算法收斂過程中評價函數的振盪，還可以使用共軛梯度法，在更新光罩畫素值時考慮本次和上次的梯度結果。

 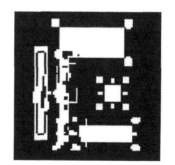

(a) 原始設計佈局　　　　　(b) 逆向光蝕刻的修正結果

圖 4-30　逆向光刻的範例

圖 4-30 列出了一個逆向光刻的範例，圖 4-30（a）為原始設計佈局，圖 4-30（b）為逆向光刻的修正結果。可以看出，PB-OPC 的結果中多邊形已經脫離了邊緣的限制，光罩圖形的修正不再是透過邊緣的移

動,而是透過畫素的翻轉來實現的。由於 PB-OPC 演算法是從光罩圖形的畫素出發的,很多情形下最佳化的結果是任意的,並不能滿足光罩製造性的要求,因此商業化模擬工具在實施 PB-OPC 時,均加入了大量的光罩製造規則限制,以保證最佳化的結果滿足製造性要求。

自 19 世紀 90 年代以來,研究人員提出了多種 PB-OPC 演算法。Sherif 等人針對非相干成像系統提出了一種循環最佳化光罩的方法[20];Liu 和 Zakhor 等人利用分支界限法研究了可用於修正二元光罩和相移光罩的 PB-OPC 方法[21]。為解決 PB-OPC 演算法計算量大、最佳化效率低的問題,Poonawala 和 Milanfar 於 2007 年第一次將梯度演算法應用到相干光刻成像系統的 OPC 最佳化中[22]。之後 Ma 與 Arce 將該梯度演算法應用於部分相干成像系統,將其推廣至 PSM 最佳化問題,並提出了考慮光罩三維效應的 OPC 最佳化演算法[23]。北京理工大學的相關團隊也基於向量成像理論,建立了向量 OPC 演算法[24]。對 PB-OPC 的最佳化演算法有興趣的讀者,可以參考上述文獻。

4.3.4　OPC 技術的產業化應用

在實際的半導體生產中,OPC 是透過專業的商務軟體來完成的。當前國際主流的三大 EDA 廠商均有自己代表性的 OPC 軟體,如 ASML 的子公司 Brion(睿初科技有限公司)推出的 Tflex、Mentor 公司推出的 Calibre,以及 Synopsys 公司推出的 Proteus 等。

在半導體製造中,針對產業化的 OPC 技術流程如圖 4-31 所示[1]。

針對產業化的 OPC 技術流程主要分為三個步驟:OPC 修正規則資料庫或 OPC 模型的建立;OPC 選單;OPC 驗證。

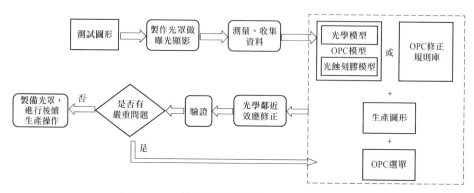

圖 4-31 針對產業化的 OPC 技術流程

1. OPC 修正規則資料庫或 OPC 模型的建立

為了建立 OPC 修正規則資料庫或 OPC 模型，需要首先設計測試圖形、製作測試光罩、光刻曝光並收集資料。測試圖形的類型和覆蓋性直接決定了 OPC 模型或 OPC 修正規則資料庫的準確性，表 4-4 中列出了基於模型的 OPC 技術中使用的基本測試圖形。實際生產中，測試光罩中除包含表 4-4 中所示的測試圖形外，還包含一些典型的二維圖形，如圖 4-32 所示，這些二維圖形有的是從佈局中提取的關鍵圖形，有的是 OPC 技術的薄弱圖形。

表 4-4 部分測試圖形的名稱及測量值列表

名　　稱	類型	光罩與光刻膠圖形尺寸的關係	測　量　值
獨立線條（isolated lines）	1-D	線性	線寬
密集線條（dense lines）	1-D	線性	線寬
週期變化的線條（pitch lines）	1-D	均勻性	線寬
雙線條（double lines）	1-D	線性	線條之間的距離
獨立溝槽（inverse isolated lines）	1-D	線性	溝槽的寬度
雙溝槽（inverse double lines）	1-D	線性	溝槽之間的距離
孤立的方塊（island）	2-D	線性	方塊的直徑
孤立的孔洞（inverse island）	2-D	線性	孔洞的直徑

名　　　稱	類型	光罩與光刻膠圖形尺寸的關係	測　量　值
密集的方塊（dense island）	2-D	線性	中間方塊的直徑
線條的端點（line end）	2-D	線性	線條端點之間的距離
密集線條的端點（dense line end）	2-D	線性	線條端點之間的距離
溝槽的端點（inverse line end）	2-D	線性	溝槽端點之間的距離
T 結構（T junction）	1.5-D		線條中部的寬度
雙 T 結構（double T junction）	1.5-D		線條中部的寬度
方角（corners）	2-D	線性	方角之間的距離
密集方角（dense corners）	2-D	線性	方角之間的距離
橋結構（bridge）	2-D		橋的寬度

圖 4-32　典型的二維圖形

然後將測試光罩放到光刻機中曝光，並利用 CD-SEM 搜集曝光結果資料。在基於 RB-OPC 技術中，曝光結果資料用於建立佈局的修正規則資料庫；在 MB-OPC 技術中，曝光結果資料用於建立 OPC 模型，包括光學模型和光刻膠模型。為了實現對晶片級設計佈局的快速修正，實際生產使用的 OPC 軟體中的模型都採用緊湊型模型（compact model），這些模型除包含一系列物理參數外，還包含很多數學參數，這些數學參數的具體值一般透過實驗資料校準得到，這樣保證了緊湊型模型兼具精度、效率兩個方面的優勢。建立 OPC 模型的過程是調整模型中的參數使得模型的模擬結果與實驗資料儘量吻合的過程，具體做法是比較測試圖形的目標值同實驗值、模擬值的差距，得到測量點所在的 EPE 值。使用美國明導國際（Mentor Graphics，隸屬於德國西門子公司）的 Calibre 建立 OPC 模型的典型例子如圖 4-33 所示。這個例子中包含了七種類型的測試圖形，曲線圖中實心標識為模擬結果對應的 EPE 值，空心標識為實驗結果對應的 EPE 值。圖 4-33 所示的結果雖然已經過了幾輪最佳化和偵錯，但是二維圖形的 "EPEm-EPEs" 分佈中仍存在多個資料點大於 5 nm 的情況，此時一般透過查看測試資料的 SEM 圖片或重新選擇待校準模型的類型來提升資料擬合的精度。根據以上過程，可以利用實驗結果建立佈局的修正規則資料庫或 OPC 模型。

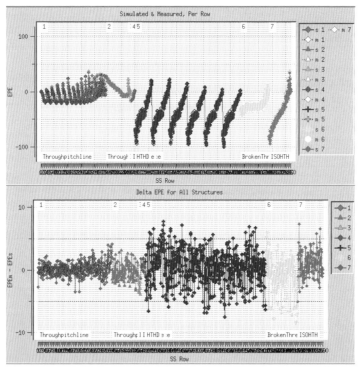

圖 4-33　使用 Calibre 建立 OPC 模型的典型例子

2. OPC 選單

接著使用上述的 OPC 修正規則資料庫或 OPC 模型，建立 OPC 選單（recipe）。OPC 選單的核心功能包括對圖形邊緣分段設定、輔助線條的寬度和長度、光罩製造規則、對模型預測不準確位置進行額外的補償等。以 Calibre 為例，一個典型的 MB-OPC 選單如圖 4-34 所示。

圖 4-34　Calibre 中典型的 MB-OPC 選單

3. OPC 驗證

最後對經過 OPC 後的佈局進行驗證。原則上，如果 OPC 模型是精確的，那麼經過 OPC 後的佈局在相同的光刻製程和光罩製造製程下理論上是不會出問題的。由於 OPC 模型是透過測試圖形的實驗資料擬合得到的，所以模型的精度極易受到所選資料類型和數目的影響（對於 RB-OPC 則表現為修正規則的覆蓋性不足），此時需要對 OPC 後的佈局進行驗證。以 Calibre 為例，典型的 OPC 後驗證的結果如圖 4-35 所示。

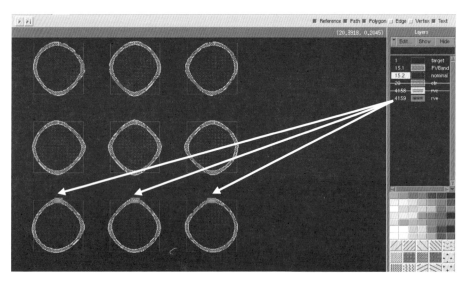

圖 4-35　Calibre 中典型的 OPC 後驗證的結果

圖 4-35 列出了一個從 PV-band 角度對 OPC 後的佈局進行驗證的例子，圖中方框表示目標圖形，淺色不規則圓環表示 PV-band，方框內的相交的不規則圓形表示在額定條件（nominal condition，即 Δfocus、Δdose 和 Δmask error 均為 0）下得到的光刻輪廓，圖中 4159 層表示 PV-band 不滿足要求的位置。圖中表明使用經過校準後的 OPC 模型對

佈局進行 OPC 後，佈局中仍存在三個不滿足 PV-band 要求的位置。

經過 OPC 後驗證，如果出現問題，則首先考慮修改 OPC 選單，在 OPC 選單中對這些出現問題的「熱點」圖形做特殊處理，在修改 OPC 選單無法滿足要求的情況下才考慮修改 OPC 修正規則資料庫或 OPC 模型；如果未發現嚴重的問題，則將經過 OPC 處理後的佈局發送到光罩工廠，製作光罩版。

4.4 光源–光罩聯合最佳化技術

4.4.1 SMO 技術的發展歷史與基本原理

在光刻製程中，照明方式的選擇需要兼顧到不同圖形的需求。舉例來說，從最大化光刻製程視窗的角度出發，對於密集的光柵結構圖形，最佳的照明方式是具有較大離軸角的二極照明；對於孤立的光柵結構圖形，最佳的照明方式，是部分相干因數較小的傳統照明；而對於半密集的光柵結構圖形，需要利用介於上述之間的照明方式才能得到較好的製程視窗。可見，對於圖形結構複雜的實際佈局，確定一個對各種圖形的製程視窗具備較好平衡能力的光源形狀分佈，需要大量的最佳化分析。由於 OPC 技術都是在固定照明方式下對光罩圖形進行最佳化的，所以它嚴重限制了最佳化自由度[15]。為解決這一問題，Rosenbluth 等人於 2002 年提出了同時最佳化光源和光罩的概念[25]，並對光源和光罩最佳化演算法進行了改進和擴充[26]。此後許多業界人士提出了多種 SMO 演算法。但是截至 2016 年年底，真正被工業界驗證過的 SMO 軟體是由 ASML 公司下屬的 Brion（睿初科技有限公司）開發的。

從理論角度上看，SMO 的基本原理可以用以下公式描述[19]。在光罩被強度分佈為 Q 的部分相干光源均勻照明的情形下，光刻空間影像的數值化形式為

$$I = \frac{1}{S}\sum_f\sum_g\left(I_s\cdot\sum_{p=x,y,z}\left\|H_p^{f,g}\otimes M\right\|_2^2\right) \qquad（4\text{-}23）$$

利用 sigmoid 函數，可以將晶圓上曝光結果表示為

$$Z = \mathrm{sig}\left\{\frac{1}{S}\sum_f\sum_g\left(I_s\sum_{p=x,y,z}\left\|H_p^{f,g}\otimes M\right\|_2^2\right)\right\} \qquad（4\text{-}24）$$

I_s 為 $N_s\times N_s$ 的純量矩陣，表示光源的強度分佈，N_s 為把有效光源光柵化後橫軸上的畫素點數，S 為強度非零的光源點總數目，$H_p^{f,g}$ 為矩陣形式的光學系統函數。

在指定的目標圖形 Z_T 下，SMO 的最佳化目標是尋找最佳的光源 $\hat{J}$ 和光罩 $\widehat{M}$，使得晶圓上曝光圖形與目標圖形的尤拉距離平方最小，即

$$(\hat{J},\widehat{M}) = \arg\min_{J,M}(F) = \arg\min_{J,M}d(T\{J,M\},Z_T) \qquad（4\text{-}25）$$

在最佳化過程中，我們將不連續的光源、光罩函數轉化為連續的形式，即

$$J = f(\Omega_S) = \frac{1+\cos\Omega_S}{2},\ \ M = f(\Omega_M) = \frac{1+\cos\Omega_M}{2} \qquad（4\text{-}26）$$

式中，Ω_S 和 Ω_M 均為純量矩陣，矩陣中每個元素的設定值範圍為 $(-\infty,\infty)$。

利用最速下降法，可以得出評價函數對光源形狀和光罩圖形的偏導數

$\dfrac{\partial F}{\partial \boldsymbol{\Omega}_S}$ 和 $\dfrac{\partial F}{\partial \boldsymbol{\Omega}_M}$，進而根據第 k 次疊代得到的光源和光罩函數，得到第 $k+1$ 次疊代的光源和光罩函數。

$$\Omega_S^{k+1} = \Omega_S^k - e_S \frac{\partial F}{\partial \boldsymbol{\Omega}_S}, \quad \Omega_M^{k+1} = \Omega_M^k - e_M \frac{\partial F}{\partial \boldsymbol{\Omega}_M} \qquad （4\text{-}27）$$

式中，e_S 和 e_M 分別為光源最佳化和光罩最佳化的步進值。

一種結合同步 SMO 和交替 SMO 的演算法特點的演算法流程如圖 4-36 所示。

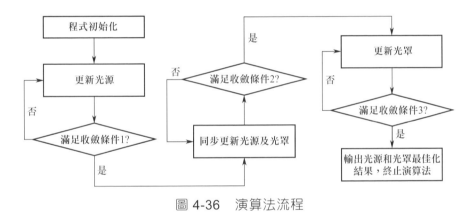

圖 4-36　演算法流程

這種 SMO 演算法首先採用單獨光源最佳化（SO）演算法快速有效地降低成像誤差；之後採用同步 SMO 演算法對光源和光罩進行聯合最佳化；最後利用單獨光罩最佳化（MO）演算法收斂性能較好的特點，進一步降低成像誤差。

利用上述最佳化演算法，會得到灰階的光罩圖形，即光罩的畫素值在 0 到 1 分佈。為了與目標圖形進行比較，計算圖形誤差，需要對最佳化後的光罩圖形進行處理得到二值化的光罩圖形 $\widehat{\boldsymbol{M}}_d$，即純量矩陣 $\widehat{\boldsymbol{M}}_d$ 中每個矩陣元素均為 0 或 1。

從而晶圓上二值化的曝光圖形可以表示為

$$Z_b = \varGamma\left\{\frac{1}{S}\sum_f\sum_g\left(I_s\sum_{p=x,y,z}\left\|H_p^{f,g}\otimes M_d\right\|_2^2\right)-t_r\right\} \qquad（4-28）$$

式中，若元素大於 t_r，則 $\varGamma(\bullet)=1$；否則 $\varGamma(\bullet)=0$。

定義圖形誤差 E_r 為目標圖形與晶圓上二值化曝光結果之間尤拉距離的平方，則有

$$
\begin{aligned}
E_r &= \left\|Z_T - Z_b\right\|_2^2 \\
&= \left\|Z_T - \varGamma\left\{\frac{1}{S}\sum_f\sum_g\left(I_s\sum_{p=x,y,z}\left\|H_p^{f,g}\otimes M_d\right\|_2^2\right)-t_r\right\}\right\|_2^2 \qquad（4-29）
\end{aligned}
$$

4.4.2 SMO 技術的產業化應用

不同於採用 NILS、DOF 和 MEEF 等參數作為評價函數的傳統方法，工業界使用的光源光罩聯合最佳化方法採用邊緣放置誤差（edge placement error，EPE）作為評價函數來尋求最佳解。這種 SMO 的一般流程是：在最佳化的最初階段，最佳化演算法採用無限制光源和連續透射光罩（continuous transmission mask，CTM）來尋求最佳解；然後將最佳化得到的光源分佈擬合到常見的 DOE 光源或自由式光源；再從 CTM 的分佈出發插入亞解析度輔助圖形 SRAF，並根據光罩製造規則修正光罩芯軸和 SRAF，使其滿足光罩製造的要求；最終協作最佳化光罩圖形和光源分佈得到最佳化結果。

目前，工業界的主流 EDA 公司均在 SMO 方面開展了工作。IBM[27]、ASML[28]、Mentor[29]、Synopsys[30]、Cadence[31]在軟體演算法和模型上進行了深入研究，Global Foundry、Samsung 等公司則在裝置和晶圓驗

證方面做出了對應貢獻。現有的 SMO 技術已經可以較為全面地將光
罩三維模型（M3D，Mask 3D）、光刻膠三維模型（R3D，Resist 3D）、
晶圓三維模型（W3D，Wafer 3D）、膜層結構、系統誤差等各項因素
納入模擬計算的範圍，使 SMO 最終得到的結果和實際晶圓上的結果
具有高度的一致性。

在產業化 SMO 技術中，評價函數引入了曝光劑量（以%表示）、離焦
量（以 nm 表示）和光罩版上圖形尺寸偏差（以 nm 表示）等參數的變
化引起的 EPE。評價函數的形式為

$$f = \sum_{\text{pw}} w_{\text{pw}}^{p/2} * (\sum_{e} \| \text{EPE} \|^p + p_{\text{sl}} f_{\text{side\_lobe}} + p_{\text{MRC}} f_{\text{MRC}} + p_{\text{is}} f_{\text{Inverse\_slope}}) \quad （4\text{-}30）$$

式中，pw 表示參與計算評價函數的製程條件；e 表示光罩圖形上的用
於衡量 EPE 的評價點；w_{pw} 表示不同製程條件對應的權重因數。上式
右端除了 EPE 以外的部分為罰函數，用於抑制最佳化過程中出現的特
殊效應或增加規則檢查等，每項前面的 p 表示最佳化係數。由於 SMO
同時最佳化了光源分佈和光罩圖形，因此 SMO 的輸出不僅包括一個
最佳化後的光源，還包括對輸入的光罩圖形進行 OPC 後的結果。

以 ASML-Brion 的 Tachyon SMO 為例，說明產業化 SMO 的工作原理
與流程，如圖 4-37 所示。

SMO 所需要的輸入條件包括光刻的各項具體條件，如光刻機型號及相
關硬體參數、光源數值孔徑大小及偏振方向、光刻膠膜層結構等，還
有根據設計規範制定的測試圖形、實際晶片圖形及 anchor 圖形。輸入
條件確定後，SMO 會首先生成一個初步的模型，其中光源形狀和光罩
形狀作為可變數，在前期的最佳化過程中將光源分割為畫素化的格
點，並將二進位的光罩轉化為連續透射光罩（continuous transmission
mask，CTM）。將包含畫素化光源的模型應用於 CTM 上，得到晶圓

表面的光強分佈，在這一過程中光罩並不是二進位的 0 或 1 的形式（0 代表不透光，1 代表透光），而是呈連續相位變化的形式，這種形式下，光源和光罩都能夠進行最大自由度的最佳化以獲得結果較好的光源和光罩的匹配結果。然後則是進行 SRAF 位置的選擇和插入，同樣在 CTM 的基礎上形成連續相位變化的 SRAF 圖形。完成上述步驟後，軟體會將連續變化的光罩和 SRAF 以設定好的設計規範擬合到有邊界的幾何圖形上，並進行對應的圖形清理，去除擬合過程中產生的細小碎片。

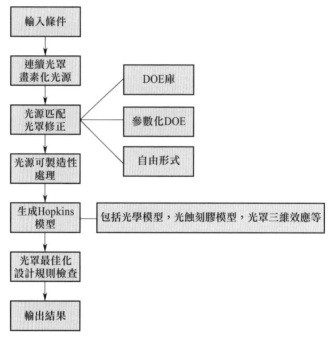

圖 4-37　產業化 SMO 的工作原理與流程

完成了光源、光罩和 SRAF 的初步最佳化後，在後續的最佳化過程中逐步對光源和光罩格點進行細化，並將自由形式的光源擬合成硬體可實現的形式。通常自由形式的光源格點數量為 201×201 或 251×251，而擬合成的形式主要有三種，DOE 資料庫中的光源、參數化的 DOE 光源和自由形式的光源。DOE 資料庫中的光源使用的是現有的光源形式，適用於非關鍵層的光刻，無須增加硬體實現的成本。參數化的 DOE 光源是在 DOE 資料庫的基礎上進行擴充的，使得 DOE 光源的部分幾何參數可以改變，以獲得更好的解析度。自由形式的光源則是一項較新的技術，採用的是畫素化的光源形式，擁有很高的自由度，能夠對特定圖形的解析度進行最佳化，但同時這種光源形式需要特定的硬體來實現。

在光源形狀確定及可製造性處理後，軟體會生成對應的 Hopkins 模型，其中包括光學模型、光刻膠模型、光罩三維效應模型等，模型確定後將其應用於整個光路系統，進行光罩的最佳化和設計規範的檢查，所進行的工作類似 OPC，但循環次數和計算精度比 OPC 要高，直到最終完成整個 SMO 的最佳化過程。

對於 SMO 在整個光刻模組研發中的應用，工業界有一套標準的流程，因為 SMO 提供的是光刻的光源，因此位於光刻研發鏈的最前端，決定著後續許多研發步驟的進行，同時又需要適時獲取後續製程的回饋來對光源進行必要的改進。

圖 4-38 列出了一個實際生產中應用 SMO 的流程。在第一輪工作中，首先需要根據設計規範（design rule，DR）制定測試圖形（test pattern）作為 SMO 的輸入。SMO 對計算量的要求非常高，無法對整個晶片的所有佈局做全域最佳化，所以需要以少量典型的圖形來產生光源，以保證計算速度在可接受的範圍之內。因此，測試圖形的確定在整個 SMO 過程中顯得尤為重要，需要在滿足設計規範的條件下儘量覆蓋到可能出現的各種圖形結構。SMO 的輸入除測試圖形外還包括靜態隨機存取記憶體（static random access memory，SRAM）的重複單元及部

分已知的弱點（weak point），這部分弱點可能是根據上一個技術時代的經驗得到的，也有可能是在設計規範制定過程中得到的。

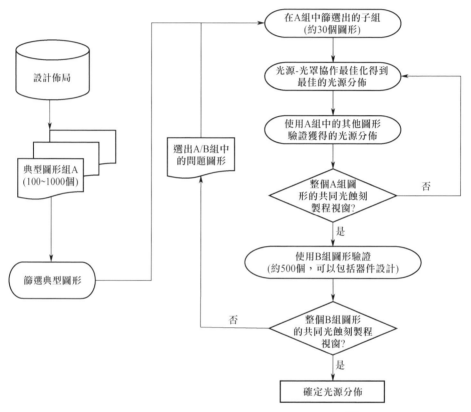

圖 4-38　實際生產中應用 SMO 的流程[4]

確定了上述輸入之後，測試圖形加上實際弱點的總圖形個數可能達數百個，這樣的圖形數量對 SMO 來說仍需要巨大的計算量，因此要對圖形的數目進行進一步的篩選。Brion 的 TFlex SMO 提供了一種選擇圖形的辦法，根據圖形的衍射級次來進行選擇。對於週期具有整數倍關係的圖形，其衍射譜會出現重疊，此時傾向於選擇具有較小週期的圖形作為計算圖形，而較大週期的圖形可以透過插入 SRAF 來獲得與較小週期圖形相近的光學表現。透過圖形選擇可將參與計算的圖形數量顯著降低。值得注意的是，這樣的圖形選擇光從衍射級次的角度出發，所挑選出的圖形在頻譜上可以代表所有的輸入圖形，但無法辨識哪些圖形是光刻中的弱點。因此，TFlex 也提供了手動選擇的功能，可以根據已有的弱點和專業人員的經驗對計算圖形數量和權重進行調整。

經過圖形選擇之後，一般可以將總輸入圖形的數量降低至十幾個，這一部分圖形作為光罩輸入。光源輸入則通常會以一個常用光源如環狀作為最佳化的初值，將光源劃分為數萬個格點（如 251×251），每一個格點作為一個畫素有對應的光強，最終得到的 Freeform 光源是由所有畫素點組成的。

SMO 的計算輸入除測試圖形外還需要包括機台型號、偏振類型、光罩類型、光刻膠層結構等在內的多項資訊，為計算的準確度提供必要的輔助。SMO 的模擬計算是基於邊緣放置誤差（EPE）的，計算過程中，會在所有參與計算的圖形的邊和角上按照一定的規則插入評價點（evaluation point），對這些評價點在各種照明條件下的 EPE 進行加權求和。求和結果看作一個 EPE 相關的評價函數，SMO 最佳化的目的就是透過修飾光源和光罩使該評價函數的值最小。最終會以所有圖形的重疊製程視窗作為評價標準，評估其 DOF、EL、MEEF、ILS 等指標是否滿足需求。

若上述 SMO 結果滿足需求，則需要進行第二步的 MO 驗證，使用第一步所得到的光源，對更多的測試圖形和實際圖形進行驗證，一般為在圖形選擇過程中被篩選的那一部分圖形。驗證的過程就是模擬 OPC 對光罩圖形進行修飾的過程，這一過程中光源是固定不變的。上述過程完成之後，將模擬結果與實際晶圓曝光資料進行比對，若能夠透過評估，便可以進行下一步 OPC 建模及修正的工作。

在 SMO 工作過程中，往往一輪工作無法解決所有的問題，在第一輪 OPC 完成後會發現新的弱點，此時很有可能需要第二輪的 SMO 工作，將這些弱點加入到輸入圖形中去，最佳化光源使這些困難得到解決。

SMO 得到的光源是最為理想的結果，將其在光刻機上實現需要考慮可製造性的問題。最簡單的辦法是將光源擬合成現有的 DOE 光源，可以直接應用於機台。第二種辦法是使用參數化的 DOE 光源（parametric DOE），這樣的 DOE 光源相對於第一種有更多的自由度，如環狀光源的內徑、外徑等，能夠進一步接近 Freeform 光源，提供更好的製程視窗。第三種辦法就是在機台上將畫素化的 Freeform 實現，能夠提供最佳的製程視窗，充分利用 SMO 所帶來的優勢。目前，工業界已經有較為成熟的 Freeform 光源的實現方案，利用可程式化的光源（programmable illuminator）實現畫素化光源的即時設定，而不必對於每一個 SMO 的結果都進行對應光源的製備。

從 40nm 技術代開始，SMO 技術已經進入到實際工業生產中，應用於包括記憶體[32]、SRAM 和邏輯元件[33]等各種晶片的製造製程中，到 22 nm 及 14 nm 技術時代，開始被廣泛應用以提高日益緊張的光刻製程視窗。圖 4-39 展示的是 Global Foundry 在其研發過程中採用 POR-Baseline 和 SMO-Baseline 的 DOF 比較，這裡 "POR" 表示最佳化前的光源條件。可以發現，SMO-Baseline 的製程視窗比 POR-Baseline 有大幅的提升。

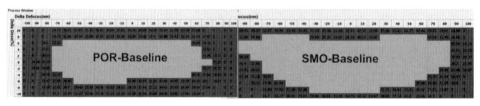

圖 4-39　POR-Baseline 和 SMO-Baseline 的 DOF 比較[33]

可以預見，對於即將到來的先進技術節點光刻技術，SMO 是必不可少的一項技術，並且隨著圖形成像品質對光源敏感度的提升，SMO 在整個光刻環節中所造成的作用將越來越關鍵。

本章參考文獻

[1]　韋亞一. 超大型積體電路先進光刻理論與應用[M]. 北京：科學出版社，2016.

[2]　Schellenberg F M. Resolution Enhancement Technology: The past, the present, and Extensions for Future. Optical Microlithography XVII [C]. Proc SPIE, 2004, 5377: 1-20.

[3]　高松波. 光刻解析度提升技術研究[D]. 北京：中國科學院所究所學生院，2008.

[4]　Rayleigh L. On the theory of optical instruments, with special reference to the microscope[J]. Philosophical Magazine, 1896(42): 167-195.

[5]　Levenson M D, Viswanathan N S, Simpson R A. Improving resolution in photolithography with a phase-shiftinh mask[J]. IEEE Trans. Electron Dev, 1982(ED-29): 1828-1836.

[6]　Terai M, Kumada T, Ishibashi T, et al. Newly developed resolution enhancement lithography assisted by chemical shrink process and materials for next-generation devices [J]. Japanese Journal of Applied Physics, 2006, 45(6B):5354-5358.

[7]　Oyama K, Yamauchi S, Yabe K, et al. The enhanced photoresist shrink process technique toward 22nm node [C]. Proc SPIE, 2011, 7972, 79722Q.

[8] J. Mailfert, Kerkhove J, Bisschop P, et al. Metal1 patterning study for random-logic applications with 193i, using calibrated OPC for litho and etch [C]. Proc SPIE, 2014, 9052, 90520Q.

[9] Kim M S, Vandeweyer T, Altamirano-Sanchez E, et al. Self-Aligned Double Patterning of 1x nm FinFETs; A New Device Integration through the Challenging Geometry [J]. IEEE 14th International Conference on Ultimate Integration on Silicon (Ulis), 2013: 101-104.

[10] Kim R H, Koay C, Burns S D, et al. Spacer-defined double patterning for 20nm and beyond logic BEOL technology [C]. Proc SPIE, 2011, 7973, 79730N.

[11] Ban Y, Miloslavsky A, Lucas K, et al. Layout decomposition of self-aligned double patterning for 2D random logic patterning [C]. Proc SPIE, 2011, 7974, 79740L.

[12] Chen Y, Xu P, Miao L, et al. Self-aligned triple patterning for continuous IC scaling to half-pitch 15nm [C]. Proc SPIE, 2011, 7973, 79731P.

[13] Kodama C, Ichikawa H, Nakayama K, et al. Self-aligned double and quadruple patterning aware grid routing methods [J]. IEEE TRANSACTIONS ON COMPUTER-AIDED DESIGN OF INTEGRATED CIRCUITS AND SYSTEMS, 2015, 34(5):753-765.

[14] Oyama K, Yamauchi S, Natori S, et al. Robust Complementary technique with Multiple-Patterning for sub-10 nm node device [C]. Proc SPIE, 2014, 9051, 90510V, 2014.

[15] Ma X, Arce G R. Computational Lithography [M]. Wiley Series in Pure and Applied Optics, ed. 1. Wiley & Sons, 2010.

[16] Wong A K. Resolution Enhancement Technique for Optical Lithograpgy [M]. Bellingham, Washington: SPIE Press, 2001.

[17] 羅凱升. 奈米級電路解析度提升技術及熱點檢測技術研究[D]. 杭州：浙江大學，2014.

[18] Ma X, Li Y. Resolution enhancement optimization methods in optical lithography with improved manufacturability [J]. J. Micro/Nanolith. MEMS MOEMS, 2011, 10(2): 023229.

[19] 董立松. 高數值孔徑光刻成像理論與解析度提升技術[D]. 北京：北京理工大學，2014.

[20] Sherif S, Saleh B, Leone R. Binary image synthesis using mixed interger programming [J]. IEEE Trans. Image Process, 1995(4): 1252-1257.

[21] Liu Y, Zakhor A. Binary and phase shifting mask desigh for optical lithography [J]. IEEE Trans. Semicond. Manuf, 1992(5): 138-152.

[22] Poonawala A, Milanfarb P. Prewarping mask design for optical microlithography-an inverse imaging problem [J]. IEEE Transactions on Image Processing, 2007, 16.

[23] Ma X, Arce G R. Pixel-based OPC optimization based on conjugate gradients [J]. Opt. Express, 2011, 19(3): 2165-2180.

[24] Ma X, Li Y, Dong L. Mask optimization approaches in optical lithography based on a vector imaging model [J]. J. Opt. Soc. Am. A., 2012, 29(7): 1300-1312.

[25] Rosenbluth A E, Bukofsky S, Fonseca C, et al. Optimum mask and source patterns to print a givern shape [J]. J. Microlithography, Microfabrication, and Microsystem, 2002(1): 13-20.

[26] Rosenbluth A E, Seong N. Global optimization of the illumination distribution to maximize integrated process window. Optical Microlithography XIX [C]. Proc SPIE, 2006, 6154, 61540H.

[27] Lai K, Gabrani M, Demaris D, et al. Design specific joint optimization of masks and sources on a very large scale [C]. Proc SPIE, 2011, 7973, 797308.

[28] Liu P, Zhang Z, Lan S, et al. A full-chip 3D computational lithography framework [C]. Proc SPIE, 2012, 8326, 83260A.

[29] EL-Sewefy O, Chen A, Lafferty N, et al. Source mask optimization using 3D mask and compact resist models [C]. Proc SPIE, 2016, 9780, 978019.

[30] Xiao G, Hooker K, Irby D, et al. Hybrid inverse lithography techniques for advanced hierarchical memories [C]. Proc SPIE, 2014, 9052, 90520D.

[31] Coskun T, Dai H, Huang H, et al. Accounting for mask topography effects in source-mask optimization for advanced nodes [C]. Proc SPIE, 2011, 7973, 79730P.

[32] Yu C, Yang C, Yang E, et al. SMO and NTD for robust single exposure solution on contact patterning for 40nm node flash memory devices [C]. Proc SPIE, 2013, 8683, 868322.

[33] Zhang D, Chua G, Foong Y, et al. Source Mask Optimization methodology (SMO) & application to real full chip optical proximity correction [C]. Proc SPIE, 2012, 8326, 83261V.

Chapter | **05**

蝕刻效應修正

蝕刻製程是半導體製造中的關鍵步驟。光刻在晶圓上形成光刻膠圖形，如圖 5-1（a）所示，在隨後的蝕刻過程中，反應粒子（如離子與自由基）與光刻膠和基體表面相互作用完成蝕刻，如圖 5-1（b）所示。蝕刻後基體上得到的圖形尺寸與光刻膠圖形（作為蝕刻時的硬光罩）的尺寸是有偏差的，這種偏差稱為蝕刻偏差（etch bias）。蝕刻偏差可以是正的，即基體上被蝕刻掉的圖形小於對應的光刻膠圖形；也可以是負的，即基體上被蝕刻掉的圖形大於對應的光刻膠圖形，如圖 5-1（b）所示[1]。

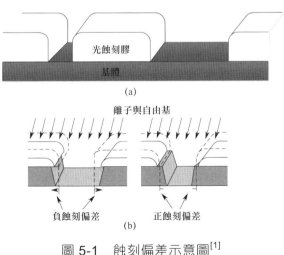

圖 5-1　蝕刻偏差示意圖[1]

蝕刻偏差運算式為

$$etch\_bias = \frac{CD_{litho} - CD_{etch}}{2}$$（5-1）

式中，CD_{litho} 為光刻膠上圖形的關鍵尺寸（critical dimension，CD），CD_{etch} 為蝕刻後基體上圖形的關鍵尺寸。

由於蝕刻是一個複雜的物理、化學過程，直到現在也沒有一個完整的理論來準確地定量描述。隨著技術節點的發展，大量的新材料被應用到積體電路製造中，如新型光刻膠、硬光罩、低 κ 介電材料等。這些新材料和新製程的引入，導致蝕刻偏差與佈局形狀、尺寸，以及周圍的圖形密度、圖形周圍的環境都有很強的連結，使得控制最終基體圖形的 CD 變得尤為困難。大量實驗資料顯示，蝕刻偏差不是線性的，它主要取決於兩個因素：孔徑效應和微負載效應[2]。

孔徑效應如圖 5-2 所示，是指一定範圍內的圖形蝕刻總面積的變化會對蝕刻速率造成影響，蝕刻速率會隨著蝕刻總面積的增加而逐漸下降。

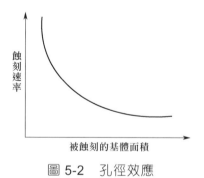

圖 5-2　孔徑效應

微負載效應如圖 5-3 所示，是指在同一設計佈局內，圖形密度的疏密不同導致蝕刻速率不同，在相同時間內，在圖形比較密集的地方蝕刻深度比較淺，而圖形比較稀疏的地方蝕刻深度比較深。造成這種現象的原因是在圖形比較密集的區域其反應離子的有效反應成分與基體材料反應消耗得比較快，造成局部蝕刻區域內的反應成分失衡，從而導致蝕刻速率下降。

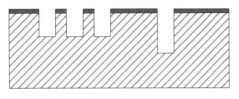

圖 5-3　微負載效應

通常將孔徑效應和微負載效應這兩種效應稱為蝕刻鄰近效應[2]。值得注意的是，在矽基體的蝕刻過程中，通常反應氣體會同時對圖形側壁和底部進行蝕刻，所以蝕刻鄰近效應往往會同時導致蝕刻圖形尺寸和蝕刻深度的偏差。基於這兩者之間存在的較強的相關性，一般來說對圖形尺寸修正的同時也補償了蝕刻深度上的偏差，所以蝕刻鄰近效應的佈局修正只針對蝕刻圖形尺寸，而不考慮蝕刻深度的因素。

5.1　蝕刻效應修正流程

在先進技術節點下，由於蝕刻偏差相對於 CD 越來越大，修正設計佈局以補償蝕刻偏差導致的 CD 變化顯得尤為重要。為了在晶圓上獲得設計所要求的圖形，必須提前對佈局做修正，而這種對蝕刻偏差的補償稱為蝕刻鄰近效應修正（etch proximity correction，EPC）或簡稱為蝕刻效應修正。

蝕刻效應修正可以透過固定或可變的蝕刻偏差補償來實現，一般包含基於模型和基於規則兩種方式。正常的蝕刻效應修正流程如圖 5-4 所示[3]。首先，針對選定的圖形層，提取一系列具有代表性的測試圖形，這些圖形盡可能地包括設計佈局在蝕刻中面臨的典型的蝕刻效應，並將測試圖形製作在光罩版上，然後分析晶圓上得到的資料，根據該層的蝕刻製程和分析資料，決定是使用基於規則的解決方案還是基於模型的方案。

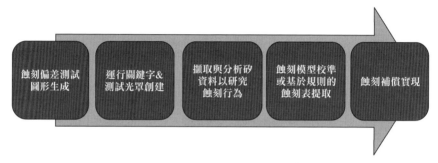

圖 5-4　蝕刻效應修正流程[3]

對佈局的蝕刻修正一般在光學鄰近修正（optical proximity correction，OPC）之前。由於從設計、光刻，再到蝕刻的流程順序關係，蝕刻效應補償與 OPC 在因果上是一個逆向倒推的過程：以設計佈局為理想的蝕刻圖形尺寸，結合測量出的蝕刻效應倒推出所需光刻膠圖形的尺寸，進而倒推出理想的光刻圖形佈局。實際的操作順序如圖 5-5 所示，通常 EPC 本身也被認為是 OPC 的一部分。

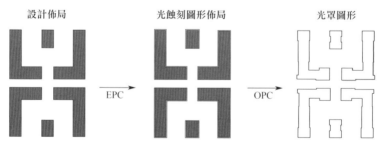

圖 5-5　實際的操作順序[1]

傳統的蝕刻效應修正流程包括光學系統、光刻膠、蝕刻模擬的循環疊代，如圖 5-6 所示。

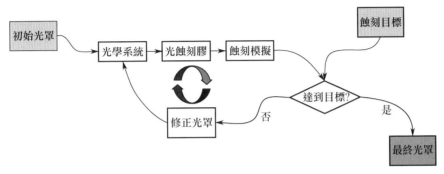

圖 5-6　傳統的蝕刻效應修正流程[4]

5.2　基於規則的蝕刻效應修正

5.2.1　基於規則的蝕刻效應修正的方法

在積體電路大規模生產中，正常的蝕刻效應修正採用的是基於規則的方法，它採用一種查詢表（lookup table）的方式來調控蝕刻偏差，如圖 5-7 所示。根據不同的圖形寬度和間距，表中列出了對應的蝕刻補償值[5]。根據設計意圖，它們經常被預先使用在 OPC 流程中，使得曝光後光刻膠圖形的尺寸能夠符合目標。這種方法在速度上具有明顯的優勢，然而其準確性則受限於先前選定的測試圖形的類型。因此，在先進技術節點中圖形密度和複雜度大幅度提升，透過推算的方式來獲得查詢表以外結構的蝕刻偏差修正資料是不準確的。而在特定場景下，當測量的蝕刻偏差不僅依賴於線寬和間距時，查詢表也可以變得更為複雜。舉例來說，線段末端的形貌較為傾斜，比線段中部具有更多的蝕刻偏差。

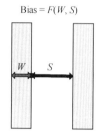

| Bias = $F(W, S)$ | | | | |

查詢表

$F(W, S)$	100	110	120	130
40	18	17	16	16
50	18	17	16	15
60	19	18	17	17
70	19	18	17	17
80	...			
90				

圖 5-7　基於規則的方法，蝕刻偏差是寬度和間距的函數[5]

簡單圖形的蝕刻偏差是用來描述佈局中系統性蝕刻效應最容易的一種方式。舉例來說，光刻和蝕刻工程師透過研究週期性的規則圖形來表徵蝕刻偏差趨勢，這種圖形含有固定線寬和間距的週期性重複。其特徵之一是線寬或間距可測量，而得到的蝕刻偏差的變化趨勢可以是圖形線寬（line width）、間距（space）、週期（pitch）的函數或這些參數的組合函數。

如圖 5-8 所示，以可變線寬的稀疏金屬溝槽圖形的蝕刻偏差為例，圖中列出了在溝槽不同設計線寬下蝕刻偏差的變化趨勢。隨著圖形線寬的增加，蝕刻偏差也對應增加，而並非保持常數，值得注意的是，蝕刻偏差的變異性在小線寬，特別是 100 nm 以下的範圍內也更加顯著。

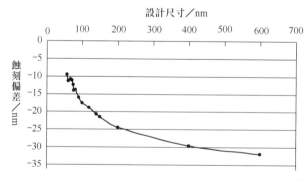

圖 5-8　溝槽圖形蝕刻偏差隨著線寬變化的趨勢[6]

在更大的佈局環境中，透過對佈局仔細分析可以發現，即使具有同樣的線寬和間距的兩個圖形也可能表現出不同的蝕刻偏差[6]。一個簡單的光刻佈局修正範例如圖 5-9 所示，圖中有兩個具有相同設計尺寸並經過 OPC 處理後的光罩形狀圖，圖形中的 3 條線段圖形皆具有 40 nm 線寬和 40 nm 間距。右側的 3 條線段位於兩個大金屬圖形之間，而左側的 3 條線段則是孤立的線條。左側稀疏圖形環境下的光罩線寬為 43 nm，而右側密集的圖形線寬為 37 nm[6]。

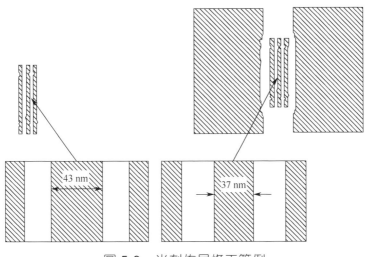

圖 5-9　光刻佈局修正範例

透過圖 5-9 可以發現，基於規則的蝕刻效應修正不能僅透過簡單的線寬和間距規則來區分金屬線寬同為 40 nm 的兩種圖形的差別。簡單的查詢表只能涵蓋線寬和間距這兩種變數，對兩種不同設定的圖形會錯誤地應用同樣的蝕刻偏差。因此，要準確地區分這些圖形設定上的具體差異，需要採用更複雜的規則，而透過基於模型的解決方案來辨識這些差異，應用合適的光罩補償，顯得更為有效。

5.2.2 基於規則的蝕刻效應修正的局限性

最近幾年，隨著半導體技術的持續發展，負載效應導致的佈局稀疏蝕刻偏差（iso-dense etch bias）有大幅增加的趨勢，如 45 nm 技術節點下的某些應用中甚至達到了 50 nm。事實上，對於更成熟的製程節點而言，稀疏蝕刻偏差的典型值是 10 nm 左右。目前，基於規則的蝕刻效應修正主要用於一維圖形的修正，而用於修正大蝕刻偏差、修正稀疏區和密集區的過渡區域及修正方角效應則不太合適。同時，架設和完善這種應用中的規則修正表也是很煩瑣且具有挑戰的任務。因此，這就要求基於模型的蝕刻效應修正方法來解決上述問題。

對於複雜的佈局而言，基於模型的蝕刻效應修正要遠比基於規則的蝕刻效應修正更為簡單和優越。圖 5-10 中的二維佈局需要極其複雜的蝕刻效應修正規則，而採用基於模型的蝕刻效應修正可以採用較少的選單最佳化步驟，更輕鬆地實現一個合理的光罩圖形解決方案。

圖 5-10　相對複雜的佈局難以採用基於規則的蝕刻效應修正技術[6]

那麼蝕刻偏差修正規則在什麼情況下將變得足夠複雜和不可管理，從而需要基於模型的蝕刻效應修正方式呢？為了回答這個問題，需要對蝕刻偏差的局部系統性波動做定量分析評估，當波動大於一定的設定值時將不能採用基於規則的蝕刻效應修正方式繼續處理。在往常使用基於規則的蝕刻效應修正時，這一變異性可能被採取的製程和圖形較大的關鍵尺寸所掩蓋。然而，當關鍵尺寸越來越小時，變異性的影響就會變得明顯，從而降低了查詢表的適用性。

為了說明這一現象，圖 5-11 列出了一組簡單的週期性佈局圖形範例，假設這些結構代表了理想化的光刻圖形輪廓[6]。圖 5-11 對具有同樣線寬和間距的兩個光刻圖形佈局 A 與佈局 B 進行比較，在佈局 B 的右側存在一個大的圖形，導致佈局 B 中的兩個平行線圖形具有與佈局 A 中的兩個平行線圖形明顯不同的鄰近環境。虛線方框標記處的圖形邊緣顯示的是經過模擬的蝕刻輪廓，該線寬範圍從 60 nm 到 28 nm，每 4 nm 一個降幅[6]。假設工程師採用了一個完美的基於模型的蝕刻效應修正方案，並且已經同光刻製程協作最佳化以確保所有的圖形形狀都能夠符合目標，而與鄰近的環境差異無關。這裡採用了兩種簡單的圖形，第一種是圖形具有兩條平行線，如圖 5-11 中的佈局 A；第二種是圖形具有同樣的兩條平行線，如圖 5-11 中的佈局 B，但是其右側臨近一個更大的區塊狀圖形。

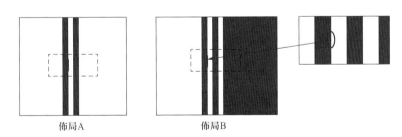

佈局A   佈局B

圖 5-11　週期性佈局圖形範例

首先選擇一個已經被確認與晶圓驗證資料有良好匹配的蝕刻偏差模型，然後將蝕刻偏差資料（為蝕刻輪廓與光刻輪廓的差值）與線寬的函數關係畫在一張圖上看對應的變化。在所有情況下，隨著線寬的變化，間距也會有對應的變化以保持與線寬相等。

對於圖 5-11 中的兩種圖形，以最左側線段圖形的右側邊緣為例來模擬蝕刻偏差，注意，當採用任何簡單的基於規則的蝕刻效應修正方式，兩種圖形中的該邊緣處都將因為基於相同圖形的寬度和間距而移動相同的數值。而在模擬中兩者存在著蝕刻偏差的差異，這種差異稱為鄰近偏差（proximity error）。透過對這種特定的佈局結構的模擬比較，基於規則的蝕刻效應修正導致的非隨機可預知的變異性可以得到量化評估。相似圖形邊緣的臨近偏差隨著蝕刻關鍵尺寸的變化關係如圖 5-12 所示。

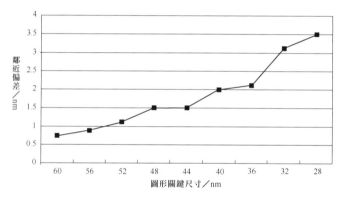

圖 5-12　相似圖形邊緣的臨近偏差隨著蝕刻關鍵尺寸的變化關係[6]

如同事先預料的，對於佈局 A 和佈局 B 而言，它們的蝕刻偏差並不相同，偏差值在從 1 nm 到 3.5 nm 的範圍內變化。隨著圖形關鍵尺寸的降低，佈局 A 和佈局 B 之間的差異變得越來越大。從偏差對關鍵尺寸的相對百分比隨著關鍵尺寸的變化關係可以看出，對於 60 nm 關鍵尺寸的圖形，兩種圖形的偏差小於 1%，但是當關鍵尺寸降到 30 nm 時，偏差卻超過 12%。值得注意的是，這些值僅是基於單一邊緣圖形的測試，當考慮圖形兩側邊緣的情況時，我們能看到偏差上升到 20% 以上。對於這種佈局結構，這個例子說明了為什麼基於規則的蝕刻效應修正方式對於大關鍵尺寸的圖形是充分有效的，而對於比較先進技術節點

下的圖形，如 40 nm 以下的圖形則有較大的波動，這是因為隨著圖形
尺寸的降低，鄰近效應變得更加顯著，而往常簡單的基於規則的蝕刻
效應修正無法解決這一問題。

為了定量地評估這種基於模型的蝕刻效應修正方式何時應該被使用，
透過模擬或收集大批實驗資料的分析，也可以在更寬範圍內具有各種
鄰近效應的複雜佈局上進行。

需要注意的是，使用簡單的變間距週期性圖形來表徵晶圓上的蝕刻偏
差並不能完全反映出由於鄰近圖形情況導致的蝕刻偏差上的變異性。
如果採用簡單的變間距週期性圖形來建構蝕刻修正規則，隨後使用同
樣簡單的圖形來驗證這些修正方法的有效性，則可能得出以下結論：
由於蝕刻偏差差異導致的關鍵尺寸變異性獲得了解決。如果採用基於
規則的蝕刻效應修正方案，透過仔細地探究那些在實驗中使用的測試
圖形集合來表徵修正的有效性，則可以發現鄰近效應導致的巨大差異。

隨著從基於規則的蝕刻效應修正向基於模型的蝕刻效應修正方式發
展，工程師面臨的問題將變得類似圖 5-11 所示的更加複雜。在當前主
流節點的設計規範下，對於有些層而言，佈局 B 一般是不存在的。當
移動到更先進的技術節點時，在某些層上，設計規範正變得越來越規
則。這些層可能會允許基於規則的蝕刻效應修正能夠繼續擴充使用下
去，因為涉及的佈局十分規則以致基於模型的修正方式可能並不必
要。然而，許多關鍵層並非是 100%均勻的，因此基於規則的蝕刻效
應修正存在很大的局限性，而這些層將是使用基於模型的蝕刻效應修
正方式的主要需求。

雖然基於規則的鄰近效應修正模型在修正蝕刻偏差中具有速度快的優
點，但是蝕刻偏差修正精度受限於先前測試佈局的結構類型。當實際

佈局出現新的圖形結構時，該方法的應用變得困難。此外，當測量的蝕刻偏差取決於除線寬和間距之外的其他因素時，如二維圖形結構密度、佈局中的斜坡輪廓，建立查詢表將變得複雜甚至不可能。隨著積體電路的關鍵尺寸的減小，這些問題已經逐漸凸顯出來。

5.3 基於模型的蝕刻效應修正

5.3.1 蝕刻製程建模

為了對蝕刻製程進行建模，需要清除導致蝕刻製程圖形扭曲的影響因素。一般而言，有晶圓（wafer）等級、裸晶（die）等級、晶片（chip）等級和圖形等級的蝕刻效應。晶圓等級的蝕刻效應主要是孔徑效應，而晶片等級的蝕刻效應則是微負載效應，圖形等級的蝕刻效應包括局部密度相關、深寬比相關等[7]。蝕刻效應示意圖如圖 5-13 所示。在圖 5-13（a）中，深寬比相關的蝕刻導致大的開口區域比小的開口區域蝕刻得更快，蝕刻速率隨著可視區域的波動而在垂直和水平方向上發生變化，該效應影響範圍在 1 μm 內。在圖 5-13（b）中，局部密度相關的蝕刻導致在低密度區比高密度區蝕刻得更快，而蝕刻速率在垂直和水平方向上也隨之變化，該效應影響範圍為幾微米。

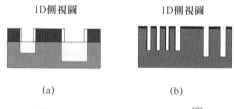

1D側視圖	1D側視圖
(a)	(b)

圖 5-13 蝕刻效應示意圖[7]

一般來說孔徑效應透過在晶片修正模型中施加一個固定的偏差來建

模，而微負載效應透過長程密度來建模，圖形等級的效應則透過短程
密度和視覺化的開口區域面積計算來建模（非線性視覺化模型），這
些方法在光罩最佳化領域中已得到廣泛研究並應用於蝕刻效應修正。
如 5.2 節所述，由於水平方向（側壁）的蝕刻和垂直方向（底部）的
蝕刻具有很強的連結，所以一般來說對水平方向圖形 CD 的修正，也
包含了對垂直方向蝕刻深度偏差的補償。由於光刻圖形很大程度上決
定蝕刻圖形，所以光刻和蝕刻需要密切結合起來進行建模。整合光刻
和蝕刻的模型透過光刻和蝕刻的協作最佳化能顯著提升蝕刻偏差模型
的有效性。

一個完全嚴格的蝕刻模型需要考慮腔室條件、製程條件、反應機制、蝕
刻速率等多種因素的影響，可以模擬出導致鄰近效應的所有物理機制，
包括氣相和表面傳輸、電荷影響等。目前的蝕刻製程建模方法如下。

（1）解析法：利用數學方程式的形式說明製程過程中涉及的反應機
制和因素，以及它們對蝕刻過程的影響，並透過對方程式的解
析，從而得到符合要求的參數和結果。

（2）幾何法：基於幾何模型，利用特徵製程參數或特徵製程模型，
透過特徵辨識來獲得三維立體模型的輸出。

（3）系統辨識法：應用神經網路模型，在輸入/輸出之間建立多輸入/
輸出的非線性映射關係，從而預測製程結果。

（4）基本原理模擬法：基於基本原理建立電漿蝕刻模型，涉及高頻、
高強度電場內的連續性、動量平衡和能量平衡方程式。

（5）經驗模型法：在很大程度上忽略基本的物理過程，僅從實際過
程行為的角度來將問題參數化。利用測量過程的輸入和輸出，
來確定一個輸出到輸入的數學模型。

目前有很多種蝕刻方法和模型[8~12]，如表 5-1 所示。

5.3　基於模型的蝕刻效應修正

表 5-1　蝕刻方法和模型整理

研究方法	模型名稱	研究方法與研究物件	特點和適用場合	局 限 性
解析法	表面動力學模型	描述物理過程	綜合分析各種因素；描述製程條件和反應機制；計算蝕刻速率	涉及多學科知識；針對特定條件；必須明確反應機制；計算難度大
	微表面反應模型	描述反應機制和過程	描述蝕刻原理和過程；定量分析反應機制	涉及多學科知識；針對特定條件；必須明確反應機制；計算難度大
	連續 CA 模型	描述蝕刻過程和輪廓演化	任意複雜二維、三維結構；模擬各種蝕刻和材料；實現高精度、高效率模擬	隨著模擬精度提高，模擬效率下降
	Wulff-Jaccodine 繪圖法	描述蝕刻過程和輪廓演化	三維模擬；各向異性、單晶體	不適合多晶體
幾何法	蒙地卡羅模型	描述粒子反應過程	輸出幾何圖形；模組化結構	計算量大
系統辨識法	基於 BP 的神經網路模型	製程參數求解、系統輸入和輸出關係描述	整體考慮製程過程；可獲得裝置的製程模擬模型；適合多輸入、多輸出、非線性及製程條件多樣化的場合	精度有待提高；不能準確預測製程過程中材料特性的變化
基本原理模擬法	混合等離子體模型	描述反應機制和過程	任意複雜二維、三維結構；模擬各種蝕刻和材料	僅關注離子在各個反應器中的分佈；並忽略了自由基流量數值影響
	模組化電漿反應器模擬器模型	描述反應機制和過程	任意複雜二維、三維結構；模擬各種蝕刻和材料；實現高精度、高效率模擬	僅適用於 ICP 反應器
經驗模型法	經驗模型	描述蝕刻過程和輪廓演化	結合實際製程參數與理論模型結合	需要正常的實驗資料預測結果

為了確保模型的運行速度，對模擬的複雜的蝕刻製程方面必須仔細選擇。對蝕刻臨近效應造成影響的最重要的是圖形密度和稀疏區對密集區的偏差程度，蝕刻偏差同圖形密度的典型依賴關係如圖 5-14 所示，其他的機制則會導致次級程度的影響。一般來說蝕刻偏差強烈依賴於鄰近圖形的形狀，以及佈局中某點出發可見開口區域的大小。主要的依賴因素是中性基團隱藏的影響，蝕刻偏差依賴於中性粒子的流量，而這種流量則與圖形的開口面積的大小有關。在光刻中，光學鄰近效應的影響範圍可以用光學直徑（optical diameter，OD）來定義[12]，即認為這個直徑以外的區域對本圖形成像的影響可以忽略不計，OD 與光源波長 λ 和數值孔徑 NA 相關。一般來說，對於數值孔徑為 1.35 的浸沒式光刻機，OD 取 1.5 μm 左右，相比之下，蝕刻效應的影響範圍為 3～6 μm，這是蝕刻鄰近效應和光學鄰近效應的主要區別之一。

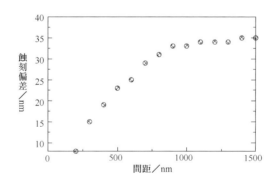

圖 5-14　蝕刻偏差同圖形密度的典型依賴關係[14]

5.3.2　基於模型的蝕刻效應修正概述

當反應粒子與基體表面碰撞時，因為蝕刻偏差受蝕刻反應粒子的數量及它們的入射角度和方向的影響，所以對整個晶片的蝕刻鄰近效應的嚴格模擬需要的計算量極大，導致嚴格物理模型在實際的大規模生產中應用不現實。因此，蝕刻鄰近效應修正必須基於經驗規則（基於規則的鄰近效應修正）或簡化模型（基於模型的鄰近效應修正）的探索方法。核心函數應用於基於模型的鄰近效應修正中如圖 5-15 所示。

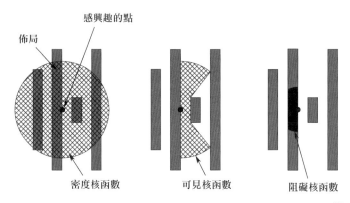

感興趣的點

佈局

密度核函數   可見核函數   阻礙核函數

圖 5-15　核心函數應用於基於模型的鄰近效應修正中[1]

在建立基於模型的鄰近效應修正（MB-EPC）時，一般不會選用基於表面分子動力學的建模方法。其主要原因在於：表面動力學模型的計算原理是先透過解動力學方程式得到粒子分佈函數，再利用離子和中性粒子流量、離子能量和角分佈等參數來計算蝕刻或沉積速率、產品的化學計量、表面覆蓋等，計算量極大導致計算速度難以滿足跨越晶片的模擬規模；另外，難以用大量的化學反應方程式描述和校準在蝕刻過程中發生的反應，以達到所需準確性和實際的可預測性[15]。

負載效應和孔徑效應是蝕刻過程中產生蝕刻偏差的主要影響因素，而這兩種效應與佈局圖形上的局部佈局密度及溝槽寬度或圖形間距等密切相關，因此，將蝕刻偏差解釋為圖形幾何參數形狀的函數是可行的。目前針對應用建立蝕刻模型的想法多是基於緊湊型數學模型，也稱作簡化模型。雖然缺乏完整的物理理論，但並不妨礙其預測蝕刻偏差的精度。在 MB-EPC 所應用的蝕刻製程場景中，反應氣體、溫度等條件參數通常是不會改變的，所以在建立簡化蝕刻鄰近效應校正模型過程中，通常將佈局特徵對蝕刻偏差影響作為其主要研究物件。

一般為了更進一步地描述負載效應和孔徑效應所帶來的蝕刻鄰近效應，各廠商會根據其製程情況選取不同的鄰近變數來描述，包括圖形密度（pattern density）、圖形間距（pattern separation）以及圖形粒度（pattern granularity）或溝槽寬度（trench width），而蝕刻偏差則通常使用蝕刻前和蝕刻後之差來反映。目前，各廠商通常使用的 VEB（variable etch bias）模型去校正蝕刻鄰近效應[15]。VEB 模型公式通常包含下式

$$b = \sum_{i,j,k} a_{i,j,k} \cdot d^i s^j g^k \qquad （5-2）$$

式中，b 是蝕刻偏差；d^i 是圖形密度；s^j 是圖形間距；g^k 是圖形粒度或溝槽寬度；$a_{i,j,k}$ 則是各個鄰近變數的係數。在實際生產中，$a_{i,j,k}$ 的值根據各鄰近變數對蝕刻偏差貢獻不同而確定。然而，隨著關鍵尺寸的縮小，與圖形密度相關的微負載效應逐漸佔據了影響蝕刻鄰近效應的主導地位。為了準確預測蝕刻偏差，VEB 模型逐漸換成包含不同核心函數與經驗參數的函數[1]

$$Etch\_bias = C_0 + C_1 \cdot Den_1 + C_2 \cdot Vis_1 + C_3 \cdot Blo_1 + C_4 \cdot Den_2 + \cdots \qquad （5-3）$$

式中，Den（the density kernel）是代表核心點鄰近圓內佈局密度的核心函數；Vis（the visible kernel）是代表核心點可見的鄰近圓內開放空間區域的核心函數；Blo 是代表核心點鄰近圓與最近的阻礙多邊形（the blocked kernel）重疊區域的核心函數[9]。係數 C_i 和在這個函數中的項數的值是根據經驗確定的，並且透過回歸來調整鄰近圓的半徑和係數 C_i 的值。MB-EPC 可以處理比 RB-EPC 更大範圍的圖形，但是仍然不

能達到令人滿意的 OCV（on-chip variation）。據估計，在 MB-EPC 應用之後，20 nm DRAM 元件的 OCV 仍然達到閘極尺寸的 15%。

5.3.3 蝕刻模型的局限性

儘管使用基於模型的蝕刻效應修正流程也有了一些成功的案例，但是相對光學和光刻膠模型那樣在光刻領域扮演極其重要的角色，蝕刻模型還遠遠談不上被廣泛應用。舉例來說，在最近的幾個技術節點中，每個關鍵層的光罩佈局都應用了基於模型的 OPC，許多選單參數使用了製程視窗 OPC 和製程視窗驗證，光刻模型被廣泛應用於幫助定義規則（ground rule）和檢測晶圓上的壞點（hotspot）中。相比之下，基於規則的蝕刻效應修正在大多數的時候仍然被用於補償蝕刻偏差。儘管蝕刻模型在一些驗證流程中獲得了應用，但是它們仍然沒有達到像光刻模型應用於光刻製程開發、規則分析和許多層的全晶片驗證同樣的程度。蝕刻模型還沒有被廣泛應用，主要有以下幾個原因[6]。

第一個原因是時間點。一些蝕刻製程開發落後於光刻製程開發，這是因為當光刻製程仍然在開發過程中時，難以在同樣技術節點上同時開發一個成熟的蝕刻製程。一旦穩定而可靠的光刻解決方案確定，蝕刻團隊才可以專注於更加先進的蝕刻製程開發。這表示蝕刻製程在先進性上有所流失，而針對尚在改進過程中的蝕刻製程進行建模自然也是極其困難的。當團隊意識到他們正在建模的製程可能需要頻繁改變時，他們通常不願意投入許多精力對蝕刻偏差的微小波動進行建模，一旦蝕刻裝置、材料、光刻解決方案或任何其他與蝕刻有關的改變發生時，準確的模型便會變得過時。

第二個原因是精確度。應用於大面積佈局模擬的蝕刻模型並不足夠準確，尚不足以擔負起確保蝕刻目標的重任。當前即使是最先進的基於模型的蝕刻修正流程的蝕刻偏差模型在經驗、二維佈局模擬等方面仍然存在著一些內在的不足：儘管模型在全晶片佈局上工作時運行速度足夠快，但它們仍然可能無法捕捉發生在垂直方向上的一些複雜的變異性。

第三個原因則是習慣性。因為在蝕刻製程期間發生的圖形依賴的尺寸波動經常能夠使用簡單的基於規則的蝕刻效應修正方案成功處理。從表徵和修正的觀點來看，這些簡單的方案使得它們成為處理圖形依賴波動問題時具有很大的優勢。在過去許多年中，基於規則的蝕刻效應修正方案已經相當成功，許多工程師不願意改變他們認為一向工作良好的方案。

然而在 14 nm 及以下技術節點，元件尺寸的持續微縮導致必須採用更嚴格的關鍵尺寸控制，由於局部佈局波動導致的蝕刻偏差的差異上也將變得更加重要，所以不能完全單獨採用製程提升和基於規則的蝕刻效應修正來解決。蝕刻需要採用更準確的方案來進行修正，在這種情況下，基於模型的蝕刻效應修正就成了一個必然的選擇。

5.4　EPC 修正策略

根據 5.3 節的說明，圖形轉移的品質依賴於光刻和蝕刻製程，特別是在先進節點下，兩種製程之間的相互影響不能再被忽略。OPC 和相關應用產品已經將高精度的蝕刻效應修正模型作為重要的組成部分和發展方向。通常光刻和蝕刻影響應該以順序和分級的方式（sequential and staged way）進行建模和修正：光刻膠或光刻模型被建立並應用於光刻效應的補償；蝕刻模型則用於蝕刻效應的補償。然而，對於這兩種存在相互影響的製程，為了更進一步地抓住顯影後的光刻圖形和蝕刻後圖形顯著的偏差特徵，將這兩種製程整合在一起進行模型修正是極其必要的。接下來，我們分析修正模型中的整合模擬方法，整個光刻模型資訊在蝕刻建模階段就被充分地考慮進來了，以達到光刻和蝕刻共最佳化的目的，透過調整光刻模型來更進一步地匹配蝕刻資料。

多重階段模型（multi-stage model）是基於不同製程步驟如光刻和蝕刻的順序修正建立的。因為每一步的製程都能被單獨最佳化，因此它具有單一製程模型準確性的優勢[15]。為了評估蝕刻對光刻模型的影響，在流程中，需要額外的模組來模擬蝕刻偏差。這方面的挑戰在於，需要將光刻和蝕刻模型整合起來校準模型和實現較高的驗證效率。模型流程包括不同的光刻和蝕刻效應修正，該方法如圖 5-16 所示[16]。

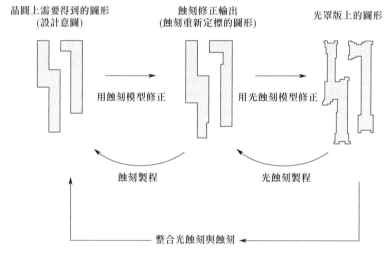

圖 5-16　採用分級和基於模型的蝕刻重新定標和光刻修正光罩合成流程[7]

在一個多重階段的正向建模流程中，光刻模型採用光罩 M 經顯影後的光刻圖形為 X，即

$$L(M) = X \qquad\qquad （5-4）$$

蝕刻模型將光刻圖形 X 轉移到蝕刻圖形上得到 D，即

$$E(X) = D \tag{5-5}$$

將光刻和蝕刻結合後得到

$$E(L(M)) = D \tag{5-6}$$

式（5-6）稱為一般情況下的光罩合成方程式，光罩合成的目的是將光罩圖形轉印在晶圓上得到所需的佈局圖形。採用分級修正，透過相互分離的光刻和蝕刻模型，可以分別求解式（5-4）和式（5-5）。

求解式（5-4）的過程就是 OPC，求解式（5-5）則是蝕刻重新定標（retarget）或修正式（5-4）得到更適合的光刻圖形。蝕刻重新定標是指在 OPC 步驟之前進行，施加一個偏差到圖形上。在蝕刻重新定標式（5-5）中，期望的晶圓圖形 D 可能在滿足設計意圖的同時具有一些變化，如某種程度的尖角圓化（corner rounding）。由於蝕刻重新定標是對蝕刻效應的修正，解式（5-5）將得到更準確的光刻目標圖形，因此得到更好的 OPC 效果。

一方面，分級修正流程（staged correction flow）對 OPC 來說是實用的，它透過兩個不同的模型來修正光學鄰近效應和蝕刻鄰近效應的影響；另一方面，將光刻和蝕刻模擬步驟整合到一個模型中提供了一個更全面的驗證流程，而多個不同模組的整合也更方便工程師持續地校正模型匹配參數。

一套典型的整合了光刻和蝕刻修正模型的全晶片光刻規則驗證框架包括光刻和蝕刻緊湊模型，流程如圖 5-17 所示。在光刻和蝕刻的晶圓測試圖形資料收集之後，光刻和蝕刻的經驗模型先被建立起來。儘管蝕刻模型校正需要利用來自光刻模型校正步驟的結果（最佳化的參數

值），但光刻和蝕刻模型能被分別校正。所有的光刻和蝕刻模型物件
都被整合到模擬流程中，這允許對模型組成和匹配參數進行修改和持續
的回歸。校正後的緊湊模型經過一個對光刻和蝕刻晶圓資料進行驗證
的流程。然後，整合了光刻和蝕刻模型的全晶片驗證得以執行（run）
以檢測輪廓情況，工程師需要仔細地檢查結果以辨識潛在的錯誤或蝕
刻後的缺陷，以及壞點和導致此壞點的影響因素。

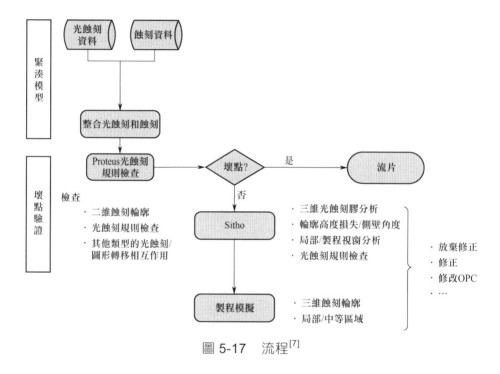

圖 5-17　流程[7]

在全晶片 OPC 模型中，確定壞點的方法可用於解釋光刻形貌的特徵。
嚴格的光刻模型能夠準確地對三維光刻膠形貌進行建模，它們僅在小
面積內適用，這是因為在經驗的光刻膠形貌基礎上，嚴格模型需要被
校正到極為準確的程度，這會導致極高的計算負載。採用嚴格計算的
光刻膠模型可在蝕刻步驟中減小壞點的風險，三維光刻膠形貌一旦確

認壞點後，便可以採用局部的修正方法來修復這一問題。解析度提升技術（RET）如次解析度光刻膠輔助圖形（SRAF）或相移光罩（PSM）技術都可以用於修復有風險的三維光刻膠圖形以降低它們對蝕刻缺陷的高敏感性。

5.5 非傳統的蝕刻效應修正流程

5.5.1 新的 MBRT 蝕刻效應修正流程

在傳統的基於模型的蝕刻效應修正中，光學、光刻膠和蝕刻效應透過使用輸入佈局作為最終的蝕刻目標，在一個步驟中得到修正。而這裡我們介紹一個新的基於模型的重新定標流程（model-based retargeting flow，MBRT）[4]，相對於傳統流程而言，蝕刻和光學、光刻膠製程的影響在模型校準和佈局修正中分別進行。這種方式使得對蝕刻和光刻膠目標的控制能夠實現變得更容易，從而大幅下降修正的執行時間。除此之外，它也使得修正後對光刻和蝕刻的驗證更為便捷。

新流程將原有的 OPC 修正反饋迴路分成兩個獨立的迴路，一個迴路用於蝕刻模擬，另一個迴路用於光學和光刻膠模擬。基於模型的重新定標修正流程如圖 5-18 所示，光刻膠和蝕刻的模擬與測量也實現了便捷的去耦合操作，而非相互影響。

這樣做的主要優點是執行時間更短，大大提高了效率。重新定標步驟只佔用了較小部分的 OPC 時間，而相比光刻、蝕刻進行單獨修正的 OPC，採用光學/光刻膠/VEB 模型的傳統的 OPC 流程則往往要花費超過 2.5 倍的時間。這主要是由於以下因素導致的：按傳統順序運行的修正流程使得互動作用距離增加了，這大大降低了模擬效率。而在基於模型的重新定標流程中，只有光學和光刻膠進行邊界相互作用，而蝕刻邊界則在另一個獨立步驟中處理，並不會導致執行時間的增加。

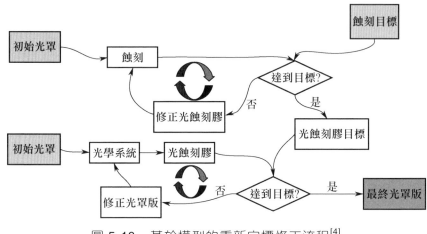

圖 5-18 基於模型的重新定標修正流程[4]

5.5.2 蝕刻效應修正和光刻解決方案的共最佳化

到目前為止，上述討論已經描述了相對簡單的蝕刻效應修正流程，我們假設存在一個實用且有效率的光刻和蝕刻效應修正解決方案，透過對蝕刻偏差的仔細表徵和建模能夠得到一個良好的蝕刻效應修正流程來達到補償所有蝕刻偏差的目的。

實際上，這種理想化的情況經常無法達成，某些情況下蝕刻效應修正會形成無法進行曝光的光刻目標，而建立蝕刻模型能夠揭示其原因。舉一個簡單的例子，蝕刻偏差縮小了相鄰小間距的線寬，如果蝕刻效應修正計算顯示這些光刻目標需要增加尺寸才能補償蝕刻後線寬的嚴重下降，那麼我們可能在小間距的線條中發現光刻後的圖形傾向於發生互連（bridging）或其他圖形缺陷的現象。

瞭解了這一點便可以明確部分蝕刻效應修正的策略。由於全蝕刻效應修正可能導致光刻圖形缺陷，因此蝕刻效應修正必須在高風險的區域被加以限制或縮減。這就表示蝕刻偏差需要被基於已知的光刻規則限制所約束，這種約束可能使偏差修正偏小，導致難以傳遞設計意圖，另外，沒有限制的偏差修正可能過大從而對晶片的可靠性、參數提取和電學性能產生負面的影響。

由於光刻和蝕刻越來越交換，它們中的任何一個解決方案都不應該被單獨最佳化。尋求最佳化的圖形解決方案以滿足設計意圖應該被視作全域性的最佳化問題，這些變數包括光罩尺寸、光刻目標尺寸和蝕刻製程偏差，所有這些都需要同時被表徵和解決。

根據光刻最佳化的經驗，對佈局的聯合最佳化可以採用模擬工具以相對快速和經濟的方式進行。透過使用好的模型，整體的 OPC、光刻、蝕刻協作最佳化解決方案能在相當廣闊的範圍和各種不同設計風格的佈局中得到應用，同時有問題的部分也能在驗證流程中得到確認。這種虛擬學習方式能夠使團隊更容易得到一個最佳化的解決方案，比僅採用實驗的方式更加快捷方便。透過模擬手段辨識壞點的能力也表示可以大規模地推廣到矽基應用以外的其他關鍵結構上，替代傳統的加強測量和形成大量設定（configurations）的方式。設計製程協作最佳化（DTCO）已經廣泛應用了光刻模型來研究佈局設定和設計規範。當準確的蝕刻偏差模型被用於蝕刻修正和驗證時，它們也能被用來加強這種 DTCO 模型，使其更為準確。

5.6 基於機器學習的蝕刻效應修正

5.6.1 基於類神經網路的蝕刻偏差預測

經過 5.4 節和 5.5 節的介紹，我們知道傳統的以規則和模型為基礎的蝕刻效應修正的方法被廣泛使用，但是對 20 nm 以下技術節點，已有的以規則和模型為基礎的方法在速度和準確性方面並不令人滿意。機器學習（machine learning，ML）作為突破 MB-OPC 局限性的解決方案，已被應用到光刻最佳化中，解決先進技術節點下的佈局最佳化執行時間顯著增加的問題[17~24]。機器學習包括兩個階段：訓練和測試[17]，如圖 5-19 所示。在訓練階段，機器學習模型首先接收已知圖形中的資料集(x, y)，x 可以是從佈局圖案提取的局部密度，y 可以是用於 OPC 的光罩偏差值，得到預測模型 $f(x)$ 並進行最佳化，使得所有訓練模式的預測值 $f(x)$ 與期望值 y 之間的差異最小。在測試階段，將從未知圖形中提取的參數向量輸入已訓練的模型，輸出預測值。

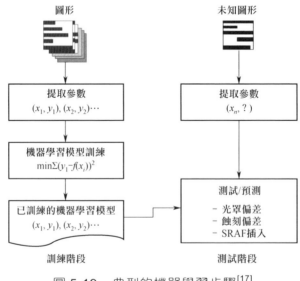

圖 5-19 典型的機器學習步驟[17]

以圖 5-20 為例，光刻佈局被分成許多邊緣片段。透過檢查其周圍環境，從每個分段中提取對應的幾何和光學參數，將這些參數輸入到類神經網路（ANN），輸出該片段的預測蝕刻偏差。

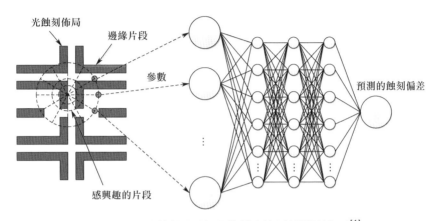

圖 5-20　基於機器學習的蝕刻偏差預測模型[1]

5.6.2　蝕刻鄰近效應修正演算法

蝕刻鄰近效應修正（EPC）透過提前修正設計佈局以補償蝕刻偏差導致的圖形尺寸，從而在晶圓上獲得設計所要求的蝕刻圖形。由於沒有分析函數來建立蝕刻效應模型，所以 EPC 不能以分析的方式進行，所以我們必須依靠試誤法（trial-and-error）。

典型的 EPC 演算法[1]，如圖 5-21 所示。假設輸入設計佈局 D_{in}，使之成為初始光刻圖形佈局 L（L1 行），如圖 5-22（a）所示，輸出經校正的光刻圖形佈局 L_{out}，預期其會產生理想的蝕刻圖形。L 被不斷疊代修改（L2 行～L7 行），其目的是使預期蝕刻圖形 D 盡可能地接近設計佈局（蝕刻圖形）D_{in}。將初始光刻圖形佈局 L 的每一段參數化並輸入到 ANN，其返回（L3 行）一組令所有片段都符合預期的蝕刻偏差。預期蝕刻佈局如圖 5-22（b）所示，L 的每個邊緣在預期的蝕刻偏差之後移動，產生預期蝕刻佈局 D（L4 行）。然後，將得到的預期蝕刻佈局 D 與設計佈局 D_{in} 進行比較。將 D_{in} 和 D 邊緣之間的距離定義為邊緣位置誤差（edge placement error，EPE）並進行建模，如圖 5-22（c）所示，測量每個 D_{in}（L5 行）片段中心的 EPE。透過將當前佈局 L 的每個片段以與 EPE 相反的方向移動 $\alpha \times$EPE 的距離來構造新的 L（L7 行），其中 α 是用於提高收斂的使用者定義的係數。如果最大 EPE 的幅度小於設定值 ε，則疊代停止；否則會一直持續到使用者定義的疊代計數為止。

Input：A design layout Din

Output：A litho layout Lout

L1：　L ←Din

L2：　**repeat** for max_iterations

L3：　　　　　A set of biases ←ANN(a set of segments from L)

L4：　　　　　D←ETCH(L, a set of biases)

L5：　　　　　A set of EPEs←Measure_EPE(Din,D)

L6：　　　　　**if** EPE max≤ **then** Exit loop

L7：　　　　　L←CORRECT(L ,−α×a set of EPEs)

L8：　**return** Lout←L

圖 5-21　EPC 演算法[1]

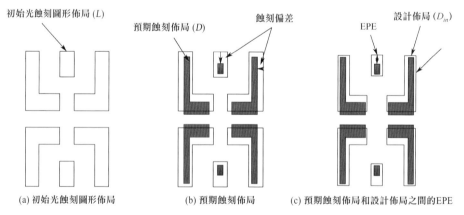

(a) 初始光蝕刻圖形佈局　　　(b) 預期蝕刻佈局　　(c) 預期蝕刻佈局和設計佈局之間的EPE

圖 5-22　光刻圖形佈局與蝕刻佈局的比較示意圖[1]

5.6.3 基於機器學習的蝕刻偏差預測模型案例

下面展示用於建立基於機器學習的一維圖形蝕刻偏差預測模型的部分程式，主要包含模型的訓練過程：首先獲取預先從佈局中提取的 feature_data_extract.xlsx 參數檔案中的表單；然後自訂提取表單中資料的函數 DataCelloction，利用自訂函數匯入線寬、週期和蝕刻偏差等資料；接著，為了方便模型訓練，對資料進行歸一化操作；最後將資料分為訓練集和測試集。程式如下，供讀者參考。

```python
import numpy as np  #numpy 用來儲存和處理大型矩陣
import matplotlib.pyplot as plt       #從 matplotlib 函數庫中引入繪圖函數
from openpyxl import load_workbook  #openpyxl 函數庫專門處理 xlsx 檔案
from sklearn.preprocessing import StandardScaler  #對資料去平均值和方差歸一化
from sklearn.neural_network import MLPRegressor  #引入回歸多層感知機訓練模型
from sklearn.model_selection import train_test_split  #將資料分為訓練集和測試集


#將 Excel 中的資料匯入及整理
wb = load_workbook(filename='C:/Users /Desktop/feature_data_extract.xlsx')
#匯入工作表
sheetnames =wb.get_sheet_names()  #獲得表單名字
sheet = wb.get_sheet_by_name(sheetnames[2])  #從工作表中提取某一表單


def DataCelloction(sheet,n_column):  #提取表單中的資料
    LIST = []
    for cell in list(sheet.columns)[n_column]:
        LIST.append(cell.value)
    LIST = np.array(LIST)
return LIST


#提取線寬、週期和蝕刻偏差等資料
pitch_list = DataCelloction(sheet,0)
line_list = DataCelloction(sheet,1)
etch_bias_list = DataCelloction(sheet,4)
```

```
#建構線寬、週期和蝕刻偏差陣列
X _train = np.vstack((line_list,pitch_list))
X = np.transpose(X_train)
y = etch_bias_list

#資料歸一化
scaler = StandardScaler()
scaler.fit(X)
X = scaler.transform(X)

#將資料分為訓練集和測試集
X_train,X_test,y_train,y_test=
train_test_split(X,y,test_size=0.2,random_state=666)
```

本章參考文獻

[1] Shim S, Shin Y. Machine Learning-Guided Etch Proximity Correction[J].
     IEEE Transactions on Semiconductor Manufacturing, 2017, 30(1): 1-7.

[2] Granik Y. Correction for etch proximity: new models and applications[C].
     Proc SPIE, 2001, 4346: 98-112.

[3] Salama M, Hamouda A. Efficient etch bias compensation techniques for
     accurate on-wafer patterning[C]. SPIE Advanced Lithography, 2015,
     94270X:1-7.

[4] Shang S, Granik Y, Niehoff M. Etch proximity correction by integrated
     model-based retargeting and OPC flow[C].Proc SPIE, 2007, 6730:
     67302G-1.

[5] Drapeau M, Beale D. Combined resist and etch modeling and correction for
     the 45-nm node[C].Proc SPIE, 2006: 634921.1-634921.11.

[6]   Stobert I, Dunn D. Etch correction and OPC, a look at the current state and future of etch correction[C]. Proc SPIE, 2013, 8685: 868504.

[7]   Zavyalova L V, Luan L, Song H, et al. Combining lithography and etch models in OPC modeling[C].Optical Microlithography XXVII. International Society for Optics and Photonics, 2014, 9052: 905222.

[8]   於驍, 周再發, 李偉華, 等. 等離子體蝕刻製程模型研究進展[J]. 微電子學，2015, 45(1).

[9]   蔣文濤, 方玉明, 俞佳佳, 等. MEMS 蝕刻製程模擬模型及研究進展[J]. 微電子學，2015(5):661-665.

[10]   張汝京. 奈米積體電路製造製程[M]. 北京：清華大學出版社，2014.

[11]   Hopwood, J. Review of inductively coupled plasmas for plasma processing. Plasma Sources[J]. Science and Technology, 1992, 1(2):109-116.

[12]   韋亞一. 超大型積體電路先進光刻理論與應用[M]. 北京：科學出版社，2016.

[13]   Donnelly V M, Kornblit A. Plasma etching: Yesterday, today, and tomorrow[J]. Journal of Vacuum Science & Technology A Vacuum Surfaces and Films, 2013, 31(5):1-48.

[14]   Beale D F, Shiely J P. Etch Modeling In RET Synthesis and Verification Flow[C]. Proc SPIE，2005, 5853:607-613.

[15]   Granik Y. Correction for etch proximity: new models and applications[C]. International Symposium on Microlithography. International Society for Optics and Photonics, 2001.

[16]   Beale D F, Shiely J P. Etch modeling for accurate full-chip process proximity correction[J]. Optical Microlithography XVIII. International Society for Optics and Photonics, 2004, 5754: 1202-1209.

[17] Shim S, Choi S, Shin Y. Machine learning (ML)-based lithography optimizations[C]. Circuits and Systems (APCCAS), 2016 IEEE Asia Pacific Conference on. IEEE, 2016: 530-533.

[18] Beale D F, Shiely J P. Etch modeling for accurate full-chip process proximity correction[J]. Optical Microlithography XVIII. International Society for Optics and Photonics, 2004, 5754: 1202-1209.

[19] Beale D F, Shiely J P, Melvin III L L, et al. Advanced model formulations for optical and process proximity correction[C]. Proc SPIE, 2004, 5377: 721-729.

[20] Beale D F, Shiely J P, Rieger M L. Multiple stage optical proximity correction[C]. Proc SPIE, 2003, 5040: 1203.

[21] Park J G, Kim S, Shim S B, et al. The effective etch process proximity correction methodology for improving on chip CD variation in 20 nm node DRAM gate[C]. Design for Manufacturability through Design-Process Integration V. International Society for Optics and Photonics, 2011, 7974: 79740Y.

[22] Ng R T, Han J. CLARANS: A method for clustering objects for spatial data mining [J]. IEEE transactions on knowledge and data engineering, 2002, 14(5): 1003-1016.

[23] Shim S, Shin Y. Etch proximity correction through machine-learning-driven etch bias model[C]. Proc SPIE, 2016, 9782, 97820O:1-10.

Chapter 06

可製造性設計

在傳統的設計流程中，佈局做 OPC 之前的最後一步是設計規範檢查（design rule check，DRC）。DRC 中使用的設計規範一般都比較簡單，通常是對圖形的幾何尺寸做檢查，舉例來說，線寬不能小於多少（minWidth）；線條之間的距離不能小於多少（minSpace）；相鄰圖形角與角之間的距離不能小於多少（minC2C）。能夠透過 DRC 的佈局稱為好的佈局（good layout），被傳送到 Fab 做 OPC 處理（設計公司稱為流片"tapeout"）。隨著佈局尺寸的減小，DRC 的設計規範不斷增多。在邏輯元件 28 nm 技術節點，設計規範可多達幾千筆。這些 DRC 的規則都來自實際生產，是對製程極限的歸納總結（特別是光刻製程），所以又稱之為基於經驗的 DRC（rule-based DRC）。

儘管使用的規則越來越多，但 DRC 仍然不能夠發現佈局上所有影響製造良率的問題。於是，業界提出了可製造性設計（design for manufacture，DFM）的概念[1]。DFM 是對 DRC 的補充，它對設計佈局做製程模擬，從中發現影響製造良率的圖形，並提出修改建議。這些佈局修改建議又被稱為建議規則（recommended rule，RR）。這種製程模擬可以包括所有可能的製造製程單元，即不僅包括光刻，還包括蝕刻（etch）、化學機械研磨（chemical mechanical polishing，CMP）等。模擬所使用的模型是由這些製程單元提供的。所以從這個角度來看，DFM 實際上是一種基於模型的 DRC（model-based DRC）。一個成功的 DFM 必須既能發現問題，又能為解決這些問題提供幫助。

6.1　DFM 的內涵和外延

6.1.1　DFM 的內涵

在較大尺寸的技術節點（如 0.25 μm 以上），積體電路設計完成後，製造總能滿足設計的需求。那時，包含有設計規範的設計手冊（design rule manual）和元件的電學模型（spice model）是製造廠提供給設計公司的全部資訊。到了 2000 年以後，元件尺寸按摩爾定律變得越來越小，製造製程技術已經不能完全滿足設計的要求，也就是說，製造不再能完成設計的所有圖形。製造必須基於自己的製程能力對設計有所約束，這種約束有兩種做法。第一種做法是提供更多的設計規範，進一步限定設計圖形的尺寸，即嚴格限制設計規範（restrictive design rule，RDR）。但是，複雜的二維圖形是很難用一組幾何尺寸來描述的，而且製造實際上關注的是製程視窗，即只要製程視窗足夠大，製造就沒有問題，於是就產生了第二種做法。

第二種做法是在佈局設計的流程中增加一系列模擬。使用專用軟體對佈局做製程模擬，舉例來說，光刻製程模擬可以發現佈局中製程視窗較小的圖形（又叫壞點，hotspot）。CMP 模擬可以發現佈局中哪些區域圖形密度太低，需要增加不具有電學功能的填充圖形（dummy pattern）等。設計工程師可以根據模擬的結果對佈局做進一步修改和最佳化，提高其可製造性[2]。這種做法稱為可製造性設計。與 RDR 相比，DFM 並沒有採用一種不是通過（pass）就是失敗（fail）的做法，它透過模擬確定佈局上可能導致製程失敗的圖形及其失敗的機率，為設計工程師提出修改的建議。GR（ground rule）是 DRC 要求的規則，RR 被稱為 DFM 建議規則。DFM 的評分模型（scoring model）能定量地描述某一個建議規則（RR）被違反的程度。兩者的區別，可以用金屬（metal）與導通孔（via）之間的接觸來說明，如圖 6-1 所示。圖中的兩個設計均通過了 DRC，但都不同程度地違反了 DFM 的要求。從製造的角度來看，金屬的端點會收縮，即金屬端點可以在圖 6-1 中 GR與 RR 之間。為了保證導通孔與金屬的有效接觸，導通孔與金屬端點的距離必須大於 GR；它們的距離越大，導通孔與金屬的接觸就越可靠。圖 6-1 中下圖的設計與上圖的設計比較，顯然，下圖的設計導通孔與金屬的接觸更可靠。

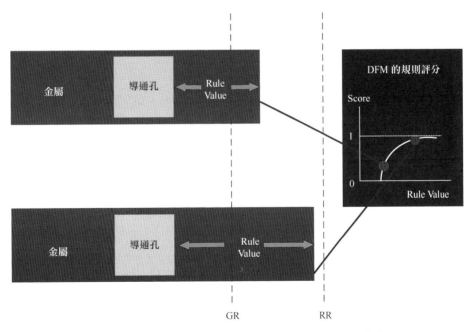

圖 6-1　兩組金屬（metal）與導通孔（via）設計佈局

這裡需要指出的是，DFM 的模擬功能與代工廠（foundry）所做的模擬（如光刻的 OPC）功能是不同的[3]。光刻 OPC 模擬功能與 DFM 模擬功能的比較如圖 6-2 所示。OPC 模型的唯一目的是精確模擬光罩圖形轉換到光刻膠上的過程，光罩成像的非線性特徵（mask nonlinearity）也必須包含在 OPC 模型中。OPC 模擬是在特定製程條件下的模擬，其模型的精確性是透過數值擬合光罩圖形與光刻膠圖形的連結性來保證的。而 DFM 模擬則具有不同的目的，是為了判斷佈局的可製造性，其使用的模型可以比 OPC 模型粗略，但需要考慮的因素更多。對 DFM 模型準確性的要求是，能夠幫助設計工程師做出正確的製程判斷。

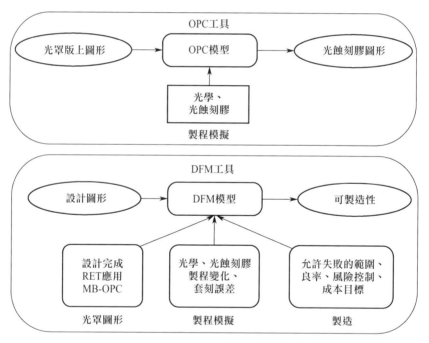

圖 6-2　光刻 OPC 模擬功能與 DFM 模擬功能的比較

也有些公司在佈局設計過程中不做模擬，而是使用代工廠（"tapeout"之後）的模擬結果（如做 OPC 時發現的 hotspots）回饋到設計端，再引導工程變化（engineering change orders，ECO）來修正佈局。這種 ECO 通常會導致流片的延誤和設計成本的增加。

DFM 對佈局修改的準則是以比較低的代價實現滿意的結果，而非不計代價追求最佳的結果。其實，DFM 追求的不僅是佈局的可製造性，更重要的是可以以比較低的成本（cost effective）來製造。從過去的實踐來看，DFM 只適合解決 DRC 無法解決的遺留問題，這些問題可能是很基本的、影響很大的。所以，DFM 是對 DRC 的補充，兩者結合保證了佈局的可製造性。在小技術節點，佈局中包含有多種複雜圖形，這些圖形的週期都很小。在製造過程中圖形之間會相互影響，如光刻品質的好壞與周圍圖形的大小、形狀、位置極其相關。這種相互影響的範圍已經是圖形週期的幾倍甚至幾十倍了。而傳統的設計規範只是描述圖形局部的幾何尺寸，這種簡單的參數式的設計規範已經不能保證製程良率了。所以，當圖形之間的相互作用超越了一定的複雜度，設計規範（design rules）必須被影響良率的圖形資料庫（libraries of yield-impacting patterns）代替。也就是説，DRC 中使用的局部幾何尺寸參數正在被圖形資料庫代替，這個圖形資料庫就是依靠模擬產生的（最好是經過測試圖形的晶圓資料驗證）。做 DRC 時，就是把設計佈局分解後與圖形資料庫中的內容做比對。

也有些設計公司把 DFM 的模擬結果歸納成一系列規則（稱為 DFM 規則），合併到 DRC 中。這樣 DRC 就變得更複雜，DRC 的規則就演化成了兩個層面（two-tier system），即必須滿足的規則（對應傳統的 DRC 部分，又叫"required rules"）與建議滿足的規則（對應 DFM 的部分，又叫"suggested rules"）。而且，隨著佈局上圖形尺寸的進一步縮小，DRC 又進一步演化為三個（three-tier system）或多個層面的檢測。每個層面的規則對佈局有不同程度的要求。

6.1.2 DFM 的外延

隨著積體電路設計與製造技術的不斷發展，DFM 概念也在不斷地外延。

DFM 還是 MFD？ DFM 是指佈局設計必須兼顧到可製造性，而 MFD（manufacturing for design）正好與之相反。MFD 是指製造製程必須能滿足設計的要求，即必須根據設計的要求來研發製造製程。目前業界普遍接受的觀念是 DFM，而非 MFD，其主要的原因是晶圓代工廠（foundry）的普及。晶圓代工廠都比較大，服務於諸多設計公司。在新的技術節點，代工廠通常只研發一種主流製造技術（technology platform），以這個技術作為製造平台，提供給設計公司。所以，設計公司必須保證自己的設計在這個製造平台上具有高可製造性。當然，對於一些大的設計公司，或是設計-製造一體化（integrated designer and manufacturer，IDM）的公司，MFD 的概念也是適用的。

提高良率的設計（**design for yield，DFY**）。DFY 是指佈局設計不僅要保證可製造性，而且要保證製造出的晶片有較高的良率。在較小尺寸的技術節點，我們發現，即使符合 DFM 規則製造出來的晶片，其元件的良率（yield）也存在較低的現象。為此，在佈局設計流程中必須增加保證元件良率的部分，即 DFY。DFY 可以是 DFM 的一部分，也可以作為一個獨立的工作模組在設計流程中存在。這裡的良率是指製造完成後元件是否符合電學性能要求，而不檢查其性能隨時間的變化。元件性能隨時間的變化屬於可靠性的問題。

提高可靠性的設計（**design for reliability，DFR**）。可靠性（reliability）是晶片的基本性能指標，即晶片製造完成後能夠在一定時間、一定條件下無故障運行的能力。可靠性不好，會導致晶片在使用過程中性能參數發生較大的漂移，舉例來說，BTI（bias temperature instability）、EM（electromigration）等。DFR 一般要求設計具有較大裕度（margins），但這會導致元件性能的下降，而且也不能解決電路壽命的不確定性。因此，如何模擬這種變化和不確定性，以及如何權衡性能與可靠性是目前 DFR 的研究重點。

隨著積體電路設計與製造技術的進步，DFM 的外延還在不斷擴大[4]。舉例來說，最近提出的針對製程變異的設計（design for variability）和針對對比值的設計（design for cost and value）。製造過程存在著各種變化和差異，舉例來說，同一批晶圓盒（lot）中晶圓之間的差異、晶圓內不同區域之間的差異、不同製程裝置之間的差異等。設計必須考慮這些製造製程中的變化，即如何設計電路使之能容忍這些變化和製程的不穩定性。

6.2　增強佈局的穩固性

DFM 最初並不是因為光刻提出來的，它起源於對物理設計的特徵化（physical design characterization），即為了增大佈局的穩固性（robustness），使之不受隨機或系統性製程變異的影響。物理設計特徵化的 DFM（PD-DFM）主要來源有三個：第一個是工廠以前技術節點的經驗累積；第二個是從製程研發過程中的問題歸納出來的；第三個是有些推薦的設計方法，逐步演變成 DFM 的規則，舉例來說，單一方向的閘極（unidirectional gates）在變成 DFM 規則之前已經在幾個節點中被推薦使用。這些 DFM 規則可以保證佈局在設計時就是正確的，而非依靠設計後檢查和修改才符合 DFM 要求的。

6.2.1　關鍵區域分析（CAA）

關鍵區域分析（critical area analysis，CAA）會定量地分析一個佈局對隨機缺陷（random defects）的敏感度。隨機缺陷是指無法系統控制和預測的缺陷，包括光刻膠或其他材料上的隨機粒度、元件中影響電學性能的缺陷。這種缺陷會導致斷路、短路、漏電、V_t 漂移、遷移率（μ）變化等。注意，隨機缺陷並不一定會導致元件性能的完全故障。一般來說，隨機缺陷導致的良率損失程度與缺陷的大小、密度、對功能的影響，以及在佈局上的位置有關。

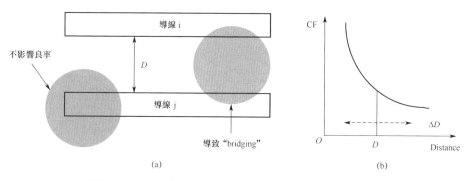

圖 6-3　外來粒度導致故障可能性的分析示意圖

關鍵區域（critical area，CA）是指佈局上對缺陷敏感的區域，這種缺陷通常是製程中的外來粒度。外來粒度在關鍵區域的存在，會導致電路的斷路或短路。它們分別稱為斷路易發生的區域（open critical area）和短路易發生的區域（short critical area）。對元件來說，斷路和短路都是災難性的故障（catastrophic functional failure）。可以建立數學模型來計算良率與外來粒度尺寸和密度的關係，這種分析方法稱為 "shape expansion method"[5]。圖 6-3（a）是位於導線（導線 i 和 j）區域的外來粒度示意圖。對於指定尺寸的外來粒度，導線之間的距離（D）越大，則出現故障（critical failure，CF）的機率就越小，如圖 6-3（b）

所示。文獻[5]詳細介紹了蒙地卡羅（Monte Carlo）方法，使用該方法可以估算出在指定粒度尺寸下的關鍵區域面積。

佈局設計必須設法減少關鍵區域的面積。這一工作最好是在單元資料庫（library）的建立過程中完成，這樣就會避免其在整個佈局中的重複出現。所以，有效的做法是減少每一個標準單元（standard cell）中關鍵區域的面積。在佈線完成後，尋找可能的區域來增大線條之間的距離。這樣做可以使線條分佈得更均勻，對隨機缺陷不敏感。這種佈線方式稱為"wire bender" 或 "wire spreader" [6]，如圖 6-4 所示。

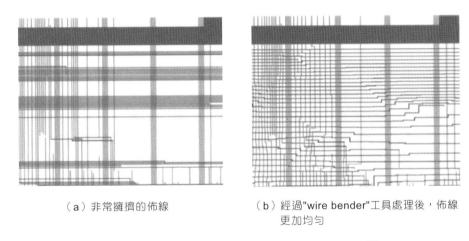

（a）非常擁擠的佈線　　　　　　（b）經過"wire bender"工具處理後，佈線更加均勻

圖 6-4　把擁擠的佈線轉化為比較均勻的佈線[6]

6.2.2　增大接觸的可靠性

積體電路是依靠平面製程一層一層製備出來的，相鄰層之間的連接依靠垂直的導電柱。這些導電柱圖形對應的光刻層稱為接觸（contact）層或導通孔（via）層。在前段（FEOL）或中段（MOL）中通常稱為接觸，它實現電晶體源極、閘極、汲極與上層金屬的連接；在後段

（BEOL）中通常稱為導通孔，它實現金屬層之間的連接。在製備接觸層或導通孔層時，有兩種情況會影響製程的良率。

第一種，單一接觸孔的電學可靠性不夠高，必須有一定的容錯（redundant）。為此，在佈局面積允許的情況下，通常要求增加重複的接觸或導通孔（redundant contact or via）。舉例來說，佈線後，軟體能找到金屬層之間只有單一導通孔的連接，自動地插入容錯導通孔（redundant via）。容錯接觸或導通孔可以增加在原佈局中的空白區域，這樣原佈局不需要改動；在增加容錯接觸或導通孔後，佈局也可以進一步修改和最佳化。這兩種增加方式各有利弊，如表 6-1 所示。對於密集的佈局（如記憶體件的核心區域），由於幾何面積的限制，通常不允許有多餘的接觸（contacts）。

表 6-1　增加容錯接觸的利與弊

容錯接觸的增加方法	特　　點	缺　　點
佈局不改動 （增加空白區域）	透過設計規範來保證可製造性；增加的容錯可以防止隨機粒度阻塞接觸	可能增大寄生電容、影響電路時序
增加接觸後原佈局做改動，但保持佈局面積不變	可以增大新佈局的可製造性和元件的可靠性（如減少電遷移）	增加 EDA 工具的使用、增加設計階段和花費

第二種，接觸或導通孔與所要連接的部分覆蓋得不好。如圖 6-5（a）所示，光刻和蝕刻製程的不完善性使得線條端點收縮，導通孔與線條的接觸小於 100%，導致接觸電阻增大。為此，DFM 要求導通孔位置與線條端點之間的距離必須大於一定的值，即線條端點向右延伸，以保證它們之間有較大的覆蓋，如圖 6-5（b）所示。

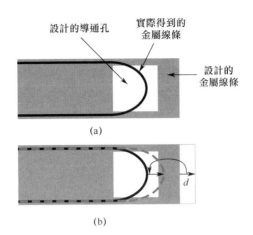

圖 6-5　金屬線條與導通孔之間的連接示意圖

6.2.3 減少閘極長度和寬度變化對元件性能的影響

圖 6-6 是擴散層和閘極層的佈局及其在晶圓上的對應圖形（contour）。由於製程解析度的限制，佈局上高空間頻率的部分（如方角），在晶圓上就成了平滑的圖形。這種製程導致的扭曲，就使得在不同位置，閘極的寬度（W）不一致，如圖 6-6（a）所示；閘極的長度（L）也不一致，如圖 6-6（b）所示。這種現象發生於圖形的方角處，所以又被稱為方角效應（corner effect）。閘極長度和寬度的起伏會導致元件電學性能的不穩定，舉例來說，導通時源汲之間飽和電流（I_{on}）和截止時漏電流（I_{off}）的變化。實驗結果顯示，閘極尺寸改變 10%對應 I_{on} 和 I_{off} 的變化是–15%～25%[7]。

為此，在佈局設計時必須充分考慮這些因素，增加設計規範使得覆蓋閘極通道區域（active area）在擴散阱上的閘極長度和寬度保持不變，如圖 6-6（c）所示，增大佈局上的 d，使得模擬得到的 G_1、G_2、G_3 基本一致。這裡需要強調的是，以上介紹的問題並不一定導致元件性能的故障。DFM 軟體必須對每一種壞點，基於代工廠提供的資料，做分析計算出其性能故障的機率（failure rate），這樣就可以定量地評估這些壞點的影響。像圖 6-6（c）這樣對佈局做較小的修改（使之更易於製造）在設計過程中是經常發生的，設計工程師不希望這種對佈局的擾動影響流片的進度。為此，DFM 工具必須具有這樣的靈活性。

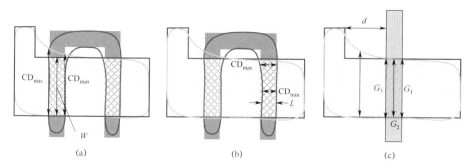

圖 6-6　擴散層和閘極層的佈局及其在晶圓上的對應圖形

6.2.4　佈局穩固性的評分模型

基於以上分析，我們可以對佈局設計提出 DFM 規則，這些規則屬於建議性的（RR）。DFM 軟體通常會設定一個評分模型（DFM scoring model），對違反這些 RR 的程度列出定量的描述[8]。下面分別舉例討論。

第一個例子是導通孔與金屬線的重疊（簡稱規則 a），如圖 6-7（a）所示。圖中(EnclosureArea)$_{Ground}$ 表示 DRC 要求導通孔與金屬線之間重疊的面積，這是「必須有的」（must to have），低於這個面積則 DRC 失敗（DRC fail）。(EnclosureArea)$_{Recommended}$ 表示 DFM 建議的導通孔與金屬線之間重疊的面積，這是「最好有的」（best to have）。(EnclosureArea)$_j$ 表示模擬計算得到的導通孔與金屬線之間重疊的面積，這是「實際有的」，j 表示佈局上不同的位置。定義一個權函數

（weight function）來定量描述實際結果相對於 DRC 規則與 DFM 規則
的偏差

$$\text{Wt}_j = \beta_a \times \left[\frac{(\text{EnclosureArea})_{\text{Recommended}} - (\text{EnclosureArea})_j}{(\text{EnclosureArea})_{\text{Recommended}} - (\text{EnclosureArea})_{\text{Ground}}} \right]^{\alpha_a} \qquad （6\text{-}1）$$

式中，α_a 和 β_a 是對應這一規則的參數，a 是規則的程式（在本例中表
示導通孔與金屬線的重疊）。當模擬結果與 DRC 規則要求一致時，式
（6-1）括號內的項等於 1；當模擬結果與 DFM 規則要求一致時，括
號內的項等於 0。對佈局上所有位置（j）的權函數（規則 a 適用的位
置）求指數和，就得到規則 a 的 DFM 分數

$$\text{Score}_a = \sum_{j=1}^{n} \exp\left(-\left(1 - \text{Wt}_j\right) \times \text{FR}_a\right) \qquad （6\text{-}2）$$

式中，FR_a 是規則 a 的參數，n 是佈局上違反規則 a 的總數目。

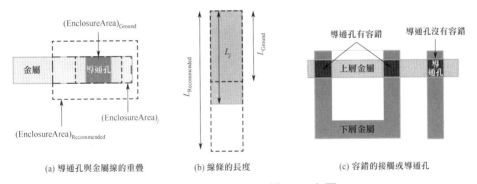

(a) 導通孔與金屬線的重疊　　(b) 線條的長度　　(c) 容錯的接觸或導通孔

圖 6-7　DFM 的評分模型示意圖

第二個例子是線條的長度（簡稱規則 b），如圖 6-7（b）所示。圖中
L_{Ground} 表示 DRC 要求的線條長度，這是「必須有的」低於這個長度
DRC 就失敗。$L_{\text{Recommended}}$ 表示 DFM 建議的線條長度，這是「最好有

的」。L_j 表示模擬計算得到的線條長度，這是「實際有的」，j 表示佈局上不同的位置。與規則 a 類似，規則 b 的權函數（weight function）定義為

$$\mathrm{Wt}_j = \beta_b \times \left[\frac{L_{\mathrm{Recommended}} - L_j}{L_{\mathrm{Recommended}} - L_{\mathrm{Ground}}} \right]^{\alpha_b} \qquad (6\text{-}3)$$

整個佈局上規則 b 的 DFM 分數為

$$\mathrm{Score}_b = \sum_{j=1}^{n} \exp\left(-\left(1 - \mathrm{Wt}_j\right) \times \mathrm{FR}_b\right) \qquad (6\text{-}4)$$

第三個例子是容錯的接觸或導通孔（簡稱規則 c），如圖 6-7（c）所示。規則 c 的權函數定義比較簡單，一個金屬線上有容錯導通孔的，其權重是 0；否則是 1。整個佈局上規則 c 的 DFM 分數如式（6-6）所示，其中 n 是佈局上導通孔的數目。

$$\begin{cases} \mathrm{Wt}_j = 0, & \text{若有容錯接觸或通孔} \\ \mathrm{Wt}_j = 1, & \text{若無容錯接觸或通孔} \end{cases} \qquad (6\text{-}5)$$

$$\mathrm{Score}_c = \sum_{j=1}^{n} \exp\left(-\left(1 - \mathrm{Wt}_j\right) \times \mathrm{FR}_c\right) \qquad (6\text{-}6)$$

6.3　與光刻製程連結的 DFM

在積體電路的諸多製造製程中，光刻是最為關鍵的。光刻製程負責把設計佈局一層一層地製備到晶圓上。積體電路技術節點的推進，要求佈局上圖形的密度每十八個月至兩年提高一倍（摩爾定律），正是光刻製程的發展支撐了這種佈局密度的提高。從可製造性角度來考慮，

佈局在光刻時必須具有較大的製程視窗（process window，PW）。這裡的製程視窗是指共同製程視窗（common PW），即佈局上所有圖形的光刻製程視窗必須重疊得很好。關於光刻製程的可製造性定義及評估方法，讀者可以參考文獻[9]。一個佈局上通常有各種不同的圖形，有些圖形的光刻製程比較困難，這些困難的圖形會導致佈局共同製程視窗的損失。我們把這些困難圖形稱為壞點（hotspots）。佈局上的壞點不被修改，則每次曝光都會影響製程良率，即導致系統性的良率問題。

6.3.1 使用製程變異的頻寬（PV-band）來評估佈局的可製造性

製程變異的頻寬（process variation band，PV-band）是指在光刻中引入製程參數的變化所導致的曝光結果的變化範圍。這些製程參數一般包括曝光能量、聚焦值、光罩上圖形尺寸。它們的變化範圍由製程水準確定，一般由 Fab 提供。本方法的前提條件是光刻模擬的模型已經具備，並且做了適當校正，以提高其準確性[10]。

首先對佈局上的圖形做 PV-band 計算，輸入為設計階段的佈局。PV-band 的計算方法如圖 6-8 所示。計算可以使用工廠提供的光刻模擬模型，也可以使用未經修正的空間影像模型（aerial image model）。PV-band 的計算方法：對製程視窗中不同位置處做光刻模擬，計算出光刻膠上的圖形，如圖 6-8（a）所示。圖 6-8（a）中只考慮了曝光劑量（dose）和聚焦值（focus）的變化，右側灰色區域對應 PV-band，即光刻製程參數變化導致的光刻膠上圖形的變化範圍。不管光刻製程參數如何變化（在規定的 PW 之內），圖中 PV-band 套件圍的區域總是能夠可靠實現的（printability region）；而在 PV-band 外部的區域，不管製程參數如何變化都是無法實現光刻製程的（non-printability region）。這三個區域之間的邊界稱為內部邊界（internal PV-band edge）和外部邊界（external PV-band edge），如圖 6-8（b）所示。

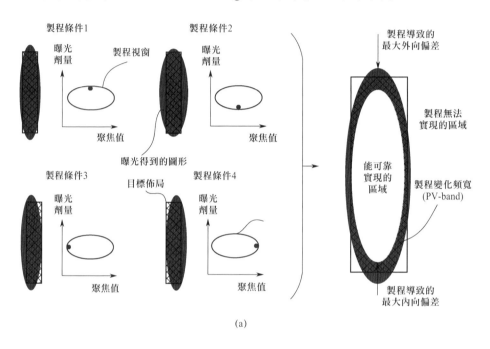

(a)

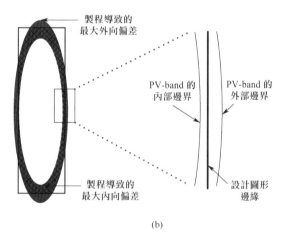

(b)

圖 6-8 PV-band 的計算方法

PV-band 的內部邊界區分了可靠曝光區域與變化的區域，而 PV-band 的外部邊界區分了變化的區域與光刻製程無法實現的區域。

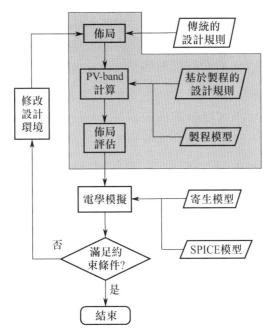

圖 6-9　PV-band 評估增加到後端設計的流程中

設計一組運算子號（operator），執行這些運算子號就可以從 PV-band 的結果中提取出所需要的資訊。舉例來說，佈局上不同圖形（polygon）的 PV-band 的面積、PV-band 的寬度等。對提取出的資訊做比較分析就可以發現佈局中光刻製程視窗較小的部分，然後歸納出與光刻相關的 DFM 規則（litho-compliant rules）。把這個想法增加到傳統的後端設計的流程中，如圖 6-9 所示。圖中把 PV-band 評估增加到後端設計的流程中，產生與光刻相關的 DFM 規則，並作用於佈局中。流程中的佈局評估（layout ranking）就是根據 PV-band 的結果對佈局成像難度進行排序的。「成像難度的排序」實際上就是壞點數目的排序，它組成了與光刻製程相關的 DFM 規則。這些 DFM 規則再作用於設計環境，對佈局做修正。

本方法能夠成功的關鍵如下。第一，輸入的佈局（即用作 PV-band 分析的佈局）必須覆蓋率足夠高，能包括對光刻製程敏感的部分。全佈局的 PV-band 分析需要太長的時間，折中的辦法是選取所有光刻困難的圖形做分析。第二，計算用的模型必須能準確地模擬製程視窗中的各點。影響光刻結果的參數不僅有曝光劑量和聚焦值，還有光罩上圖形誤差和光刻膠的性能等。在做 PV-band 分析時也可以引入這些參數的變化。本方法的想法對蝕刻、化學機械研磨等單元的製程也是適用的。

6.3.2 　使用聚集深度來評估佈局的可製造性

文獻[11]報導了使用光學模擬工具對 90 nm FPGA 產品 OPC 處理之前（pre-OPC）的佈局做計算，得到每個圖形邊緣的空間影像對比度（contrast）。這個對比度值與該處的聚焦深度（depth of focus，DOF）相連結。基於對比度的計算結果，可以找到 DOF 較小的圖形，歸納出 DFM 規則，然後對佈局做修改。實驗結果表明，修改後佈局的光刻製程視窗有明顯改進。

導致 DOF 較小的典型圖形有以下幾種。

第一，密集線條附近存在相距較遠的線條，如圖 6-10（a）所示，圖中的線條是不同間距的，其中 S_1 是佈局中的最小間距（minimum space）。

第二，密集線條附近存在垂直的線條，形成線條-端點（line-to-tip）結構，如圖 6-10（b）所示，圖中的密集平行線條附近有垂直取向的線條，其中 S_2 是佈局中的最小線條-端點間距（minimum line-to-tip space）。

第三，寬線條與窄線條相鄰，如圖 6-10（c）所示，圖中寬線條與窄線條相鄰，其中 S 是佈局中的最小間距（minimum space）。

第四，寬線條附近有垂直的窄線條，如圖 6-10（d）所示，圖中寬線條附近有垂直的窄線條，其中 S 是佈局中的最小間距（minimum space）。

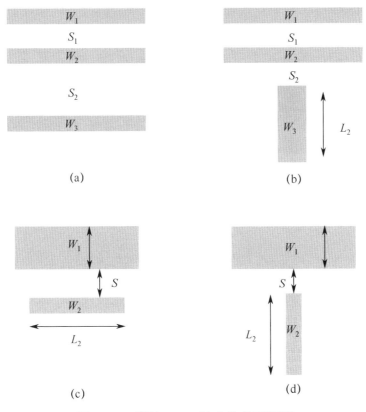

圖 6-10　導致 DOF 較小的典型圖形

這些困難圖形在 DFM 修改之前的成像對比度（optical contrast，定義為圖形邊緣處光強 I 的對數斜率 $|d(\ln I)/dx|$）只有 0.5，修改後的對比度可以達到 2.38 以上，整個佈局的共同焦深（common DOF）有了大幅

度的提高。圖 6-11 列出了第一種困難圖形修改前後的光刻模擬結果
（contour plot），修改之前 S_1 兩邊的圖形曝光後發生重疊，如圖 6-11
（a）所示；增大了 S_1 後（修改佈局），曝光可以清楚地解析兩邊的
圖形，如圖 6-11（b）所示。定量的製程視窗結果也驗證了 DFM 修改
的有效性。

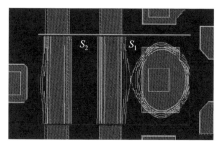

（a）佈局修改前　　　　　　　　　　（b）佈局修改後

圖 6-11　佈局修改前與佈局修改後的光刻模擬結果 [11]

在邏輯元件的金屬層經常會出現橋連缺陷（bridging defects）。這是因
為曝光時成像對比度不夠，相鄰的線條無法解析，導致互相連接在一
起，形成缺陷。可以使用本節介紹的方法，專門處理這一種壞點。在
容易出現橋連缺陷的區域做模擬，計算出成像對比度，評估橋連的可
能性。

6.3.3　光刻壞點的評分系統（scoring system）

如本章一開始就描述的，DRC 是基於並不複雜的規則，它檢查簡單環
境中的設計佈局，是一種基於經驗的（rules-based）佈局可製造性檢
查方法。隨著技術節點的縮小，與光刻製程相關的 DFM 被引入
（litho-DFM），而 litho-DFM 是基於模型的可製造性檢查方法

（model-based layout patterning check，model-based LPC）。litho-DFM
的核心功能是對模擬計算出的壞點做分析，並根據其對良率的影響程
度來分類（hotspots severity classification）和評分（scoring）。一個好
的 litho-DFM 系統還應該能提供解決壞點的建議（hotspots fixing
guideline）。

可以使用三個光刻指標來表徵壞點，它們是歸一化的成像對比度
（normalized image log slope，NILS）、聚集深度（mask error
enhancement factor，DOF）和光罩誤差增強因數（MEEF）。這三個參
數與光刻製程視窗密切連結。litho-DFM 系統可以給這三個參數分別
設定規定的範圍（specs），這些規定值由晶圓上的資料來確定。如果
佈局上某處的參數超出範圍，那麼該處就被系統認定為壞點（即光刻
無法得到符合要求的結果）。對這三個參數設定權重可以得到一個表
徵該壞點嚴重程度的指標，分別對應「必須修復」和「建議修復」[12]。

圖 6-12 所示為 NILS 的計算方法及其評分系統。首先是模擬計算出佈
局在晶圓表面成像的光強分佈 $I(x)$，ILS 定義為圖形邊緣處的光強對數
斜率（$|\mathrm{d}(\ln I)/\mathrm{d}x|$），光強對數斜率（ILS）的定義如圖 6-12（a）所示。
計算出佈局上不同位置處的 ILS，並轉換成歸一化的值（NILS），得
到佈局各處的 NILS 如圖 6-12（b）所示。根據佈局上各處的 NILS 值，
確定其分數（score），如圖 6-12（c）所示，圖中表示了如何把 NILS
值轉換成對應的分數：系統中設定，NILS 值越大（成像對比度越大）
分數越低。NILS 值與分數之間是非線性的，這是為了把對比度儘量按
高與低分成兩種（即評分儘量分佈在高端與低端）。

圖 6-13 是 litho-DFM 中 DOF 的計算方法。偏離最佳聚焦值導致的線
寬偏差（ΔCD）與聚焦偏離值（defocus，df）之間的關係可以近似地
用多項式來表示，多項式中的係數可以由測量資料擬合得到。ΔCD 允

許的範圍是目標值的±10%，其對應的聚焦偏差就是焦深（DOF）。ΔCD
定義為最佳聚焦值時的圖形 CD 值（即目標值）與偏離最佳聚焦值時
的 CD 值之差。DOF 的評分方式與 NILS 的類似，DOF 值越大（成像
焦深越大）分數越低，可以參考圖 6-12（c）。

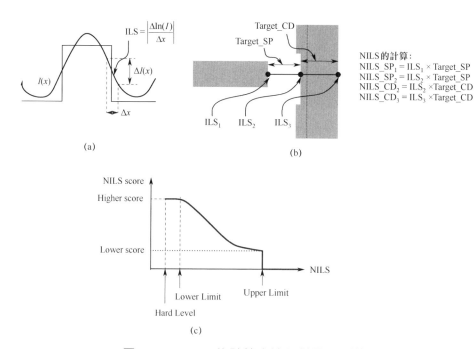

圖 6-12　NILS 的計算方法及其評分系統

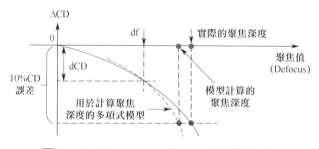

圖 6-13　litho-DFM 中 DOF 的計算方法

圖 6-14 所示為 MEEF 的計算方法及其分數的確定。對佈局上圖形的每個邊緣引入偏差（mask_edge_bias），對佈局做光刻模擬，計算出增加偏差前後的 CD 值（分別稱為 CD_1 和 CD_2），得到線寬偏差（CD_bias）=$|CD_1-CD_2|$，如圖 6-14（a）所示。MEEF 就定義為 CD_bias/（2•mask_edge_bias），考慮到成像的倍率是 1/4，但是 CD 值包括了 2 個邊緣的偏差值（bias），所以分母除以 2。設定 MEEF 值越小（成像品質越好）分數（score）就越低，如圖 6-14（b）所示，根據佈局上各處的 MEEF 值，確定其分數。與 NILS 的評分類似，系統儘量把 MEEF 按高與低分成兩種（即評分儘量分佈在高端與低端）。

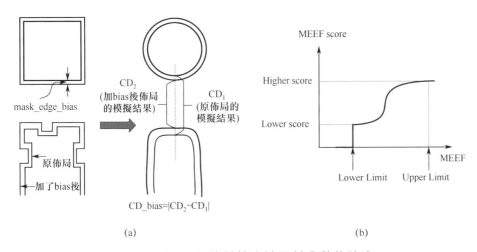

圖 6-14　MEEF 的計算方法及其分數的確定

在修復壞點時，儘量按照以下原則進行：第一，避免在壞點周圍有最小尺寸的圖形；第二，修復的優先順序是按壞點的嚴重性來排序的，最嚴重的壞點應該首先被修復。具體的做法是，對於線條端點處的壞點（line-end hotspots），一般可以透過增大端點之間的距離（end-to-end）或增大線條之間的（line-to-line）的距離來解決，如圖 6-15（a）所示。對於線條類別的壞點（line type hotspots），一般有四種解決方案，如

圖 6-15（b）所示：一是增大兩邊線端的間距（line-end space）；二是
移動對面的線條（the opposite line-end polygons）的位置；三是增大線
寬（line width），但保持線間距（space）不變；四是增大相鄰線條的
寬度，但保持間距不變。對於間距類別壞點（space hotspots），一般
有兩種方案來修復，如圖 6-15（c）所示，一是增大壞點之間的距離
（hotspot space），二是把線條從壞點處移開。

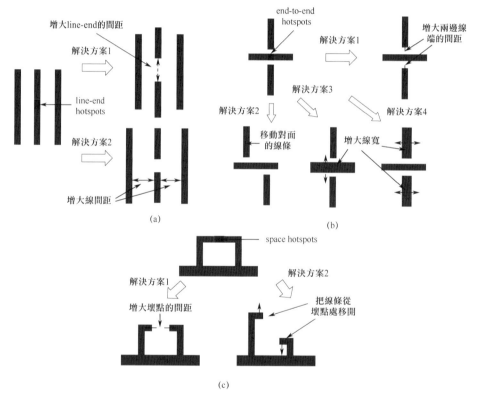

圖 6-15　壞點修復的常用方法

6.3.4　對光刻製程友善的設計

到了 65 nm 技術節點以下，光刻製程趨於其解析度極限，DFM 逐步聚焦於佈局最佳化，使之適應低 k_1 因數（$k_1 < 0.35$）的光刻製程，即所謂的對光刻製程友善的佈局設計（litho-friendly design，LFD）。光刻友善的佈局一方面可以依靠嚴格的設計規範（restrictive design rules，RDR）來實現，另一方面就是依靠 DFM。RDR 最早用於 65 nm 的閘極（poly）層，它限制了不同閘極線寬的數目，即佈局上閘極的線寬只能在幾個數值中選取；而且，線條必須只有一個取向，閘極線條必須放置在一個均勻的網格（grid）上，限制了可能的圖形週期（pitch）數目；重要元件閘極的周圍環境必須一致。

與光刻相關的 DFM（litho-DFM）包含以下內容。

第一，在光刻製程確定後（即光源條件確定後），佈局中迴避使用「禁止間距（forbidden pitches）」的圖形，或佈局中只允許幾種選擇週期的圖形。實驗中觀測到密集線條（$L/S = 1:1$）的光刻製程視窗大於獨立線條的製程視窗，而半稀疏線條（$L/S \sim 1:3$）的光刻製程視窗甚至小於獨立線條的製程視窗。設計者被要求避免有這些半稀疏的圖形在佈局中，因此，這些半稀疏圖形對應的週期又稱為「禁止間距」。

第二，為了保證光刻成像的品質，對圖形的限制會變得很複雜。原來的一筆規則通常會演變成一系列參數。

第三，網格化的設計（coarse grid designs）。為了避免設計規範變得太複雜而無法最佳化，限制設計必須在一系列規則的格點上進行，即圖形尺寸的增大或縮小必須是一個固定的步進值。網格化設計示意圖如圖 6-16（a）所示，圖中左斜線陰影代表 diffusion，叉線陰影代表 diffusion contact，橫線陰影代表 poly contact，右線陰影代表 poly wiring，斑點陰影代表 poly gate，虛線和點畫線分別表示設計 diffusion contact 和 poly gate 時的網格。基於網格化設計的想法，又發展了基於符號的 DFM（glyph-based DFM），即設計時並不需要畫出多邊形（polygon），而只是在格點上用線條和點來表示導線（wiring）和接觸（contact），如圖 6-16（b）所示。

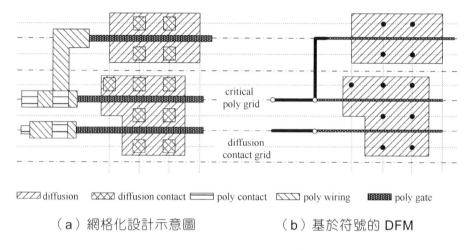

| diffusion | diffusion contact | poly contact | poly wiring | poly gate |

（a）網格化設計示意圖　　　　　（b）基於符號的 DFM

圖 6-16　網格化設計[6]

為了使光刻有足夠大的製程視窗，DFM 對設計的限制一般都會導致設計面積的損失，影響佈局按技術節點的要求來縮小。對光刻工程師來說，其主要任務就是研發先進的光刻製程（包括 OPC/SRAF 等），使光刻製程對設計的限制最少。舉例來說，在 65 nm 的閘極層，使用新的光源條件和輔助圖形（SRAF placement scheme），可以大幅度減少禁止間距的範圍，修正 SRAM 中線條端點（tip to tip）的距離。使得光刻製程對設計的限制很少，只有少量的光刻製程不能解決的問題留給了 DFM。

6.3.5 佈局與光罩一體化模擬

DFM 及其模擬的輸入是設計佈局，這個設計佈局一般是指 OPC 之前的，這是業界的慣例。設計佈局完成後，經過 OPC 處理，再發送到光罩廠（mask shop）製備光罩。OPC 的有效性可以透過新一輪的光刻模擬來驗證（model based verification，MBV），MBV 是對 OPC 之後的佈局模擬，計算出曝光結果，並發現其中的壞點。光罩上的圖形是由光罩檢測裝置（reticle inspection system）來檢查的，這是一種專用於光罩檢查的掃描電子顯微鏡（reticle SEM）。最終，晶圓上的圖形是由 CD-SEM 來檢查的。這個工作流程可以用圖 6-17 來描述，圖中 PWQ 是指製程視窗再驗證（process window qualification）。

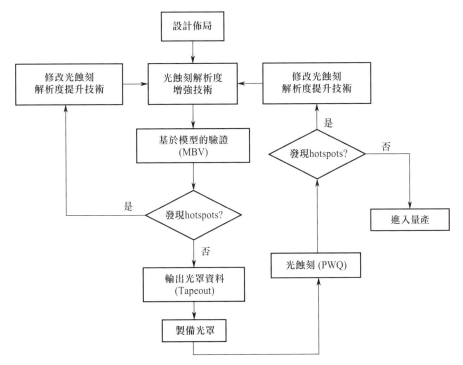

圖 6-17 設計公司佈局發送到代工廠後的處理流程圖

在圖 6-17 所示流程圖的基礎上，文獻[13]提出了一種佈局與光罩一體
化模擬的 DFM 方法，稱之為設計掃描。OPC 之後第一步模擬得到光
罩上的圖形，這一步是模擬光罩的製造過程，也就是以電子束曝光為
核心的成像過程。對 OPC 之後佈局的模擬結果做分析，在光罩製造的
製程視窗（電子束曝光）之內找出可能的壞點（hotspots），然後把這
些壞點的位置發送到光罩檢測裝置。模擬所使用的模型是基於物理的
模型（physical-based model），其中的參數經過光罩實測資料校正。
第二步是模擬光罩圖形的成像過程，得到晶圓上的圖形。這一步是模
擬晶圓製造中的光刻製程，可以使用空間影像模型，也可以使用經過
晶圓實測資料校正的光刻膠模型。使用者可以選定曝光能量和聚焦值
的範圍做模擬，得到晶圓上的結果，並分類檢查各種壞點，如橋連、
斷線、多餘圖形等。圖 6-18 所示為整個光刻製程視窗中晶圓上圖形的
模擬結果及與之對應的部分電鏡照片（見圖 6-18 右側）。

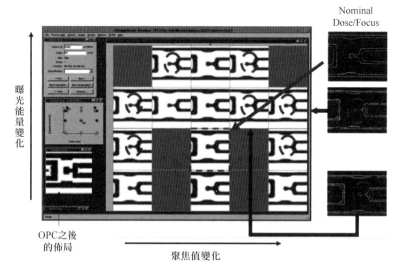

圖 6-18　整個光刻製程視窗中晶圓上圖形的模擬結果及與之對應的
　　　　　部分電鏡照片 [13]

6.4　與 CMP 製程連結的 DFM

化學機械研磨（chemical mechanical polishing，CMP）是積體電路製造中的關鍵製程。CMP 製程使用特殊的研磨漿液（slurry）對晶圓表面做拋光，使晶圓表面實現全域平坦化。平坦化的晶圓表面是高精度光刻製程成功實施的前提。圖 6-19 是 CMP 裝置及其工作示意圖，拋光的速率正比於研磨漿液的性質、研磨墊（pad）上施加的壓力及研磨墊移動的線速度。

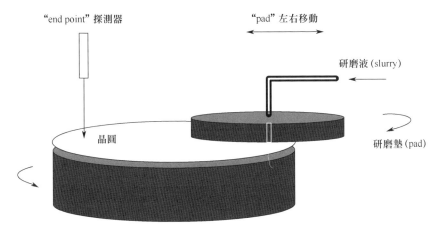

圖 6-19　CMP 裝置及其工作示意圖

6.4.1　CMP 的製程缺陷及其模擬

目前業界有專用軟體對 CMP 過程做模擬，這是一種基於物理化學模型的模擬（model-based CMP），它可以預測出 CMP 後表現形貌（surface topology）和有問題的區域，即研磨導致的凹陷（dishing）和侵蝕（erosion）等[14]。凹陷缺陷是指研磨時由於金屬線（銅線）與周圍媒體材料具有一定的選擇性，即銅的研磨速率較高，而媒體層研磨得較慢，從而就會在較寬的銅線內出現凹陷，如圖 6-20（a）所示。侵蝕缺陷發生在圖形密度較大的區域，由於兩種材料的混合密度較高，媒體材料也會被較快地研磨掉，形成凹陷，如圖 6-20（b）所示。

圖 6-20　CMP 製程中的缺陷

CMP 製程的凹陷和侵蝕缺陷都與圖形有關，它們會導致晶圓表面厚度的變化，破壞平整度，所以與 CMP 相關的良率問題一般都是系統性的。CMP 模擬的基本的步驟：首先是把整個佈局分成小的網格（grids），從每個網格中取出幾何資訊（金屬圖形的密度）；然後模擬出對應每一個 CMP 步驟（如"bulk removal"、"touch down"、"barrier removal"）中銅和介電材料的厚度。圖 6-21 是 M1 CMP 的模擬結果（第一層金屬 CMP），圖中右側的尺度是晶片表面的相對高度，整個晶片的尺寸是 4.3 mm×4.3 mm，其中我們感興趣部分的尺寸是 0.95 mm×0.75 mm，圖中虛線框中的部分。

CMP 製程產生的凹陷缺陷還會反映到後續的金屬層，導致短路。CMP 製程產生的凹陷缺陷如圖 6-22 所示，CMP 在金屬上產生了凹陷，使得隨後的圖形整體下沉；第二次 CMP 無法把多餘的金屬全部研磨掉，形成短路。DFM 軟體必須能夠找到這種複雜的、通常是層之間的、容易出問題的區域，這一功能又稱為"Swamp finder" [6]。

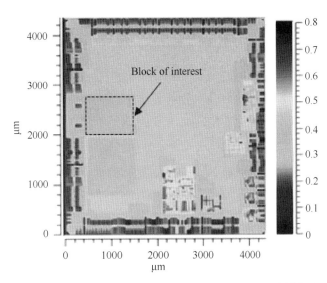

圖 6-21 一個 4.3 mm×4.3 mm 晶片在 M1 CMP 的模擬結果[14]

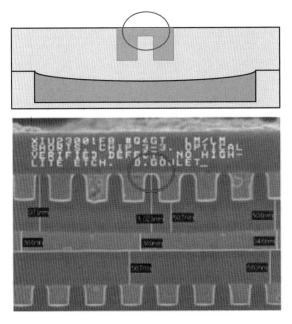

圖 6-22 CMP 製程產生的凹陷缺陷

6.4.2 對 CMP 製程友善的佈局設計

從設計的角度來看，對 CMP 製程缺陷有較大容忍度的佈局必須是圖形密度均勻的。針對這個要求，設計工程師必須儘量使佈局均勻。如果佈局上圖形密度變化的範圍與圖形周長的範圍可以被最小化，那麼 CMP 後就更平坦。具體的做法是把佈局分成相同的小區塊，如圖 6-23 所示，計算出每一個方塊中圖形的密度和周長，最終得到一個評價函數（cost function）。對這個評價函數做最佳化，可以實現佈局的均勻化。

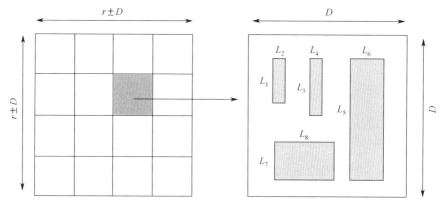

圖 6-23 設定佈局密度與圖形周長評價函數的示意圖

6.4.3 虛擬金屬填充（dummy fill）

如果設計佈局無法達到均勻化的要求，還可以在空餘的位置插入沒有電學功能的虛擬金屬填充（dummy fills），人為地使圖形均勻分佈。虛擬金屬填充並沒有電學作用，它們可以與電源線（power rail）或地線（ground rail）相連，也可以浮接（floating）在電路中。與電源線或地線相連的虛擬金屬結構會引入較大的電容，但是其電容值是確定的；浮接金屬結構引入的電容較小，但其電容值具有不確定性。增加虛擬金屬不僅能控制圖形密度，而且能提高光刻的製程視窗和平衡蝕刻時的負載效應（loading effect）。

增加虛擬金屬的方法有以下兩種。基於經驗（rules-based）的增加，目前的 EDA 工具都能提供這種功能，根據代工廠提供的資訊，在佈局中插入圖形使得佈局的局部圖形密度介於一個範圍之內。代工廠對佈局密度的要求又被稱為佈局的密度規則（layout density rules）。另一種是基於模型（model-based）的增加，這個模型可以是前面介紹的 CMP 模型。增加虛擬金屬（dummy fills）會增大光罩的資料量，延長光罩製造的時間。

文獻[15]介紹了一個基於 Mentor Calibre 工具增加虛擬金屬的設計流程。這是 DRAM 元件的金屬層。首先找到需要插入虛擬金屬的區域，區域寬度大於 W_c 的被認為是需要插入虛擬金屬的，其中 $W_c = W_{min} + 2S_{min}$（W_{min} 是金屬的最小寬度，S_{min} 是金屬之間的最小距離）。加入虛擬金屬後還需要做圖形對準（alignment）處理，如圖 6-24 所示，圖 6-24（a）中 DRAM 元件金屬層插入虛擬金屬（dummy）後的佈局（dummy 對應圖中的灰色線條）；圖 6-24（b）是圖形對準（alignment）處理後的佈局。

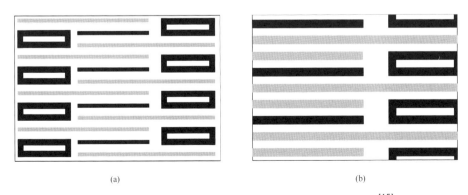

(a)   (b)

圖 6-24　加入虛擬金屬後還需要做圖形對準處理 [15]

6.4.4　回避困難圖形

與 CMP 相關的 DFM，一般只考慮佈局圖形密度，要求圖形分佈儘量均勻，但是，並沒有考慮電鍍製程（electroplating，ECP）的影響。在後段（BEOL）工序中，CMP 之前的製程通常是電鍍，電鍍把 Cu 沉積在溝槽之中，然後 CMP 把多餘的 Cu 去除，並實現平坦化。考慮了 ECP 製程後，不僅圖形密度，還有其他因素影響晶圓表現形貌。圖 6-25 是電鍍後晶圓表面處的剖面示意圖，圖中 H_0 表示平坦區域電鍍膜的厚度（膜厚），H 和 S 分別表示有繪圖區域的膜厚，圈內圖形的幾何密度是相同的。但是，電鍍後的結果顯然不一樣，這必然會影響到 CMP 的結果。

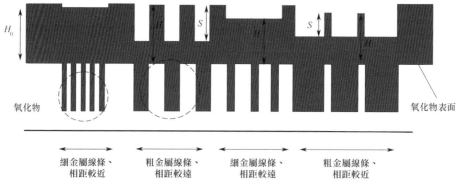

圖 6-25　電鍍後晶圓表面處的剖面示意圖

考慮到電鍍和 CMP 製程，我們發現有些圖形總是容易導致製程失敗（catastrophic failures），這種圖形必須在設計中回避。舉例來說，當劃片槽（scribe lane）區域的圖形尺寸較大時，會容易產生凹陷（dishing）缺陷；當溝槽（trench）之間的距離較小時，可能會導致橋連。

6.5 DFM 的發展及其與設計流程的結合

6.5.1 全製程流程的 DFM

積體電路製造流程中包含多個製程單元，不僅有光刻、電鍍和化學機械研磨，而且有蝕刻、薄膜沉積、離子注入和清洗等。隨著技術節點的進一步縮小，可製造性必須考慮所有製程單元，權衡導致電路性能變化的各種因素。圖 6-26（a）歸納了積體電路製造中良率損失的原因。

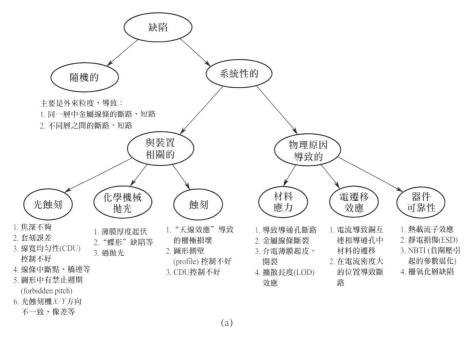

(a)

圖 6-26 影響積體電路製造的各種因素 [5]

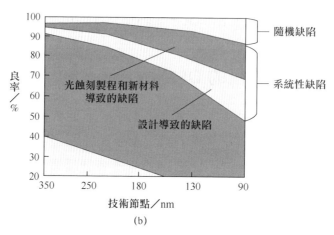

圖 6-26　影響積體電路製造的各種因素 [5]（續）

90 nm 技術節點之前影響良率的主要原因是隨機粒度導致的缺陷
（random particle defects），90 nm 技術節點以後，系統性缺陷導致的
良率損失（systematic mechanism-limited yield loss）變成主要因素，代
工廠良率提升（ramping yield）的過程更長，最終得到的良率相比過
去的節點還是不理想。這種情況是由於設計與製造的相互作用導致
的。新的製造製程會引入一系列功能性缺陷（functional defects），製
程參數偏離也會引入缺陷（parametric defects），如圖 6-26（b）所示。
也就是說，隨技術節點的縮小，系統性的良率損失佔比越來越大。

DFM 平台的發展方向是能引入各種製程變異，其模型必須包括所有的
製程步驟，以及製程步驟之間的相互作用。全製程流程模擬的 DFM
平台示意圖如圖 6-27 所示。從測試佈局開始，首先完成所有製程的模
擬，並根據製程模擬的結果計算出元件的電學性能，最後對電路進行
模擬並評判其功能。

圖 6-27　全製程流程模擬的 DFM 平台示意圖

具體的做法舉例如下。使用光刻模擬軟體計算出佈局的空間影像，得到一個非理想的幾何形狀。將這個形狀輸入到電路模擬器中，可以計算出漏電流（leakage）和延遲（delay）的變化。透過上述模擬可以確定佈局上有問題的區域，並找到各製程步驟對最終電學性能的影響。文獻[16]基於現有的 EDA 工具架設了一個從製程到電路模擬的流程（comprehensive simulation flow），即從 GDSII 到 HSPICE 電路分析。使用的軟體有 Mentor 的 Calibre work bench、HSPICE 和一系列 Perl、TCL 程式設計。製程模擬基於"calibre printimage"；元件模擬使用了"BSIM equivalent transistor model"，它能處理非矩形的閘極；最後把所有的"transistor lengths"輸入到 HSPICE 網路表中，做電路性能的計算。整個流程使用 Perl 語言來整合。

電路性能分析包括靜態時序分析（static timing analysis，STA），來判斷電路是否能夠在規定的目標頻率工作。它包括在最差情況（worst case slow，WCS）做時序分析和在最佳情況（best case slow，BCS）做時序分析，以保證兩種情況下都符合要求。由於元件之間的不一致性，所以還必須做統計靜態時序分析（statistical static timing analysis，SSTA）。

6.5.2　DFM 工具及其與設計流程的結合

DFM 依靠大量的製程模擬，這些模擬工具必須從設計工具（EDA tool）那裡獲取佈局，並將模擬結果回饋到設計工具裡。模擬工具和設計工具可能來自不同的供應商，它們必須能有效地整合，實現所需要的功能。表 6-2 列出了自己研發 DFM 工具與外購 DFM 工具的利與弊。

舉例來說，CFA（calibre critical feature analysis）是 Mentor 的 DFM 工具，它與 DRC 和 LVS（layout versus schematics）整合在一起使用。該軟體做以規則或以模型為基礎的檢查時，檢查的內容包括缺陷（defects）、光刻（lithography）、光學鄰近修正（OPC）、化學機械研磨（CMP）和蝕刻（etching），用來評估其可製造性。這些檢查是在驗證（verification）的形式下作為 DRC 的擴充來進行的。對一塊設計佈局做 CFA 後的結果就是得到一個有權重分佈的 DFM 結果（weighted DFM metric，WDM）（這是對應所有規則的），以及一個歸一化後的 DFM 評分（normalized DFM score，NDS）。

表 6-2　自己研發 DFM 工具與外購 DFM 工具的利與弊

評估類別	自己研發 DFM 工具	購買 DFM 工具
與現有設計工具的相容性	很好	無法保證
圖形介面	很好	需要較多的訂製
工作品質檢查	類似其他內部 CAD 的流程	需要較多的測試
職責	調節內部資源的分配	需要與軟體供應商互動
適應性	可以有選擇地模擬（對製造影響最大的製程）	更多的模擬，但可能無用
創新性	受限於內部資源的分配	很高，有專業開發團隊
使用許可（license）	沒有問題	需要不斷更新
直接成本	沒有	很高
如果沒有使用	可以當作內部教育訓練	浪費金錢和精力

DFM 並不是某一個設計部門的責任，它可以貫穿在設計和製造流程的各個部分，如表 6-3 所示。

表 6-3　DFM 在整個晶片設計製造流程中的表現

設計階段	- 互動、基於模型的佈局最佳化 - 複雜的規則分析及其對應的佈局最佳化 - 一邊設計一邊修正的流程 - 考慮到製造良率的佈局 - 具有 DFM 功能的設計環境
資料準備（data prep）階段	- 關鍵區域分析 - 佈線後的最佳化 - 增加容錯的導通孔 - 基於模型的製程視窗驗證 - OPC（designer's intent OPC，PWOPC） - 填充和開槽（filling and slotting） - 具有 DFM 功能的設計環境
晶圓資料	- 提高良率預測模型的準確性 - 電氣特性預測模型 - 針對製程視窗的測量和檢測

從單元資料庫的物理設計開始，分析關鍵區域對隨機缺陷的敏感度（critical area sensitivity）、佈局對 OPC 的相容性（OPC Friendly Layout）和光刻製程的友善性（litho-friendly），以及佈局對元件性能的保證（performance aware layout - TCAD related simulations）等。在佈局（place）階段，由於存在較寬的水平電源線（power rail），單元在垂直方在可以被看成是相互獨立的，而水平方向會相互影響。因此，佈局時水平方向的鄰近效應必須考慮。193i 光刻製程的影響半徑（radius of influence）大約是 500 nm。有一種演算法是考慮到鄰近單元的光反射，把鄰近效應放置到佈局的評價函數中。在佈線階段，必須考慮與 OPC 的相容性（OPC compliance during routing）及光刻製程

視窗。金屬層必須虛擬金屬填充（dummy fill），導通孔層必須增加容錯導通孔（via-doubling）。注意，DFM 建議的修改可能會互相衝突，因此，DFM 的方法論是最佳化良率，而不一定是追求良率的最大化。良率最大化可能會導致不恰當的設計花費。

6.6　提高元件可靠性的設計（DFR）

早期的 DFM 聚焦於導致嚴重故障（catastrophic failures）的因素，即物理導致的 DFM 問題（physical DFM problems）。針對物理因素的 DFM 工具（physical DFM tools）主要是檢查佈局的幾何參數，即只關注圖形在晶圓上的可製造性，而不管其對電學性能的影響。近年來，大家開始關注參數導致的良率故障（parametric yield issues），又稱之為電學 DFM（electrical-DFM，e-DFM)，實際上就是可靠性設計（design for reliability，DFR）。在 90 nm 以上技術節點，與物理故障（physical failures）相比，參數故障（parametric failures）可以忽略不計。到了 90nm 技術節點以下，參數故障變得嚴重起來；在 65 nm 技術節點，參數故障（parametric failures）已經是影響良率的主要因素了（yield-limiting factor）。

可靠性（reliability）實際上是一個老化（aging）和使用損傷（wear out）的現象，它包括溫度不穩定性（bias temperature instability，BTI）、隨機電雜訊（random telegraph noise，RTN）、熱載流子注入（hot carrier injection，HCI）效應、與時間相關的絕緣層擊穿（time dependent dielectric breakdown，TDDB）、電遷移（electromigration，EM）等。其中，BTI、HCI 和 TDDB 影響 MOS 管性能，而 EM 主要影響後段的金屬連接。

溫度不穩定性（BTI）是小尺寸元件老化的一種主要表現。負偏壓溫
度不穩定性（negative-bias temperature instability，NBTI）發生在處於
高溫和負閘極電壓條件下的 PMOS 元件中。NBTI 表現為電壓（V_{th}）
向負方向漂移，即 V_{th} 絕對值增大。這是因為在負的 V_{gs} 偏壓作用下，
閘極與閘極通道之間的介面處形成了陷阱。PMOS 元件工作時經歷 V_{gs}
負偏壓的時間越長越容易發生 NBTI。對於高 κ 閘極的 NMOS 元件，正
偏壓溫度不穩定性（positive BTI，PBTI）和熱載流子注入都會導致
V_{th} 的偏移。隨機電雜訊（RTN）是由於 MOS 管氧化層中的陷阱隨機
地捕捉或釋放電子導致的。

6.6.1　與元件性能相關的 DFR

在小技術節點，電晶體的性能均表現出與佈局有關的效應。這些效應
是與光刻技術、遷移率增強技術（mobility enhancement techniques，如
strained silicon engineering ）等相關的。舉例來說，遷移率增強技術
中的應變與元件的尺寸及其鄰近環境有關；淺絕緣溝槽（shallow trench
insulation，STI）會產生應力（mechanical stress）作用在閘極通道（gate
channel）上，導致 NMOS 和 PMOS 驅動電流（drive current）的改變
可達 20%左右。MOS 管的驅動電流不僅與其閘極的參數有關（閘極的
長度和寬度），而且與每一個 MOS 管在佈局上的具體位置有關。兩
個設計完全相同的電晶體，在佈局上的位置不同，而性能不一樣的現
象被稱為局部佈局效應（local layout effects）。為此，設計者必須關
注到佈局上在一個固定半徑內的所有圖形，舉例來說，圍繞著 MOS
管的 STI 區域面積、相鄰閘極之間的距離等。

文獻[17]在 65 nm 技術節點的 MOSFET 上系統性地報導了閘極–淺絕
緣溝槽之間的距離（Gate-STI）、閘極之間的距離（Gate space）、淺

絕緣溝槽的寬度（STI width）對電壓 $V_{\text{th\_sat}}$ 的影響。幾何參數 Gate-STI、Gate space 和 STI width 在佈局上的位置如圖 6-28（a）所示。佈局中閘極的長度保持在 40 nm，閘極之間的距離（gate space）保持在 0.25 μm；閘極與 STI 之間的距離（gate-STI）保持在 2 μm，且光刻鄰近效應導致的線寬變化已經做了修正。隨著佈局上閘極數目的增加，導致 MOSFET（白色閘極對應的）的 $V_{\text{th\_sat}}$ 發生變化，如圖 6-28（b）所示。

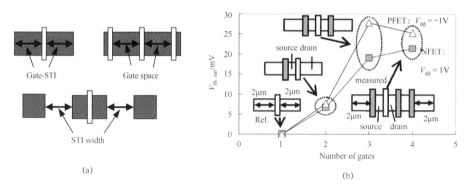

圖 6-28　MOSFET 上閘極的幾何位置對電壓的影響[17]

文獻[18]提出對關鍵時序路徑（timing critical data paths）做模擬來最佳化佈局設計的方法，並成功地用於 40 nm 技術節點 100 mm² 的設計佈局。具體過程分成三部分。

（1）時序路徑選擇（path selection）。做一個完整的 SPICE 分析需要耗費很多時間，為此，在做 SPICE 分析時必須選擇最少數量的時序路徑或測試使用案例，用於覆蓋大多數的設計場景，特別是涉及頻率域、標準單元驅動強度、互連線延遲時間主導的時序路徑。為了考慮周圍環境的效應，這些時序路徑需要被放置在稀疏繪圖區域和密集繪圖區域。

（2）　SPICE 網路表生成與模擬。這一步就是使用標準的時序分析工具獲得時序資訊和建立基準的 SPICE 網路表；然後做各種分析，包括 SPICE-STA 相關性分析、環境感知 SPICE 分析、標準單元電壓降分析、製程分析、採用 Monte Carlo 的偏差分析。

（3）　產生結果報告。

文獻[19]針對類比電路的電學壞點（electrical hotspots）提出了一種 e-DFM 流程。該流程分為設計約束收集、電學壞點檢測、電學壞點分析和電學壞點修正四個步驟。第一步，收集預先定義的電學參數約束和物理佈局的資訊，將每一個約束和佈局中對應的元件建立關係；第二步，運算微影和應力導致的製程偏差對元件參數的影響，將調整後的元件參數更新至元件的 SPICE 網路表，然後進行模擬確定與預先定義電學約束存在偏差的元件，並標注為電學壞點；第三步，分析存在電學壞點的元件的參數，確定哪些參數受光刻製程和應力變化的影響最大，然後生成電學壞點修復的提示訊息；第四步，根據提示訊息並考慮設計規範、佈局尺寸和繞線路徑等約束，確定最佳的圖形修正量。修正後的佈局能夠滿足初始的設計規範，並能夠透過設計規範檢查。

文獻[20]介紹了一種考慮性能敏感度的 DFM 方法（sensitivity-aware DFM）。該方法中的敏感度定義為標準單元內部所有時序弧的延遲的加權值。具體的流程如下。首先，利用特徵化工具對單元資料庫中的每一個單元進行敏感度分析，找出敏感度較高的標準單元，以及這些單元中的最敏感的電晶體。該流程中的特徵化工具利用 SPICE 模型進行電晶體等級的 SPICE 模擬，進而對單元進行延遲敏感度分析。然後，分析元件性能參數對佈局參數的敏感度。影響敏感度的佈局參數包括閘極端點的延伸（poly line-end extension）、閘極與元件邊緣的距離（poly to active corner spacing）等。最後，把每一個單元中最敏感的電晶體佈局作為輸入，按照 DFM 準則的分類在 DFM 工具進行最佳化，並使得 DFM 違規分數（DFM-violation score）最小化。

6.6.2 與銅互連相關的 DFR

隨著技術節點的縮小，後段（BEOL）金屬連線的尺寸就越小，導致電路密度增大，電流導致的材料遷移率（EM）也變得更嚴重。高溫和導通孔處的應力也會進一步加劇電遷移。最容易發生 EM 的是電源網路（power supply network），因為它們承載著較大的工作電流。因此，在佈局設計時必須考慮到 EM 效應（EM awareness），提高導電金屬線的可靠性。

在 EM 研究中，文獻 [21] 提出一個經驗方程式來把金屬互連線（interconnect）故障出現的時間（time-to-failure，TTF）與電流密度、溫度、電流密度的梯度、溫度的梯度、應力的梯度、原子濃度的梯度等關聯起來，並建立了一個數學模型來描述金屬線某處的原子濃度與以上各量的關係。基於這個公式可以計算出金屬線某處的 TTF，透過對佈局最佳化可以延長 TTF。

6.7 基於設計的測量與 DFM 結果的驗證

6.7.1 基於設計的測量（DBM）

在晶圓上實現的圖形品質最終需要依靠電鏡（CD-SEM）來測量。電鏡測量首先需要建立測量程式，傳統的做法是首先找到所要測量的曝光區域，然後找到所要測量的圖形，設定測量位置，做測量。整個過程需要做多次圖形辨識，最終找到所要測量的位置。對應每一個測量位置，都需要做這樣的圖形辨識。電鏡測量程式的建立需要佔用大量的電鏡時間以及工程師的工作時間。與傳統的做法不同，基於設計的測量（design-based metrology，DBM）與設計資料庫緊密連結，其核心內容是使用佈局（physical design layout）來自動產生測量檔案（metrology jobs）。測量檔案的生成不需要佔用電鏡。DBM 系統使得大規模圖形的測量變得可行，它能夠在數小時內完成晶片上所有關鍵圖形的測量。DBM 系統的研發保證了 DFM 對大量晶圓資料的需求。

DBM 的出發點是設計佈局。首先，從佈局中提取需要測量圖形的位置、每個位置的標識圖形、座標、所要測量的資訊等，形成一個表格（a metrology site-list，MSL）。MSL 可以在佈局中透過直接選擇點擊（point-and-click）來生成，操作方便。然後，把 MSL 中的佈局座標轉換成光罩上的座標，再轉換成晶圓上的座標（design-mask-wafer，DMW）。在辨識測量圖形的過程（pattern recognition）中，傳統的 CD-SEM 透過比對儲存的照片來完成；而 DBM 則用設計佈局來對照。最後，設定測量參數，它直接控制電鏡的測量過程。通常一個 Fab 中 CD-SEM 的測量參數（如 filter、threshold、sensitivity 等）已經經過最佳化，它們被稱為"best known method，BKM"。DBM 可以把這些 BKM 參數匯入到其測量檔案中。在佈局中產生測量列表（MSL）的過程可以用圖 6-29 來形象地描述。在佈局上產生測量位置列表如圖 6-29（a）所示，把佈局座標轉換成光罩座標、晶圓座標如圖 6-29（b）所示，設定的測量參數驅動電鏡在指定狀態下測量如圖 6-29（c）所示。

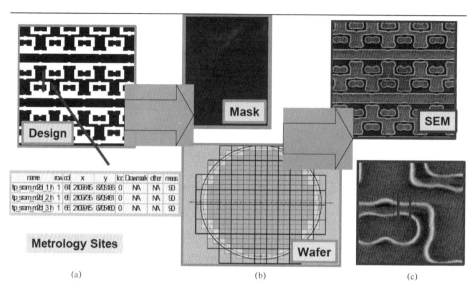

圖 6-29 在佈局中產生測量列表（MSL）的過程 [22]

除測量線寬外，DBM 還可以測量邊緣位置誤差（edge placement error，EPE），即 DBM 可以測量實際圖形的邊緣與設計圖形邊緣的差距，如圖 6-30（a）所示。DBM 還支援使用晶圓中前層的設計資訊來確定測量位置，如圖 6-30（b）所示。圖 6-30（b）中需要測量橫跨長方形阱上光刻膠線條的寬度，而長方形阱是由前面的光刻層確定的。透過使用前層的佈局資訊，可以保證測量位置的正確性。

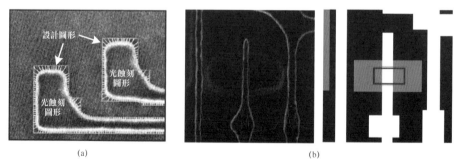

圖 6-30 DBM 的其他作用[23]

DBM 測量在 DFM 的流程中使用很廣泛，最常見的是測量壞點。DBM 系統首先測量一個 FEM 晶圓，把測量結果與設計做比較，找到出現壞點的位置。這樣就知道，在製程視窗之內，佈局上哪些位置會出現壞點。對關鍵圖形的電鏡照片做處理，可以提取其圖形二維輪廓（2D contour）。將提取的二維輪廓與模擬結果比較，可以用來校正模擬模型。還可以使用 DBM 系統測量晶片上的關鍵指標，如電晶體的閘極長度，得到該關鍵尺寸在晶片上的分佈。

6.7.2　DFM 規則有效性的評估

做 DFM 的代價通常是增大晶片的面積和功耗，還有可能導致流片的延誤。這些花費所帶來的回報是良率的提升和元件性能穩定性的提高。與通常的設計規範相比，DFM 規則是建議性的（optional），它的執行程度取決於設計者和所使用的工具。如何定量地評估 DFM 所帶來的回報，即對 DFM 規則有效性的評估是業界比較關注的問題。

使用 DFM 工具分析佈局，發現可能影響良率的區域，並做對應修改。對佈局修改後的結果必須做定量的評估，評估的結果再回饋到 DFM 工具中去進一步完善 DFM 規則。可以使用測試圖形來完成這一 DFM 規則的學習（learning cycle），即對各種易出問題的圖形做曝光，測量 Si 晶圓上良率的資料，分析完善 DFM 規則。

文獻[24]建議透過對實際有故障的晶片（actual failed ICs）做分析，來評估 DFM 規則的有效性。首先對佈局做 DFM，找出所有違反 DFM 規則的地方，並建立一個表格。對製造完成後的失敗晶片做與佈局連結的診斷（layout-based diagnosis），診斷的輸出是佈局上可能出問題的位置（the suspected layout locations），即診斷工具認為可能失敗的位置。比較分析這兩組結果，就可以發現這些實際發生的故障是否可以被對應的 DFM 規則覆蓋。最終得到每一個 DFM 規則所對應的晶片上的故障，還包括佈局中違反規則的頻率和晶片上出故障的頻率。這個方法的適用範圍包括目前生產中的失敗產品和測試晶片（test chip）。但是，它不太可能用於一款成熟產品，這是因為成熟產品的佈局一定是已經通過 DFM 檢查的。

本章參考文獻

[1] BALASINSKI A. Design for Manufacturability: From 1D to 4D for 90–22 nm Technology Nodes[M]. New York: Springer, 2014.

[2] DIXIT U S, KANT R. Simulations for Design and Manufacturing: Select Papers from AIMTDR 2016[C]. Singapore: Springer, 2018.

[3] MANSFIELD S, GRAUR I, HAN G, MEIRRING J, LIEBMANN L, CHIDAMBARRAO D. Lithography simulation in DfM – achievable accuracy versus Requirements[C]. Proc SPIE, 2007, 6521, 652106.

[4] WONG B, ZACH F, MOROZ V, MITTAL A, STARR G, KAHNG A. NANO-CMOS DESIGN FOR MANUFACTURABILILTY: Robust Circuit and Physical Design for Sub-65 nm Technology Nodes[M]. New Jersey: John Wiley & Sons, 2009.

[5] CHIANG C, KAWA J. DESIGN FOR MANUFACTURABILITY AND YIELD FOR NANO-SCALE CMOS[M]. New York: Springer, 2007.

[6] LIEBMANN L, MAYNARD D, MCCULLEN K, SEONG N, BUTURLA E, LAVIN M, HIBBELER J. Integrating DfM Components Into a Cohesive Design-To-Silicon Solution[C]. Proc SPIE , 2005, 5756.

[7] SALEM R, RAHMAN A, MOUSLY E, EISSA H, DESSOUKY M, ANIS
M H. A DFM tool for analyzing lithography and stress effects on standard
cells and critical path performance in 45nm digital design[C]. 2010 5th
International Design and Test Workshop, IEEE, 2010:13.

[8] PATHAK P, MADHAVAN S, MALIK S, WANG L T, CAPODIECI L.
Framework for Identifying Recommended Rules and DFM Scoring Model
to Improve Manufacturability of sub-20nm Layout Design[C]. 2012, Proc
SPIE 8327, 83270U.

[9] YU B, PAN D Z. Design for Manufacturability with Advanced Lithography
[C]. Springer, 2016.

[10] TORRES J A, BERGLUND C N. Integrated Circuit DFM Framework for
Deep Sub-Wavelength Processes[C]. Proc SPIE, 2005, 5756.

[11] HO J, WANG Y, HOU Y C, LIN B S, YU C C, et al. DFM: A Practical
Layout Optimization Procedure for the Improved Process Window for an
Existing 90-nm Product[C]. Proc SPIE, 2006, 6156, 61560C.

[12] CHANG C C, SHIH I C, LIN J F, YEN Y S, LAI C M, HUANG W C, LIU
R G, KU YC. Layout Patterning Check for DFM[C]. Proc SPIE, 2008,
6925, 69251R.

[13] HOWARD W, AAPIROZ J T, XIONG Y, MACK C, VERMA G, VOLK
W, LEHON H, DENG Y, SHI R, CULP J, MANSFIELD S. Inspection of
Integrated Circuit Databases through Reticle and Wafer Simulation: An
Integrated Approach to Design for Manufacturing (DFM)[C]. Proc SPIE,
2005, 5756.

[14] HA N, LEE J, PAEK S W, KIM K S, CHEN K H, GOWER-HALL A,
GBONDO-TUGBAWA T, HURAT P. In-Design DFM CMP Flow for

Block Level Simulation Using 32nm CMP Model[C]. Proc SPIE, 2001, 7974, 79740W.

[15] SHIN T H, KIM C, YANG H, BAHR M. Advanced DFM application for automated bit-line pattern dummy[C]. Proc SPIE, 2016, 9781, 978114.

[16] NEUREUTHER A, POPPE W, HOLWILL J, CHIN E, WANG L, YANG J, et al. Collaborative platform, tool-kit, and physical models for DfM[C]. Proc SPIE, 2007, 6521, 652104.

[17] TSUNO H, ANZAI K, MATSUMURA M, MINAMI S, HONJO A, KOIKE H, HIURA Y, TAKEO A, FU W, FUKUZAKI Y, KANNO M, ANSAI H, NAGASHIMA N. Advanced Analysis and Modeling of MOSFET Characteristic Fluctuation Caused by Layout Variation[C]. 2007 IEEE Symposium on VLSI Technology Digest of Technical Papers, 2007: 204.

[18] SM S, BRAHME A, RAMAKRISHNAN V, MANDAL A. DFM: Impact Analysis in a High Performance Design[C]. 2011 IEEE: 12th Int'l Symposium on Quality Electronic Design, 2011:110.

[19] EISSA H, SALEM R F, ARAFA A, HANY S, EL-MOUSLY A, DESSOUKY M, NAIRN D, ANIS M. Parametric DFM Solution for Analog Circuits: Electrical-Driven Hotspot Detection, Analysis, and Correction Flow[C]. IEEE TRANSACTIONS ON VERY LARGE SCALE INTEGRATION (VLSI) SYSTEMS, 2013,21(5): 807.

[20] SUNDARESWARAN S, MAZIASZ R, ROZENFELD V, SOTNIKOV M, KONSTANTIN M. A Sensitivity-aware Methodology to Improve Cell Layouts for DFM Guidelines[C]. 12th Int'l Symposium on Quality Electronic Design, IEEE, 2011:431.

[21] JING J P, LIANG L, MENG G. Electromigration Simulation for Metal Lines[J]. Journal of Electronic Packaging, 2010, 132(1).

[22] CAPODIECI L. Design-Driven Metrology: a new paradigm for DFM-enabled process characterization and control: extensibility and limitations[C]. Proc SPIE, 2006, 6152, 615201.

[23] LORUSSO G F, CAPODIECI L, STOLER D, SCHULZ B, ROLING S, SCHRAMM J, TABERY C. Advanced DFM applications using Design Based Metrology on CD SEM[C]. Proc SPIE, 2006, 6152, 61520B.

[24] BLANTON R D, WANG F, XUE C, NAG P K, XUE Y, LI X. DFM Evaluation Using IC Diagnosis Data[C]. IEEE TRANSACTIONS ON COMPUTER-AIDED DESIGN OF INTEGRATED CIRCUITS AND SYSTEMS, 2017,36 (3): 463-474.

6.7 基於設計的測量與 DFM 結果的驗證

Chapter 07

設計與製程協作最佳化

在目前設計與製造分離的積體電路產業模式中，設計者所有關於製程的資訊，都來自物理設計資料庫（process design kit，PDK）和標準單元資料庫（standard cell library）。設計者將完成物理驗證的 GDSII 佈局交付給代工廠，之後與製程相關的 DPT、SMO、OPC 等流程則由代工廠完成，對設計者完全不可見。不同的設計最終在製造時會面臨何種的製程視窗，是否會帶來製造上的問題，設計者無從知曉。

從代工廠的角度，晶圓代工廠並不關心設計所需要實現的具體功能、時序、功耗、面積要求。設計者發表的佈局，只要能透過設計規範和可製造性檢查，滿足製程視窗的要求，即可發表製造。在這個過程中，存在以下兩個問題。

（1）製造者發現佈局上可能會出現問題的區域，很可能對於設計者正好是性能約束比較緊的關鍵區域，無法修改。

（2）即使設計者能夠修改，因為對佈局和設計的改動，需要對部分或全部設計做重新修正和驗證，客觀上延長了產品上市（time-to-market，TTM）時間。

在積體電路製造發展的初期，設計部門和製造部門之間幾乎沒有交流。後期隨著關鍵尺寸的持續縮減，針對製造的設計（DFM）幫助人們建立了從代工廠到設計者的單向交流途徑。隨著技術節點繼續演進，DFM 也不再能夠滿足積體電路製造的需要，需要引入新方法學對設計和製造進行支撐，於是 DTCO 應運而生，圖 7-1 列出了 DTCO 原理示意圖。DTCO 透過將製程資訊和設計資訊結合起來，並將這種互動貫穿到從設計到製造的整個鏈條，形成相互回饋的同步最佳化模式，在設計端與製程端的共同努力下，克服製造製程（特別是光刻製程）的瓶頸，最終達到改善良率、提高可靠性的目的。需要指出的是，DTCO 與 DFM 在概念上存在差別，DFM 強調在設計階段考慮製造的因素，而 DTCO 將概念擴充到了更大的範圍，不僅在設計階段需要考慮製程的資訊，在製程設計時也需要充分考慮設計需求，更需要強調的是設計和製程兩者的資訊互動和協作。

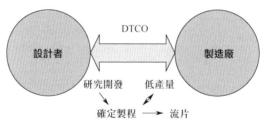

圖 7-1 DTCO 原理示意圖

在 DFM 的工作流程中，從製造廠到設計者之間的交流是單向的，主要依賴於日漸收嚴的設計規範檢查。DFM 是在流片之前做設計規範檢查，此時的製程流程和選單已經完全固化。如果設計違反了製造廠已經凍結的製程要求，則需要透過 DFM 找到這些有問題的位置，要求設計者修改。DTCO 在新製程技術節點的研發階段就已經開始引導，並貫穿研發的整個過程，包括涉及設計者和製造廠的多次資訊互動和最佳化循環。DTCO 是 14nm 技術節點以後發展起來的技術，其內涵與外延還在進一步完善中，本章將從設計流程的角度對 DTCO 進行劃分，包括製程流程建立過程中的 DTCO、設計過程中的 DTCO，同時重點介紹基於佈局的良率分析及壞點檢測的 DTCO。

7.1　製程流程建立過程中的 DTCO

新製程建立初期，製造廠需要摸索和確定基本元件結構和製程選單，並在此基礎上建立物理設計資料庫。元件結構、製程選單、物理設計資料庫三者之間相互影響，透過不同版本測試回饋和疊代最佳化的方式，最終得以確定。在此過程中，元件結構和製程選單屬於製程端，物理設計資料庫承載了將製程資訊固化為參數並傳遞元件電學參數的功能，設計者無須了解製程細節。舉例來說，透過 SPICE 模型，可以提取電學參數；透過設計規範，可以了解繪製佈局的約束和規則。因此，在製程流程建立階段，物理設計資料庫作為製程與設計之間對接的主要橋樑，是 DTCO 最佳化的主要目標。此階段偏重前期探索，將元件結構和電學參數，以及製程尤其是光刻製程緊密地綁在一起，以在建立物理設計資料庫和最佳化製程時，得到更大的探索空間和更精確的製程參數回饋。

7.1.1　不同技術節點 DTCO 的演進[1]

開發全新製程流程，最開始要面臨的關鍵問題是確定如何透過進一步壓縮關鍵尺寸，得到功耗、性能、面積、成本（power performance area cost，PPAC）的提升。從 DTCO 的角度需要綜合考慮以下因素。

7.1 製程流程建立過程中的 DTCO

（1）合理最佳化和利用新製程技術節點的製程能力，平衡製程複雜度與關鍵尺寸縮減。

（2）是否有合適的 EDA 工具來處理和最佳化新技術節點的物理設計。

（3）保證 PPAC 參數的提升要與新製程技術節點帶來的負擔匹配。

新製程技術節點，首先需要關注的是元件的幾個關鍵尺寸：金屬間距（metal pitch，MP）、接觸多晶週期（contact poly pitch，CPP）、Fin 週期（Fin pitch，FP）。對半導體製程，表 7-1 為上述尺寸受物理、材料及製程等因素限制所決定的極限值，從 14 nm 到 3 nm 先進技術節點，業界普遍認可表 7-1 中的幾個尺寸參數極限值。對於 MP，80 nm 為單次 193i 曝光下的解析度極限，40 nm 為雙重曝光下的解析度極限，24 nm 為銅互連的 RC 延遲對金屬間距所要求的極限；對於 CPP，40 nm 為 FinFET 為保證元件柵控能力所容忍的極限；對於 FP，24 nm 為 Fin 的製造製程所決定的極限。上述參數共同確定了新製程技術節點開發時的關鍵尺寸極限。下面將以與或非（and-or-inverter，AOI）邏輯單元為例，來説明隨著技術節點的演進，製程和元件需要協作考慮的關鍵因素。

表 7-1　新製程技術節點開發時的關鍵尺寸極限值

技術節點	N20[①]	N14	N12	N10	N7	N5	N3
MP / nm	80	64	56	48	40	32	24
CPP[②] / nm	100	80	70	60	50	40	30
FP[③] / nm	—	48	42	36	30	24	—

註：① 按照業界慣例，將某個奈米技術節點的稱為 NX 技術節點，X 為具體的節點尺寸，如 20nm 技術節點，稱之為 N20，其他依此類推。
　　② 1CPP=5/4 MP。
　　③ 1FP=3/4 MP。

1. N14 到 N10 技術節點

對於 N10 技術節點，M1 金屬層（以下簡稱 M1 層）的間距是 48 nm，需要採用三次曝光技術。原則上 48 nm 的 MP 採用二次曝光就可以達到，但考慮要實現較小的端-線間距，所以需要三次曝光技術來實現。圖 7-2（a）為 N14 技術節點的 9 track（track 是標準單元資料庫尺寸的計量單位，通常定義為 M2 層的間距值，業界通常也將 track 簡稱 T，為表述清晰，後文 T 和 track 將交替使用）AOI 標準單元，圖 7-2（b）為 N10 技術節點的 9T AOI 標準單元（其中 M1 層採用三重光刻），圖 7-3（c）為 N10 技術節點的 7.5T AOI 標準單元。為了補償 M1 層三次曝光所引入的附加製程代價，同時利用端-線間距小的優勢，透過設計規範及佈局最佳化可以將標準單元高度從 9T 降低到 7.5T，Fin 的數量也同時對應壓縮，AOI 的面積降低了 53%。

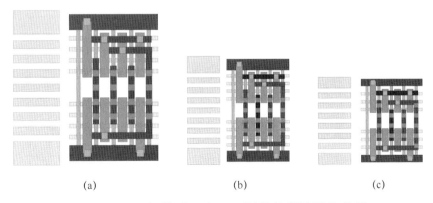

(a)   (b)   (c)

圖 7-2　AOI 標準單元在不同製程技術節點的佈局

2. N10 到 N7 技術節點

7 nm 技術節點下，關鍵尺寸比 10 nm 技術節點進一步壓縮，對於 DTCO 的需求更為迫切。AOI 標準單元在 10/7nm 技術節點的佈局如圖 7-3 所示，雙向走線的 M1 層透過傳統設計方式已經無法完成曝光。在圖 7-3 中，圖 7-3（a）為 N10 技術節點 M1 層採用單向佈局的 7.5T AOI 單元，圖 7-3（b）～圖 7-3（e）為幾種不同的設計方案：圖 7-3（b）的 N7 技術節點單元中 M1 沿著 Poly 單向佈線，圖 7-3（c）的 M1 偏移以適應最小面積約束，圖 7-3（d）採用交錯的 Poly 接觸點，圖 7-3（e）採用等效 Fin 數的 6T 高度的標準單元。為了解決雙向走線傳統方式無法完成曝光的矛盾，設計人員將單元間的連線[圖 7-3（a）中的單層 M1 雙向走線]分成了水平方向的 M0 層和垂直方向的 M1 層[分別對應圖 7-3（b）中的水平金屬線和垂直金屬線]，透過對接腳連接和電晶體走線的最佳化設計來保證設計規範。圖 7-3（c）～圖 7-3（e）在圖 7-3（b）的基礎上進一步進行了最佳化，以圖 7-3（e）為例，採用了 6T 標準單元設計，相對圖 7-3（d）的 6.5T 標準單元方案的面積縮減為 56%。特別說明，接腳連接作為標準單元最佳化重要部分，7.1.4 節中會專門討論。

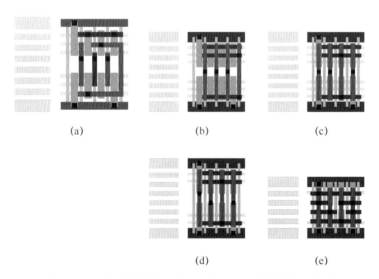

(a)　　　　　(b)　　　　　(c)

(d)　　　　　(e)

圖 7-3　AOI 標準單元在 10/7nm 技術節點的佈局

3. N7 到 N5 技術節點

相對於 7 nm 技術節點，5 nm 技術節點將面臨更為複雜的挑戰，尤其是對於 Fin 和 Poly 層。為了進一步縮減標準單元資料庫高度，需要從製程及設計兩個方面同時入手提出技術解決方案：製程上多晶矽閘級接觸在 Fin 之上形成；在設計上，對中段製程中前面幾層金屬壓縮尺寸，其他層尺寸壓縮則保持相對寬鬆。如圖 7-4 所示，圖 7-4（a）為 N7 技術節點的 6T AOI 標準單元，圖 7-4（b）為採用 EUV 光刻方案結合單向佈局的 N5 單元；圖 7-4（c）相對圖 7-4（b）採用了更緊湊 M0 設計規範的 N5 單元，相比圖 7-4（b），該設計方案實現了 48%的面積縮減[2]。

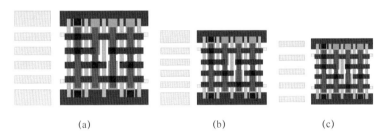

(a)   (b)   (c)

圖 7-4　AOI 標準單元在 7/5nm 技術節點的佈局

4. N5 到 N3 技術節點

3 nm 技術節點，整個元件結構都面臨顛覆性的改變，如採用閘極全環（gate-all-around，GAA）結構。在 GAA 結構中，閘極全環閘極通道區採用奈米線實現，奈米線閘極通道連接源極和汲極，四面則被閘極環繞。GAA 元件在元件結構上完全不同於以往的平面 MOSFET 和 FinFET 元件，因此對應的 DTCO 技術也將發生改變。在 3 nm 技術節點，DTCO 特別注意元件工程，不過並沒有太多具體的商用實現方法面世。相對於其他技術節點，3 nm 技術節點的 DTCO 更需要具有創新的想法和方案。

為此,在 3 nm 技術節點學研界提出一個新的概念,系統-技術偕同最佳化(system and technology co-optimization,STCO),其想法是:在一定的晶片尺寸下,透過增加核心單元(如邏輯 CPU、GPU 和 SRAM 等)的有效面積或電晶體的數量,同時將多種新興技術混合融入主流技術中,實現系統和技術的混合協作最佳化。這些技術包括 IO/analog 從晶片中分離、增加核心邏輯元件的有效面積、減少主晶片的尺寸及三維整合等。本質上,STCO 是 DTCO 的自然演進版本,隨著技術節點演進帶來的新製程/設計方案進化而來,所以習慣上人們仍然將其歸為 DTCO 範圍。

7.1.2 元件結構探索

7.1.1 節對不同技術節點的製程演進和 DTCO 最佳化做了概要性描述,但是並未涉及元件電學性能。如前所述,DTCO 除了考慮製造性的要求,更重要的目標是盡可能早地將製程資訊與電學性能要求關聯起來,並在盡可能小的製程及面積代價下實現更好的電學性能。元件參數直接決定了電路的電學性能,因此需要結合製程資訊和要求,確定合適的元件結構。

以 FinFET 元件為例,閘級長、閘級側壁(spacer)寬度及源汲接觸區面積是三個決定元件性能的重要參數。閘級長越長,元件的次閾特性越好,但閘級電容越大;閘級側壁越寬,可靠性和電容特性越好;源汲接觸區越大則源汲接觸電阻越小。上述三個參數之間存在設計衝突,因此需要透過最佳化找到一個滿足電路電性要求的同時製程製造層面能支撐的元件結構。

表 7-2 為 14/10/7 nm 技術節點的製程參數和基本設計規範,可以看到,在 7 nm 技術節點,CPP 為 42 nm,在閘級區,需要對閘級長(gate length，簡稱 gate）、閘級側壁厚度（thickness of spacer，簡稱 spacer）、源汲（S/D）接觸區長度（length of contact，簡稱 contact）三個參數做平衡以保證閘級週期滿足要求，三個參數組合如圖 7-5 所示。表 7-2 中，T_{spacer} 為閘級側壁厚度，R_{beol} 和 C_{beol} 分別為前段金屬的單位電阻和電容，V_{dd} 為電源電壓。

表 7-2　14/10/7 nm 技術節點的製程參數和基本設計規範[2]

技術節點	單位	14 nm	10 nm	7 nm
CPP	nm	90	64	42
MP	nm	64	48	32
FP	nm	48	36	24
gate length	nm	30	24	18
技術節點	單位	14 nm	10 nm	7 nm
Fin width	nm	10	7	5
Fin height	nm	30	30	35
T_{spacer}	nm	14	8	6
R_{beol}	Ω/μm	25	60	135
C_{beol}	F/μm	0.195	0.175	0.16
V_{dd}	V	0.75	0.7	0.65

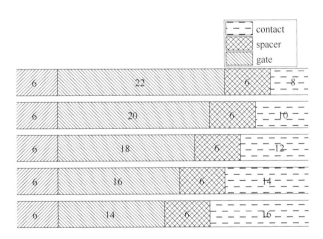

圖 7-5 CPP=42nm 時，源汲接觸區、閘級側壁及閘級長的不同尺寸組合方案

（1）接觸區：FinFET 接觸電阻大小與接觸區的結構參數和材料參數密切相關。接觸區的結構參數和材料參數包括：接觸孔大小、接觸區面積及接觸電阻率。不論是外延形成 S/D 接觸區的元件結構還是 Fin 將 S/D 套件圍的結構，接觸電阻都隨著接觸區的寬度降低顯著升高。以一個 3 個 Fin、採用外延形成 S/D 接觸區元件結構的 FinFET 為例，為了將總串聯電阻限制在 600 Ω 左右的水準，電阻率需要控制在 $5 \times 10^{-9} \, cm^2$ 以下，從製程上需要透過直接金屬矽化物（silicided）接觸或金屬-絕緣層-半導體（metal insulator semiconductor，MIS）接觸來實現。如果要進一步降低接觸電阻率，則需要考慮更為複雜和先進的製程手段。

（2）Fin 高度：Fin 高度與元件驅動電流為正相關關係，因此 Fin 高度在製造製程允許的範圍內越高越好，然而 Fin 高度提升可能會對其他電學參數（如接觸電阻）造成不利影響。對於外延 S/D 接觸的元件，隨著 Fin 長度的增加，接觸電阻的降低很快趨於飽和。相同電阻下流過更高的電流表示更高的電壓降（閘級源電壓 V_{gs} 和源汲電壓 V_{ds}），導致元件之間的電壓分佈不均衡。不過對於接觸區被 Fin 套件圍的元件結構，接觸電阻隨著 Fin 高度的增加一直呈顯著降低趨勢，因此元件驅動電流也隨之得以提升。

除了接觸電阻，Fin 高度增加帶來的另一個影響是閘級電容 C_{gate} 和閘級漏電容 C_{gd} 的同步增加。對於外延 S/D 接觸結構 FinFET 元件，當 Fin 高度達到 35 nm 時，頻率曲線面臨一個反趨點，在此反趨點之前，頻率隨著 Fin 高度的增加而增加，在此反趨點之後，頻率隨著 Fin 高度的升高而降低。對於接觸區被 Fin 套件圍結構 FinFET 元件，頻率反趨點為 40～45 nm。值得注意的是，對於兩種元件結構，C_{gd} 和 C_{gate} 的增加都將導致動態功耗增加。

（3）閘級側壁：閘級側壁的材料選擇直接影響元件的 AC 特性。圖
7-6 列出了環狀振盪器的 AC 特性。閘級側壁厚度越大，元件的接觸電
阻越大，元件飽和電流 I_{dsat} 越小；閘級側壁厚度越小，電容越大。因
此在電阻和電容之間需要尋找一個均衡點。從圖中可以看到閘級側壁
厚度為 5～6 nm 是比較合適的值。另一個能夠調節的參數是閘級側壁
材料的 k 值。將閘級側壁的 k 值降低能夠提升頻率特性，這是因為閘
級電容得以減低。但是 k 值過低又會帶來可靠性等問題，因此需要在
功耗/性能和可靠性之間找到平衡。

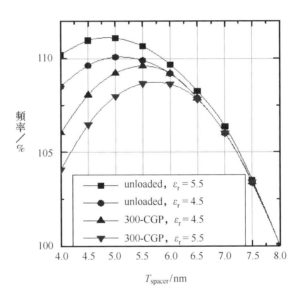

圖 7-6　環狀振盪器的 AC 特性

7.1.3　設計規範最佳化

設計規範定義了佈局設計的規則，以使最終設計的佈局滿足可製造性
的要求，從而保證製造良率。在 DTCO 的理念出現之前，主要透過設
計規範的限定來進行從製造廠到設計者之間的單向交流。設計規範通

常包括通用的佈局資訊、可靠性設計規範、針對閂鎖效應和靜電放電規則等。大技術節點情況下，新技術節點的設計規範可以直接從上一個技術節點等比例縮小得到。對於更小的技術節點，還需要結合新技術節點階段的新製程和新元件對縮減後的設計規範進行修正。但在修正的過程中，過於偏重製程角度，設計者只能按照製程限制下確立的設計規範進行佈局設計，並不是統籌設計和製程全域的最佳設計規範。因此，基於 DTCO 的設計規範最佳化，引起了業界的重視。基於 DTCO 的設計規範最佳化研究，有助設計者在進行設計之前，就將工序製造考慮進來。與此同時，晶圓廠也可以在技術節點研發的過程中直接採用與實際設計類似的佈局用於製程研發。

製程建立過程中的 DTCO，著重強調設計規範和製程的選擇和最佳化。對設計規範，重點需要考慮在該製程技術節點下，尤其是引入了新製程或新元件結構時，需要綜合考慮這些新因素對設計規範的影響。在製程的選擇上，本節將以光刻製程選單方案為例來說明設計規範和製程之間的相互影響。此外基於佈局資訊的製程敏感點的建立，對於新製程的偵錯和最佳化，以及對於設計規範的建立引導，都有著很重要的作用，下面將用一定的篇幅對此部分內容進行討論。

1. 設計規範的早期建立和評估

對於製程而言，設計規範是與設計相關的最重要的參數指標之一，設計規範任何細微的變動都可能會對製造產生巨大的影響。設計規範直接與佈局面積、製程偏差、功耗及性能相關。因為設計規範由製程製造方設定，所以對設計規範的系統評價和擴充一直是個技術難題。尤其在進入深次微米技術節點之後，光刻等製程因素對於晶片的各參數指標的影響越來越大，設計規範在建立過程中很難獲得巨量實際設計的驗證，進一步加劇了此問題。在製程建立和偵錯階段，要找到既有一定準確度，同時又能以統計模型為基礎對設計規範進行評估的方法。

一套開發的設計規範評估系統架構如圖 7-7 所示[3]，該系統用於製程建立之前的設計規範評估，在這個階段，沒有精確的評估模型可用，開發初期的設計規範的目的是在製程和設計技術完備之前，供製程偵錯使用。因此，對於製程相關的資訊，如可製造性和製程偏差等都採取近似模型。考慮到設計規範涵蓋的範圍巨大，所以對於面積的評估，採用佈局拓撲邏輯生成的方法來進行。

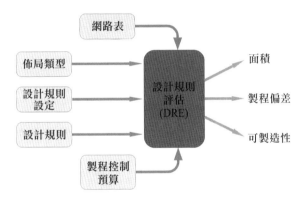

圖 7-7　一套開發的設計規範評估系統架構圖

評估系統的輸入為單元的網路表、佈局類型、設計規範設定、設計規範及製程控制預算。在該系統裡，只對評估的設計規範進行修正，其他保持不變。修正後的設計規範用來對佈局進行評估，同時決定面積、可製造性、製程偏差等關鍵參數。下面對這些關鍵參數如何進行評估做簡單介紹。

面積評估：面積評估主要與佈局拓撲邏輯生成和金屬走線擁擠程度相關。佈局拓撲邏輯生成的技術包括：N/P 電晶體配對、電晶體折疊、電晶體鏈堆疊，以及對觸發器鏈的分割和排序，其目的都是為了壓縮面積同時保證正常的金屬走線空間。圖 7-8 所示為一個 4 輸入的或與非（or-and-inverter，OAI）標準單元。

除了面積，可製造性也是評估設計規範必須考慮的因素。通常可製造性透過良率這一指標得以表現，通常將光刻製程中對良率的影響因素歸納為以下三種。

overlay 誤差：不同層之間的對準誤差。

接觸–導通孔誤差：接觸和導通孔之間由於對準問題導致的誤差。

隨機粒度誤差：製程過程中產生的隨機粒度而導致的誤差。

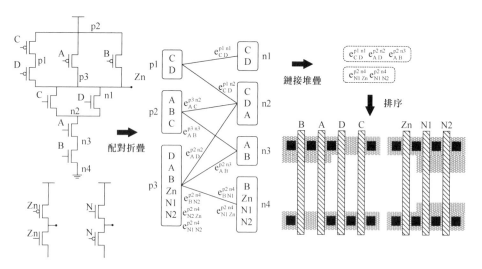

圖 7-8　4 輸入的 OAI 標準單元

最終總誤差是綜合考慮以上三者影響的集合，用公式表達為

$$Y = Y_{\text{overlay}} \cdot Y_{\text{contacts}} \cdot Y_{\text{particles}} \tag{7-1}$$

overlay 相關的良率可以近似為能避開 overlay 誤差與光刻中線–端短路
耦合的可靠機率（probability of survival，POS）。overlay 向量包括 x
方向和 y 方向，通常採用零誤差的均勻分佈和製程參數相關的 3σ 估
計。POS 的估算包括以下內容：接觸孔與多晶/M1/擴散區的連接錯誤、
閘級到擴散區的 overlay 誤差、多晶到擴散區的 overlay 誤差。

考慮到接觸孔誤差的隨機性，$Y_{contacts}$ 採用卜松模型近似，接觸缺陷的
平均數值 λ 等於佈局中的接觸孔數量 N_c 乘以接觸孔出現接觸錯誤的機
率 D_t。

$$Y_{contacts} = e^{-\lambda} = e^{D_t \times N_c} \qquad (7\text{-}2)$$

對於隨機粒度導致的良率損失，業界普遍採用負二項分佈：

$$Y_{particles} = \prod_{l=1}^{L} Y_{particles,l}$$

$$Y_{particles,l} = \prod_{j=1}^{k} \left(1 + \frac{A_{c,j} * D_0}{\alpha}\right)^{-\alpha} \qquad (7\text{-}3)$$

式中，$Y_{particles,l}$ 是 l 層的粒度所導致的良率損失；k 為缺陷種類（如電路
開路、電路短路）；$A_{c,j}$ 是缺陷 j 的平均關鍵面積；D_0 為缺陷平均密
度；α 為缺陷聚類參數。

製程偏差也是影響良率的關鍵因素。在短波長光刻區域，三種與光刻
相關的製程偏差來源影響最大：擴散區和多晶矽邊界處邊緣不平直、
套刻偏差和端回縮影響下的線端光刻誤差、不同光刻技術限制所導致
的 CD 偏差。上述因素對於閘極通道寬度和長度的影響可以分別建
模。最終反映在設計規範上的影響可以集總為

7.1 製程流程建立過程中的 DTCO

$$\Delta\left(\frac{W}{L}\right) = \frac{\sum_{\text{all gates}} \left|\Delta\left(\frac{W}{L}\right)_i\right|}{\left(\frac{W_{\text{tot}}}{L}\right)_{\text{ideal}}}$$ （7-4）

式中，i 表示了製程誤差的來源。

對設計規範早期評價系統的驗證，需要結合具體設計。舉例來說，Nangate 公司的 45 nm PDK 設計，實際製程在 65 nm 的商用製程線的製程。M1 和多晶矽層的線寬及關鍵的接觸導通孔大小，根據 ITRS 製程路線圖上的典型值設定。表 7-3 為 65/45 nm 製程資訊。

表 7-3 65/45 nm 製程資訊

參　　數	45 nm	65 nm
平均缺陷密度 / faults/m^2	1 395	1 757
臨界缺陷尺寸 / nm	34	45
最大缺陷尺寸 / nm	250	250
Fab 清潔度	3	3
聚類參數 (α)	2	2
接觸孔比率 / ppm[①]	0.00004	0.00004
套刻誤差 (3σ) / nm	13	15
Line-end pull-back (mean) / nm	10	14
閘極 CDU (3σ) / nm	2.6	3.3
M1 關鍵線寬/ nm	10	15
Poly 關鍵線寬/ nm	15	20
Contact 關鍵線寬/ nm	10	15

註：①百萬分之一，即 10^{-6}。

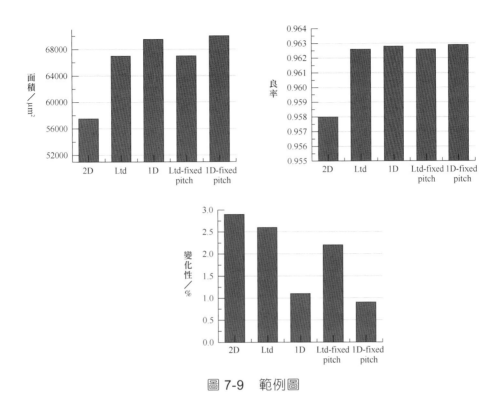

圖 7-9 範例圖

以 Poly 圖形為例，圖 7-9 列出了 45 nm 製程的面積，可製造性和製程誤差在不同多晶矽圖形下的值，單元高度為 10 個 track。一共比較了五種圖形構造方式，分別為：1D，即一維多晶佈線方式，多晶只能用於連接同一個電晶體對的兩個電晶體；1D-fixed pitch，在 1D 方式的基礎上，加上了 Poly pitch 固定的限制；Ltd，有限多晶佈線方式，多晶只能連接同一個 P 或 N 電晶體網路的相鄰閘極；Ltd-fixed pitch，在 Ltd 方式的基礎上，加上了 Poly pitch 固定的限制；2D，二維多晶佈線方式下，在滿足現有的佈線約束下多晶可以任意連接任何電晶體。可以看到，和有限多晶佈線模式相比，2D 多晶能夠節省 15% 的面積。但是，2D 多晶和 1D 多晶相比，會導致三倍的製程偏差，從而使得 CDU 增加。有限多晶和 1D 多晶相比，僅節省了 3% 的面積，卻付出了較大的製程偏差代價。因此,在多晶層允許使用 H、U 和 Z 等 RET 技術相容的圖形形狀,從製程和面積的角度均無益處。固定 pitch 的 1D 多晶實現方案,相對 pitch 不固定的 1D 多晶方案面積實現上幾乎相同。這些評估結果對在製程流程探索過程中設計規範的建立具有重要的指導和參考價值。

2. 基於圖形的設計規範評價

前面討論的快速評價系統偏重於從良率的角度對設計規範進行評價。從設計的角度,如果將佈線對於佈局圖形的要求加以考慮,在新技術節點的研發階段,代工廠將圖形對標準單元可佈線性的影響加以考慮,從可佈線性角度評估和選擇新技術,就不失為一種兼顧設計和製程要求的 DTCO 解決方案。

對於問題圖形有以下兩個極端的候選解決方案。第一個解決方案是在設計階段處理這個問題,透過設計規範禁止任何問題圖形的出現。但禁止所有的圖形對設計的限制太大,使標準單元的可佈線性變得非常困難,進而導致標準單元面積的增加。另一個解決方案是在設計階段對問題圖形不加約束,在佈線之後透過製程最佳化消除那些問題圖形。然而有些問題圖形可能始終無法得到解決。

解決上述問題的解決想法是採用混合方法,即在設計階段選取一部分為禁止圖形,在佈局佈線之後其餘的圖形則儘量透過製程最佳化的方法解決。選取圖形作為禁止圖形的原則為:對良率造成很大影響的圖形;對標準單元可佈線性造成的影響較小的圖形。透過光刻模擬可以辨識出那些對良率產生較大影響的圖形。而對可佈線性影響較小的圖形是指那些即使在設計階段被禁止也不會對標準單元的設計和佈線造成很大影響的圖形。另一種類似問題圖形的情況是限制性圖形化技術的出現，如 LELE 和 SADP。與單次曝光不同，這些圖形化技術都具有一些不可製造的圖形，對晶圓廠來說，在一個新的技術節點如何選擇合適的圖形化技術成為一個重要的問題。

如圖 7-10 所示為針對佈線的設計規範評估最佳化流程[4]，該流程輸入包含一組設計規範、標準單元的電晶體網路和一組禁止圖形。透過生成虛擬的標準單元資料庫，評估每個單元可能的佈線方案，同時避免使用指定的禁止圖形。在生成前端的圖層後，標準單元可能無法佈線。這種情況下將嘗試使用其他方案重新生成標準單元並嘗試佈線，如果仍然無法佈線將繼續嘗試直到佈線成功或達到一定的嘗試次數。框架最終會列出可佈線性的度量並對生成佈局的所有圖形進行計數。下面對流程中的各部分內容做簡介。

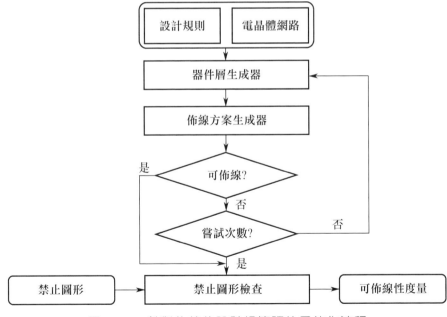

圖 7-10　針對佈線的設計規範評估最佳化流程

1）元件層生成器

流程首先為指定的標準單元生成必要的元件層。這個過程需要根據指定的設計規範和標準單元的電晶體網路建立所需的電晶體。首先使用元件層生成器生成標準單元的電晶體網路連同它們的連接位置，之後這些資料將輸入下一個模組，即佈線方案生成器。如果發現生成的標準單元不可佈線，那麼元件層生成器將被再次呼叫，直到整個流程收斂。

2）佈線方案生成器

佈線方案生成器試圖找出每個單元網路可能的佈線方案。指定單元中的所有網路，佈線方案生成器為每個單元生成候選的佈線解決方案列表。該生成器枚舉所有可能的佈線方案，而非使用特定的拓撲進行佈線。在每個網路內，邊界框的範圍由網路內連接點的位置決定。如果網路邊界框的高度、寬度低於一定的設定值，那麼邊界框需要擴充幾個軌道以方便網路繞線。每個網路可能的佈線方案是先將主幹放置在邊界框內的每個軌道上，然後從主幹建構垂直分支以到達每個連接點。對於每個網路的所有佈線方案，需要為每個標準單元建構完整的佈線。當然並不是所有的組合都會形成有效的佈線方案，因為不同網路的佈線可能會發生交換而造成衝突。圖 7-11 所示為不同的佈線方案範例，左圖顯示了兩個不同網路之間存在衝突而無效的佈線方案，右圖是一個有效佈線方案的例子。

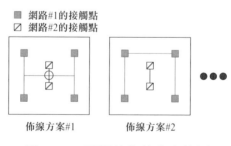

圖 7-11　不同的佈線方案範例

3）衝突檢查（可佈線）

網路衝突是指兩個網路的接線出現了重疊或交換。這些情況可以透過
對每個圖形的節點表示序列進行 AND 運算來檢查。如果 AND 運算的
結果存在非零項，那麼很明顯參與運算的網路間存在衝突。透過不同
網路間的 AND 運算進行網路衝突檢查如圖 7-12 所示。

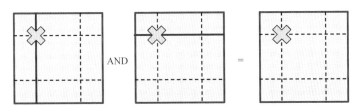

圖 7-12　透過不同網路間的 AND 運算進行網路衝突檢查

在某些情況下，佈線方案生成器可能無法找到可以佈線的方案。在這
種情況下，它會選擇不可佈線網路最少的方案作為返回。這個問題可
以被定義為一個整數線性規劃問題（ILP）。

4）禁止圖形檢查

根據指定的禁止圖形檢查生成的佈線方案。一個掃描視窗以軌道寬度
為步進值在佈局上滑動，並且在每個行和列組合處開始形成所需大小
的圖形。圖形中的軌道被序列化表示，如圖 7-13 所示，以便與輸入的
禁止圖形進行快速匹配。圖 7-13 中左側是元件層生成器生成的單元，
十字標記表示需要連接的接觸點。在這個單元中有四個網路：a1、a2、
Net_000 和 Zn。中圖和右圖展示了兩種可能的佈線方案。如果佈線方
案中包含任何禁止圖形，則將其放棄。圖 7-14（a）所示是一個禁止圖
形，圖 7-14（b）所示的佈線方案將被放棄。

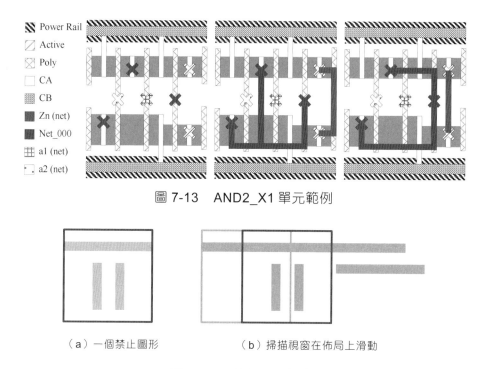

圖 7-13　AND2_X1 單元範例

（a）一個禁止圖形　　　（b）掃描視窗在佈局上滑動

圖 7-14　禁止圖形檢查

5）可佈線性度量

流程輸出是可佈線性度量。該框架將得出可佈線單元的數量、佈線方案的總數及「與可佈線資料庫的差距」，前兩個度量表示不使用禁止圖形時對單元佈線的難易程度。如果一組禁止圖形使得可佈線方案的數量大大降低，那麼這些圖形就不應在設計階段被禁止。

當需要比較兩組禁止圖形 A 和 B 時，首先我們把 A 組和 B 組分別作為輸入進行評價。如果 A 組結果中可佈線單元的數量較低，則 A 組禁止圖形對可佈線性的影響更大。如果兩者可佈線單元的數量相同，但是 A 組可佈線方案的數量更少，那麼 A 組禁止圖形的影響比 B 組的大。如果 A 組和 B 組中僅有一個圖形不同，則要進一步研究可佈線性對特定圖形的敏感度。

以 LELE 和 SADP 兩種不同光刻方案應用於此流程得到的比較結果為例。SADP 方案對套刻誤差的容忍度要比 LELE 好很多，為了更進一步地利用 SADP 的套刻優勢，假設製程中不允許使用剪貼光罩（因為套刻誤差的限制）。在 LELE 方案中，拆分中的奇數週期問題都可以透過拼接圖形的方式解決，但在 SADP 方案中卻無法採用這種方法。禁止圖形的一組範例如圖 7-15 所示，圖中的這些圖形都需要拼接圖形技術，所以這些圖形只和 LELE 方案相容，而不相容於 SADP 方案。

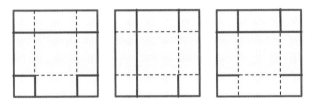

圖 7-15　禁止圖形的一組範例

以 22 nm 平面 CMOS 方案為例，輸入的 92 個標準單元中只有 78 個在當前設計規範下是可佈線的，基於這些單元，以 LELE 方案的結果（即沒有禁止圖形）作為基準與 SADP 方案的結果（使用禁止圖形）做比較，結果見表 7-4，主要特徵如下。

表 7-4　SADP 方案與 LELE 方案分析結果的比較

方案	可佈線單元	佈線方案	百分比	佈線方案差異
SADP	77	2766	17.1%	1
LELE	78	3338	0%	0

（1）可佈線單元：具有一個或多個佈線方案的標準單元的數量。

（2）佈線方案：所有單元的佈線方案的總數。

（3）佈線方案差異：當前佈線方案和基準方案中佈線方案數目之間的差距。

在某些情況下，評估最佳化流程可能會嘗試不同的元件層設計以便找到佈線方案，但是這樣也會改變單元面積。因此，為了根據可佈線性進行公平的比較，需要對疊代次數進行限制，使得為 SADP 方案生成的單元面積與 LELE 方案生成的單元面積相同。

根據表 7-4 中的實驗結果，為了利用 SADP 套刻誤差的優勢，犧牲了 1.3%的可佈線單元和 17.1%的佈線選擇。為了做出正確選擇，需要枚舉所有相容 LELE 方案而對 SADP 方案不相容的那些圖形作為禁止圖形，同時也要枚舉所有相容 SADP 方案而不相容 LELE 方案的圖形，並比較這兩種情況的結果。這些圖形的選取是透過蒙地卡羅方法來產生大量的隨機圖形，並對這些圖形進行 LELE 和 SADP 分解，然後，相容 LELE 方案且不相容 SADP 方案的圖形將被用作 SADP 方案的禁止圖形，反之亦然。

3. 基於 DPT 的設計規範最佳化

雙重曝光（DPT）是 22 nm 技術節點以後常用的光刻製程方案，即將一張佈局拆分為兩張佈局來分次曝光的技術，是緩解光刻機和製程所面臨的裝置/製程極限的解決方案。但是圖形的拆分會帶來圖形拼接邊界等問題，這些問題即使經過後面 OPC 等環節的調整，也可能依然存在，從而直接影響晶片良率。在設計規範建立的過程中引入對 DPT 的考慮，採用設計和製程協作最佳化的想法，則可以降低上述問題帶來的影響，提高設計規範的穩固性。下面將以 14/10 nm 技術節點下採用 DP 方案實現的 M1 層來說明在製程建立過程中設計規範是如何建立和最佳化的。基於 DPT 的設計規範最佳化流程如圖 7-16 所示，其步驟如下。

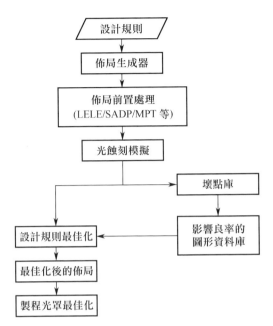

圖 7-16　基於 DPT 的設計規範最佳化流程

（1）收集和編寫設計規範：選擇足夠數量的初始設計規範，以此為基礎生成出較大數量的隨機佈局。這些佈局大部分為經典圖形，如單獨線條、密集線條等，還包括一些特殊圖形，如 U 形、三叉形、方角形等，圖 7-17 所示為特殊圖形範例，圖 7-17（a）為 U 形特殊圖形，圖 7-17（b）為三叉形特殊圖形，圖 7-17（c）為方角形特殊圖形。表 7-5 所示為設計規範及圖形產生條件範例。

表 7-5　設計規範及圖形產生條件範例

規則	條件	結果
a	If $y < 0.154$ μm	$x \geq 0.056$ μm
b	If $y \geq 0.070$ μm	$x \geq 0.084$ μm
c	If $x \leq 0.056$ μm	$y \geq 0.056$ μm

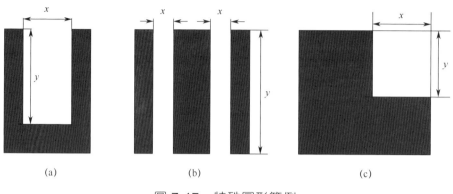

(a)　　　　　　　　　(b)　　　　　　　　　(c)

圖 7-17　　特殊圖形範例

這些規則需要反映出每個圖形的位置放置、不同圖形之間的關係等。後續大量隨機的圖形都基於上述的基礎圖形產生。對於不同類型的圖形，指定不同的權重值：如對於本例中的 M1 層，垂直方向的圖形比水平方向的圖形多，所以對於垂直方向指定更高的權重值。其關鍵的兩個設計規範是：最小特徵線寬（CD）為 22 nm，最小 pitch 為 44 nm。

（2）佈局前置處理：包括刪除電源軌道線和實現關鍵圖形拆分。

刪除電源軌道線：在設定好規則檔案及其他相關參數後，透過專門的佈局隨機生成軟體，可得到規模隨機佈局。首先，對整個佈局進行整體的大致分析，除去不合理的地方。舉例來說，從實際設計考慮，電源軌道設計也不會如此多和緊密。因此，我們在生成的大規模佈局上刪除了電源軌道線，如圖 7-18 中的方框所示。其次，由於無規則生成佈局，在最終生成的佈局中，存在一些異常圖形，這些異常圖形會造成製程視窗的收緊，同時也不應該在實際的設計中出現，因此，我們在最終的佈局中，將這些異常圖形刪除。

實現關鍵圖形拆分：對於 DPT，業界目前比較成熟的兩個方案是 LELE 和 SADP。該流程選擇了 LELE 作為光刻解決方案。整個 LELE 圖形拆分分為三個步驟：首先處理關鍵圖形，接著處理非關鍵圖形，最後對每個拆分的圖形建立準確光學模型和光源，並完成基於模型的圖形拼接和整個佈局的 OPC。

電源導軌

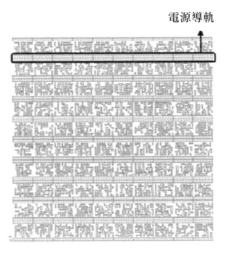

圖 7-18　生成的大規模隨機佈局

（3）設計規範最佳化：基於獲得的精確光學模型和光源分佈，計算出對應的製程視窗。如果製程視窗能夠滿足製程製造可接受的範圍，那麼當前的設計規範可以被接受，不然需要調整設計規範來擴大 DOF。透過尋找壞點及觀察周圍圖形來最佳化設計規範。

步驟 1，選擇恰當的單元大小。選擇合適的圖形及圖形大小非常重要，所選圖形要能反映出佈局的關鍵 CD 和 pitch。此外，還需剔除一些異常圖形，這些圖形通常不會出現在實際設計中，同時會導致製程視窗的縮小。根據上述原則，選定了兩個單元視窗作為最佳化實例，如圖 7-19 所示，在這兩個實例圖形中，剔除了諸如小尖角之類的異常圖形。

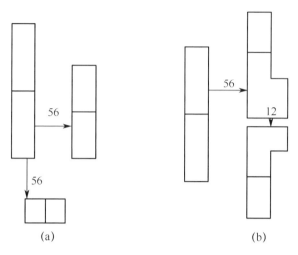

(a)　　　　　　　　　　　(b)

圖 7-19　　兩個分割圖形的單元視窗

步驟 2，設計規範最佳化。對上述圖形拆分的 SMO 結果為如何最佳化設計規範提供了線索和最佳化方向。透過不斷地進行 SMO 最佳化疊代，流程如圖 7-20 所示，最佳化流程以沒有任何製程視窗的圖形出發，不斷調整圖形的尺寸或位置並做 SMO 模擬，直到獲得滿意的製程視窗為止，同時也確定了初步的設計規範。

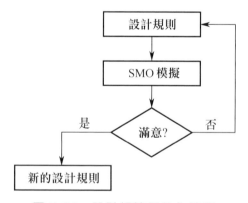

圖 7-20　　設計規範最佳化流程

設計與製程協作最佳化／**07**

步驟 3，透過圖形拆分和 OPC 模擬來進一步調整設計規範。圖形拆分之後的佈局和光刻輪廓是本步驟的最佳化初始點。在本例中，對典型的 U 形和 L 形的圖形分別進行了微調，透過局部調整圖形尺寸大小和位置來進一步最佳化設計規範。圖 7-21（a）是原始 L 形佈局圖形，圖 7-21（b）為初始曝光輪廓和最佳化後曝光輪廓的比較。為了保證兩個相鄰 L 形之間保持足夠的距離，將之前的 30 nm 擴充到了 50 nm。之前存在的橋連問題透過調整設計規範獲得了解決。

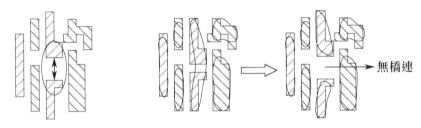

(a) 原始L形佈局圖形　　　(b) 初始曝光輪廓和最佳化後曝光輪廓的比較

圖 7-21　原始 L 形佈局圖形和 OPC 結果的比較

7.1.4　針對標準單元資料庫的 DTCO

傳統標準單元資料庫的設計涉及大量的人工操作，因為工業界遵循完全客戶化設計的設計和最佳化。大部分的情況下，設計人員透過對數位模組佈局佈線的品質因數進行疊代評估的方式提高標準單元資料庫的性能，這種人工方法大大延長了設計收斂的時間，設計者需要自動化的、能夠快速反映佈局設計性能的標準單元資料庫最佳化評估工具，以減輕設計壓力。

另外，不同的標準單元方案為設計和製程提供了協作最佳化空間。標準單元資料庫高度的最佳化與性能直接相關，標準單元資料庫的接腳則直接影響後續佈局佈線，同時其結果跟光刻方案的選擇密不可分。

7-29

此外，從光刻的角度看，標準單元資料庫的拼接也是在設計時需要考慮的問題。

1. 標準單元資料庫高度的最佳化[5]

對於新製程節點，評估要素之一為主動區面積，其直接決定了晶圓單位面積上的電晶體個數，從而決定了該製程節點的流片代價。對於邏輯電路，主動區面積由標準單元的 track 高度決定。標準單元資料庫的 track 高度通常用標準單元資料庫的實際高度除以金屬層 pitch 得到的整數值。對於 FinFET 結構，track 高度由標準單元主動區所能容納的鰭數目所決定。圖 7-22 所示為不同標準單元設計所對應的功耗和頻率特性，可以看到，性能和功耗之間存在折中關係。N7_Pex_100CPP 為 7 nm 製程標準單元資料庫，N10_Pex_100CPP 為 10 nm 製程標準單元資料庫。

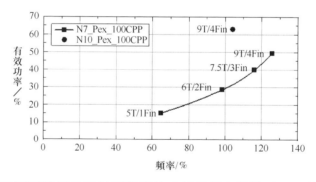

圖 7-22 不同標準單元設計所對應的功耗和頻率特徵（不同數量的鰭）

標準單元資料庫高度不同，需要對應採取不同的結構和實現製程。下面以 7 nm 製程為例，重點討論 7.5 track、6.5 track 和 6 track 標準單元結構和實現製程，以及在 DTCO 方面的考量。9 track 結構由於與 7.5 track 結構高度類似，這裡不做詳細介紹。

1）7.5 track 標準單元結構

在 7.5 track 結構中，M1 層和 FEOL 之間的中間層的 MINT 金屬層為水平方向走線。透過加入 MINT 層，可以更靈活地將 FEOL 層連接，並且可以為 BEOL 的繞線層提供更大的空間。M2/MINT 的週期為 32 nm，整個標準單元高度為 240 nm，單一元件可以容納 3 個 Fin。Fin 到 Poly cut 的間距是 23 nm。M0G 位於單元中央，M0A 和 M0G 的間距是 11 nm，這個距離可以保證足夠的套刻偏差，如圖 7-23（a）所示。在圖 7-23（b）所示的 NAND（反及閘）結構中，閘級連接採用 M0G 反向連接，並利用一個 Dummy 閘級做隔離。

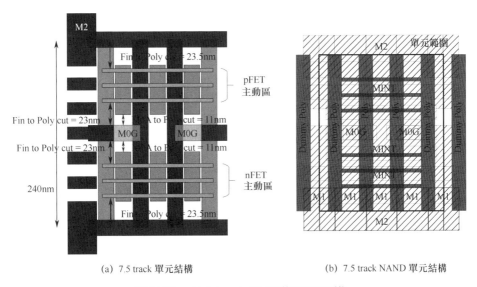

(a) 7.5 track 單元結構　　　　(b) 7.5 track NAND 單元結構

圖 7-23　7.5 track 的標準單元結構

2）6.5 track 標準單元結構

6.5 track 結構與 7.5 track 結構相比，兩者的基本設計規範是相同的。6.5 track 結構只有 5 個 MINT 繞線 track，減少了兩條訊號繞線 track。VDD/VSS track 被移動到 MINT 處，M2 有更大的訊號繞線空間，M0G

用於所有閘級的連接。6.5 track 結構與 7.5 track 結構類似，每兩個閘級就需要一個假閘級作為隔離。6.5 track 結構透過採用自我對準閘級接觸技術（SAGC），該技術為閘級接觸的佈局提供了更多的選擇，需要更少的假閘級插入，因此對應的佈線需要更少的資源，高度得以壓縮。6.5 track 的標準單元結構如圖 7-24 所示。

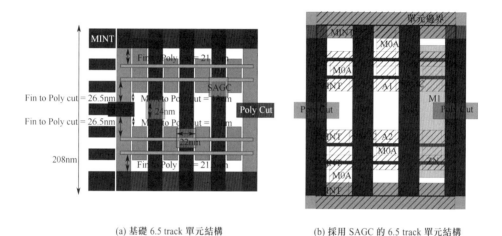

(a) 基礎 6.5 track 單元結構　　　　　　　(b) 採用 SAGC 的 6.5 track 單元結構

圖 7-24　　6.5 track 的標準單元結構

3）6 track 標準單元結構

6 track 的標準單元結構如圖 7-25 所示，6 track 結構與其他結構的不同之處在於採用了電源軌道埋層技術，電源軌道從 MINT 改為一個埋層軌道，該軌道比寬度為單一關鍵尺寸寬度的 MINT track 略大，該電源軌道的重要特徵是，track 的深度一般都大於 70 nm，從而極大地降低了電壓降。電源軌道埋層放置在標準單元的頂部和底部，M0A 直接連接到該電源軌道埋層，兩者之間無須導通孔連接。6 track 結構同時也延續採用了 SAGC 技術，為佈線提供了更為靈活的選擇和空間。

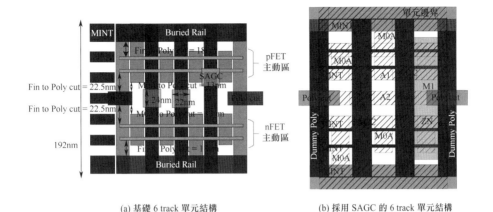

(a) 基礎 6 track 單元結構　　　　　　　(b) 採用 SAGC 的 6 track 單元結構

圖 7-25　6 track 的標準單元結構

對於標準單元資料庫，其評估標準有以下幾個主要參數，即面積、延遲。接下來將對上述的 7.5 track、6.5 track 和 6 track 標準單元結構就面積和延遲分別做評估和比較。7.5 track 結構將作為比較基準線，評估的標準單元資料庫中的單元包括反及閘、反或閘等基礎單元結構。

（1）面積評估和比較。不同標準單元結構相對 7.5 track 結構所節省的面積增益，如圖 7-26 所示。

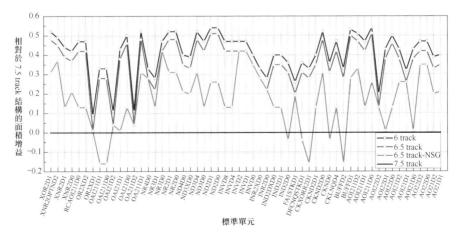

圖 7-26　不同標準單元結構相對 7.5 track 結構所節省的面積增益

圖中，6.5 track -NSG 對應未採用 SAGC 技術的基礎結構 6.5 track 標準單元資料庫。整體來說，對於大部分單元，其面積相對 7.5 track 結構都有不同程度的面積減小，不過也有部分異常情況存在，如 OAI22 單元，6.5 track -NSG 相對 7.5 track 結構反而面積更大，因為其每個單元包含了四個輸入和一個輸出，因此在 MINT 資源減少的情況下，佈線變得比較困難，設計者需要更多的假閘級結構來完成內部佈線。在所有的標準單元資料庫高度壓縮過的結構中，6.5 track -NSG 在面積壓縮上呈現的優勢最小，並且對於某些單元，實現面積不減反增。6.5 track 和 6 track 結構的標準單元，則面積普遍有所降低，降低趨勢也比較平滑，基本集中在 0.3～0.6 面積增益區間。

（2）延遲評估和比較。標準單元的延遲採用 Cadence 的 Liberate 來計算，GDS 格式的佈局檔案、SPICE 模型作為輸入，透過對輸入時鐘偏斜和輸出負載電容的模擬，得到標準單元的電學性能。不同標準單元結構相對 7.5 track 結構所降低的延遲比例如圖 7-27 所示。6.5 track 和 6 track 結構有 53%的單元延遲性能相對 7.5 track 結構得以提升，延遲性能提升的主要原因是更緊湊的單元結構其寄生電容更小。大約 34.6%的單元比 7.5 track 結構的延遲增加 1%~10%，另外有 12%的單元延遲增加超過 10%。整體平均下來，6.5 track 和 6 track 結構比 7.5 track 結構慢了 4.5%~5%。究其原因，是單元結構的設計並未在輸出級增加 Fin 的數目或電晶體的數目，單閘級的驅動能力有限。因此在低電壓區域，這些結構性能表現不佳。這種性能上的不足可以透過增加 Fin 或電晶體的數目來改善，雖然這樣肯定會引入一些面積負擔，但是最終面積依然會優於 7.5 track 單元資料庫。

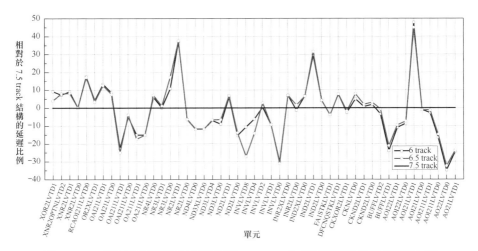

圖 7-27　不同標準單元結構相對 7.5 track 結構所降低的延遲比例

整體來說，7 nm 技術節點要最大化製程更新收益，需要在保證性能滿足要求的基礎上，盡可能地壓縮標準單元資料庫高度。然而，標準單元資料庫的壓縮，除了受到前面所述的元件參數的影響，還需要綜合標準單元之間相互連接時的接腳連接及佈線等因素，從而平衡最佳化上述各參數，得到更符合設計需求的標準單元資料庫。因此，在後續的內容中，將討論接腳連線對標準單元資料庫設計的影響。

2. 標準單元資料庫接腳連接數量最佳化[7]

標準單元資料庫中的接腳可連線性可以直觀地用節點的連線數作為表徵指標之一，接腳的連接數量和置放直接決定了標準單元後續與周圍電路的互連和佈線難易程度，也對電路的性能有影響。因此，對接腳連接數量的研究很有必要。

一個接腳連接點可以視為接腳 Mx 與接腳 M(x+1) track 之間的交換點。舉例來說，如果 x 是 1，則我們稱之為接腳 M1 與 M2 track 的連接點。一般來說標準單元的輸入接腳數目遠多於輸出接腳數目。舉例來説，4 輸入反及閘 NAND4X1 接腳連接示意圖及佈局如圖 7-28 所示，有 A、B、C 3 個輸入，1 個 Z 輸出。其標準單元高度為 12 個 M2 track。GIL 為本地連接層，GIL 透過 V0 層來連接多晶閘級和 M2 層。M1 層為二維圖形層，採用 DP 方案實現。多晶層為單向圖形層，也採用 DP 方案。NanGate 15 nm 中標準單元接腳大部分分佈在 M1 層，也有部分分佈在 M2 層。

通常來説，輸入的接腳為透過接觸孔（如 V0）將 M1 連接到多晶閘級層。例如，圖 7-28 中 M1 上的 A 接腳，一共有 5 個存取點。需要注意的是，A 接腳的存取點統計不包括兩個端點，因此 A 接腳的存取點數目不是 7 而是 5。輸出接腳通常是在 M1 層將不同電晶體的源汲連接在一起，輸出接腳一般由數個線段組成，因此與輸入接腳相比，可提供更多的存取點。

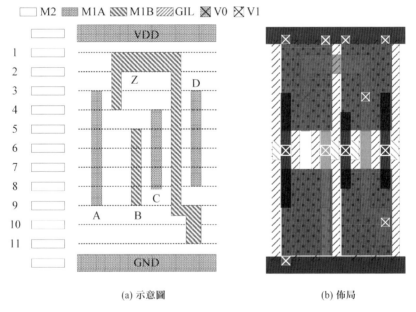

(a) 示意圖   (b) 佈局

圖 7-28   4 輸入反及閘 NAND4X1 接腳連接示意圖及佈局

連接點數目是接腳可連線性的直觀指標。然而，在實際佈局中，接腳分佈密度較高，同時還受到金屬面積的限制，透過某個看似毫無問題的可連接點連接某個接腳，很可能會導致周圍其他接腳無法連接。顯然，某個點是否可與它周圍的環境連接，尤其是臨近是否存在其他接腳連接點直接相關。如果接腳距離相隔較遠，則可以緩解或完全消除上述問題。

對於標準單元，如果接腳的可存取點越充分，接腳的分佈越分散，則標準單元的接腳可連線性越好，也越有利於佈線。然而，接腳可存取點數目越多，則表示更長的連線、更大的寄生電容，後續可能會對標準單元的時序性能造成影響。

一個最佳化上述問題的直觀想法是，對於指定的標準單元資料庫，逐步壓縮各個單元的接腳數目形成新單元資料庫，同時評估新單元資料庫在晶片級的走線受影響程度。這個最佳化的過程同時也要考慮實際佈局和製程實現的可行性。以圖 7-29 為例，圖 7-29（b）是在圖 7-29（a）的基礎上透過壓縮單元的接腳數得到的新單元。在實際製程中，圖 7-29（b）所示的梯狀可連接點分佈在實際設計中很少存在，這是因為單元中的大部分位置都是源汲的擴散區。

這些問題在圖 7-30（a）中得到更好的表現，圖 7-30（a）中的 4 個輸入接腳都被 GIL 錨定。因為將 M1 和 GIL 相連的 V0 不能位於擴散區之上，因此該單元的 GIL 的位置很難移動，自然也就無法採用圖 7-30（b）所示的梯狀接腳分佈了。圖 7-30（b）所示的接腳分佈方案，雖然連線距離最小，但是從佈線角度依然可能存在問題，而圖 7-31 拉開了接腳之間的距離分佈，是比較合適的折中方案。

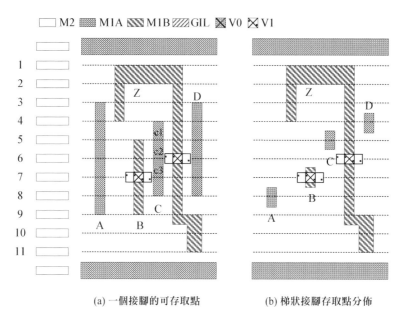

(a) 一個接腳的可存取點　　　(b) 梯狀接腳存取點分佈

圖 7-29　壓縮接腳數後的接腳連線方案

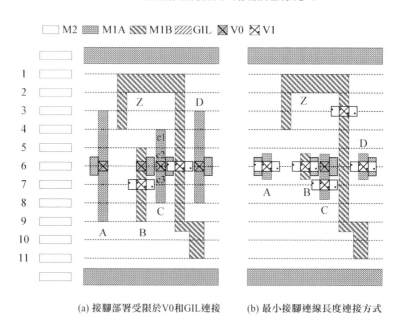

(a) 接腳部署受限於V0和GIL連接　　(b) 最小接腳連線長度連接方式

圖 7-30　接腳部署受限接腳連接

從上面的例子可以看出，標準單元的可佈線性與其每個接腳所對應的可用、可連接點的數目是相關的。接腳連線設定與後序佈線步驟密切相關。

（1）對於相同的電路，可用於佈線的金屬層資源越多，接腳連線問題越可能得到緩解。可用於佈線的金屬層資源越少，接腳連線問題越嚴重。

（2）如果接腳連線問題較多，則需要引入的導通孔數越多。

（3）單元的接腳可連線數如果少於某個設定值，則佈線變得困難，很多情況下甚至無法成功佈線。

上述結論對於先進節點的標準單元資料庫均具有較好的普適性和借鏡意義，因此在設計標準單元資料庫時，要充分考慮接腳存取點的數目設定。除此之外，接腳存取點的位置設計也關係到標準單元資料庫後續是否能成功連線和佈線。

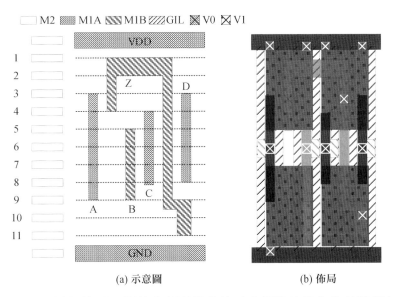

(a) 示意圖　　　　　　　　(b) 佈局

圖 7-31　接腳位置受限於內部訊號佈線（未標注的線為佈線障礙）

7.2 設計過程中的 DTCO

新製程的流程確定之後，對應的 PDK 和標準單元資料庫就得以確立了。設計者從代工廠拿到上述資訊，從系統架構開始，逐步完成前端設計、前端驗證、後端實現、後端驗證幾個過程，具體流程見第 2 章。在物理設計階段，雖然後端實現和驗證需要呼叫單元資料庫，但是標準單元資料庫由代工廠提供，所有參數已經固定，無法修改，所以本節討論的 DTCO，偏重於在物理設計流程如何引入製程相關資訊。具體著眼點主要在於利用製程資訊，最佳化設計流程中各個環節提高性能和良率。

7.2.1 考慮設計和製程相關性的物理設計方法

隨著 VLSI 設計的複雜性不斷增長，物理佈局階段和製造製程流程中的幾何結構之間的相互作用越加緊密。在理想情況下，物理設計驗證步驟應該能夠捕捉物理設計中的所有在後續製程過程中可能會造成良率下降的幾何結構，然而傳統物理設計中的設計規範檢查並不能檢查到這些由於製程過程中的形變可能會影響元件良率的圖形。

雖然物理設計在層內和層間尺寸資料上非常豐富，但是在進行 DRC 驗證時，這些層內和層間尺寸資料只有極小部分真正被採擷和分析。理想的物理佈局分析/驗證工具不會對設計中預期發現的設定或尺寸做任何先驗假設。現有 EDA 工具的做法是將已知的幾何圖形分類為合格/不合格，同時發現那些缺乏對應製程資料的新幾何形狀及其尺寸資訊。因此，除了能夠像傳統 DRC 工具所做到的生成監督資料外，如何產生用於自主學習的輸入資料，透過資料累積來建立新的設計和製程間的相關性，是物理設計中 DTCO 需要考慮的核心內容。後文將基於此理念，介紹在物理設計流程中，從物理尺寸設定、物理尺寸測量、資料處理及分析等部分，組成物理設評分析器，以此說明 DTCO 概念如何貫穿在物理設計中[7]。

1. 物理設評分析器

物理設評分析器包括以下幾個模組：規則生成器、測量物理尺寸的模組、用於過濾相關資料的資料轉換和壓縮模組、對資料進行統評分析的計算模組、用於儲存來自不同設計的資料的資料庫和生成訂製報告的報告引擎。物理設評分析器工具流程及架構圖如圖 7-32 所示。

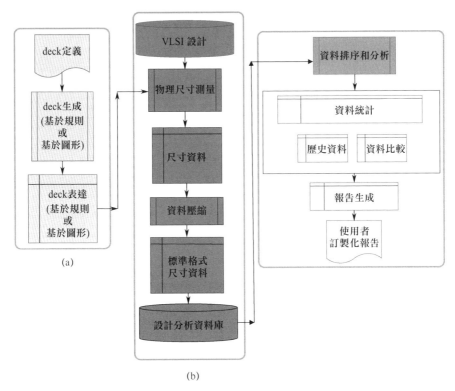

圖 7-32　物理設評分析器工具流程及架構圖

除能夠報告所有關鍵的層內和層間尺寸外，該工具還能夠跨設計進行比較，並報告觀察到的它們之間的關鍵尺寸差異。透過增加製程資料，可以擴充該工具來建構設計評分模型，以預測晶圓良率。

deck（圖形框架，用於定義和描述幾何規則）在 VLSI 設計上輸出尺寸測量結果，是圖 7-32 所示流程中的第一個模組。圖 7-33 所示為如何建構和全面衡量設計中所有相關尺寸的 deck，這些 deck 共同定義了所在技術節點的製程假設。

多邊形的每條邊都有兩面，一面朝向多邊形的內部，另一面朝向多邊形的外部，如圖 7-33（a）所示。圖 7-33（b）所示為設計中兩個不同層內和之間的邊緣取向的全部 5 種不同組合。尺寸名稱由以下兩部分組成。第一部分是參與測量的層數。當測量是層內測量時，等於 1L，當測量是層間測量時，等於 2L。第二部分是內部的"IN"、外部的"EX"和外殼的"EN"。透過使用這個命名約定，5 個組合可以表示為 1LEX、2LEX、1LIN、2LIN 和 2LEN，如圖 7-33（c）所示。該圖還展示了這些尺寸的等效模式，其中層 1 被表示為"1"，層 2 被表示為"2"，兩層表示為"3"，沒有任何層表示為"0"。

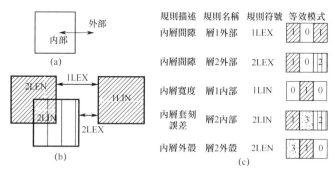

圖 7-33　deck 建構圖

為了系統地列舉設計中的所有相關尺寸，使用了基於矩陣的方法，如

圖 7-34 所示。尺寸有三種,圖 7-34(a)為內部(間隙)尺寸,圖 7-34
(b)為外部(寬度)尺寸,圖 7-34(c)為包圍尺寸。透過沿著行和
列方向並按流程順序列出設計圖層來建構矩陣。矩陣按照水平和垂直
方向,包含了每個內部、外部和外殼尺寸資訊。如果某個尺寸是該製
程的關鍵尺寸,則矩陣中的每個單元將填入對應的規則名稱。在圖 7-34
(a)頂部的列舉垂直空間測量(外部)的矩陣中,左上角的單元用
1LEX 填充,表示垂直空間測量。第 3 行第 1 列中的單元為空,因為
層 L1 和 L3 之間的垂直空間尺寸從製程角度來看並不重要。deck 生成
模組將一個矩陣陣列作為輸入,並生成對應的規則或一維圖案 deck。
任何複雜的基於圖案/規則的 deck 同樣可以在流程中方便地使用,而
不改變任何其他元件。

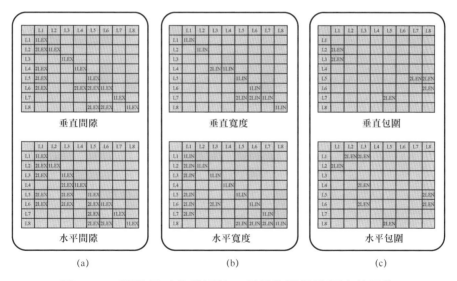

圖 7-34　關鍵尺寸枚舉矩陣,用於物理設計層中的子集

2. 資料提取和儲存

資料提取模組從輸出中提取相關資訊完成以下功能。

（1）所有層的設計資料被儲存在合理大小的資料庫中。

（2）保證統計資訊完整，可以進行良率預測。

（3）生成具有代表性的切片圖形用於後續分析（模擬和模型測試）。

（4）資料可轉為 UCF（通用格式）的標準格式。

3. 資料分析

首先，將資料轉化為標準化格式用於後續資料分析。在此用到的尺寸數值被標準化並報告為「壞點索引」，索引值在 DRC 時為 0，在 DFM（半導體晶片可製造性設計）時為 1。其次，實現資料的圖形視覺化，使用各種不同類型的圖來突出顯示資料的不同統計方面，如箱線圖用於顯示資料的方差，棒圖用於顯示每個尺寸值的頻率，密度圖表用於顯示標準化的分佈等。圖形視覺化有助清楚地看到設計中的尺寸趨勢。此外，統計指標的計算也表現在此部分，如平均值、中位數、額定、最小值、最大值、分位數、標準差和方差等。舉例來說，尺寸的「最小值」表示設計與 DRC 值相對於該尺寸有多接近，「額定值」描繪了最常見的尺寸，「總數」表示指定尺寸的使用頻率等。

資料分析的另一個作用是尋找規則內和規則間不同尺寸之間的相關性。舉例來說，閘級的長度和寬度的組合，這種組合或相關性有助分析比正常設計規範複雜得多的圖形。根據不同設計尺寸分佈，可檢測關鍵設計圖形的差異，基於不同設計不同良率的比較，得出哪種設計結構在提高良率上更有優勢。透過使用統計量度的標準差，如平均值、中位數、額定等，以及長條圖比較指標（如 KLD 距離、EMD 距離等），可以突出顯示任何兩套分佈（跨規則比較、跨設計比較或兩者的結合）之間的差異。基於上述尺寸及尺寸相關性分析，基於特定標準可生成一個位置清單，並根據此位置清單生成設計的切片圖形，以便進行模擬或資料庫生成等後續操作。

4. 報告

資料分析完成後，可形成多格式報告，預設分析報告中特別注意點包括指定的設計中推薦規則清單、指定的設計中所推動的指定設計規範難度、指定規則是否存在任何設計規範違規、指定規則的尺寸的整體分佈情況。預設分析報告範例如圖 7-35 所示。

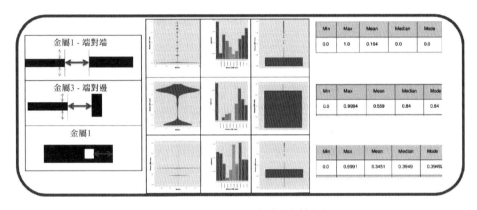

圖 7-35　預設分析報告範例

在有些情況下，使用者需要對不和設計進行比較分析，這些比較包括不同設計中指定規則的設計風格的差別、使用該規則的設計結構的正確設定值、在關鍵規則方面最相似的設計有哪些、在所有設計規範中哪些設計有更小的裕度、設計風格的整體差異。用於不同設計之間比較的預設報告範例如圖 7-36 所示。

在物理設計後端，資料在資料庫中隨著時間不斷累積。可以期待，隨著人工智慧演算法的不斷完善，後續在物理設計流程中插入機器學習模組，可以更為全面地發現與製程良率密切相關的尺寸的統計特徵，從而更進一步地提升物理設計中性能和良率分析的準確性。

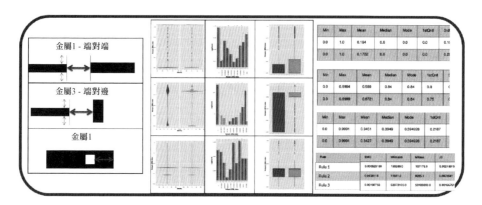

圖 7-36 用於不同設計之間比較的預設報告範例

7.2.2 考慮佈線的 DTCO

在物理設計流程中，佈局佈線是重要的環節，它決定了佈局中模組的放置和金屬走線，對最終晶片的面積和性能有很大影響。當製程技術節點縮小到 10 nm 及以下時，單向佈線設計可以顯著降低製造的複雜性，提高良率，因此單向佈線設計得到越來越多的應用。下面將重點討論基於單向佈線的 DTCO 技術。

單在佈線意為某一層中僅包含水平方向的金屬連線，相鄰的另一層中則僅包含豎直方向的金屬連線。二維佈線意為同一層中既包含水平方向的金屬連線又包含豎直方向的金屬連線。二維佈線表示允許二維金屬圖形，佈線器基於線長最小化來連接 I/O 接腳，但由於圖形密度不斷增加，導致二維佈線問題急劇複雜化，這種方法的有效性面臨極大挑戰。單在佈線嚴格禁止二維金屬圖形，改變佈線方向表示改變佈線層，增加導通孔和線長。一般而言，與二維佈線相比，單向佈線生成的金屬圖形更適合於製造，但具有更多的限制性解空間。

單向佈線技術通常被用於對前幾層的中段金屬層，如 Metal2（M2）和 Metal3（M3）等。然而，由於複雜的設計規範和高密度的佈線圖形，單向佈線也正變得極具挑戰性。進入 7nm 技術節點會因為佈線限制製程縮減，這表示佈線資源競爭變得越來越激烈，這樣就需要放寬設計視窗以獲得佈線閉環，使用對製造友善的佈線圖形完成所有的網路連接。

儘管單向佈線具有製造方面的優勢，但它會導致解決方案空間更加受限，並對積體電路設計的佈線閉合自動化流程產生重大影響。值得注意的是，單向佈線限制了標準單元接腳的可存取性，這進一步加劇了佈線過程中的資源競爭。此外，對於後佈線最佳化，傳統的容錯導通孔插入方法在單向佈線方式下已經過時，這使得良率提高任務極具挑戰性。因此，對於單向佈線，需要從設計製程協作最佳化的角度來提出最佳化設計方案，以應對這一挑戰。

1. 單向佈線最佳化技術

傳統的佈線最佳化方法包括基於範例的順序佈線和基於協作-擁堵的佈線方案，都是透過在佈線網格上進行搜索得到的。通常基於協作-擁堵的佈線方案比基於範例的順序佈線可以更進一步地解決資源競爭的問題，這是因為佈線器透過遵循基於歷史的啟發式方法避免了遵循一個特定的佈線網路。

透過對傳統物理設計流程的改進，可以達到單向佈線閉環。新的物理設計流程如圖 7-37 所示[9]，灰色部分為在傳統流程中新加的步驟。這些新步驟提出了製程友善的標準單元接腳存取設計，結合標準單元資料庫設計，利用有效擊中點組合參數作為接腳可存取性的評估。

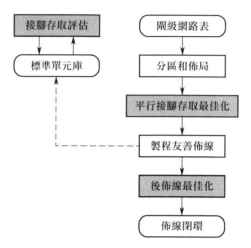

圖 7-37 新的物理設計流程

定義 1 擊中點（hit point）：佈線軌道（由標準單元架構預先確定）和 I/O 接腳形狀的重疊被定義為該特定 I/O 接腳的 hit point。

定義 2 擊中點組合（hit point combination）：一組擊中點（定義存取方向為左或右）其中每一個 I/O 接腳都只被存取一次。

擊中點的數量量化了一個單獨的 I/O 接腳的可存取性，而擊中點組合的數量則在先進製造限制條件下，透過接腳到接腳的衝突來評估整個單元的接腳可存取性。因此，擊中點組合為設計人員最佳化 I/O 接腳形狀提供了一個更直接的度量，以獲得更好的標準單元接腳可存取性。基於此想法，標準單元佈局協作最佳化的概念被進一步提出：可以將接腳可存取性快速回饋給標準單元設計者，並基於混合整數線性規劃方法，透過同時進行圖形中線−端擴充和設計規範檢查來確定擊中點組合是否有效。圖 7-38 是一個 I/O 存取點連接設計的一組擊中點組合範例。圖 7-38（a）為標準單元 I/O 接點和 M2 佈線軌道，圖 7-38（b）為擊中點和 M2 單元內互連，圖 7-38（c）為 M2 接點連接的一組擊中點組合，圖 7-38（d）為透過 M2 線端延長。圖 7-38（b）中

M2 軌道和 M1 接點的重合區域表示可以進行連接的有效 via 範圍,即擊中點。絕大多數擊中點的長度都比較短,這是由垂直 M1 接點的寬度決定的。但是,當存取點圖形在水平方向時,可以得到較長的擊中點,給 via 的位置提供更大的靈活性。虛線框內的一組擊中點就是一組擊中點組合,黑色箭頭表示這個擊中點的連接方向。圖 7-38(c)展示了使用這一組擊中點組合進行單元連接的一種方法。先為每個 I/O 接點選擇一個擊中點及其方向,然後確定該擊中點合法的 via 位置,使得最終的 via 圖形對 LELE 是友善的。根據 via 的拆分方案可設計 M2 的線條以連接接點。虛線框表示在修剪光罩中引起壞點的所有線端對。圖 7-38(d)表明可以使用線端延長技術修復圖 7-38(c)中的壞點,這是一種有效的方案。

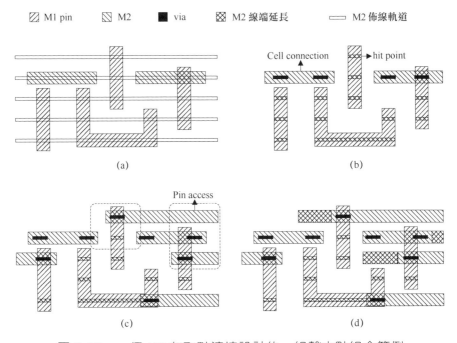

圖 7-38　一個 I/O 存取點連接設計的一組擊中點組合範例

利用單向佈線的優勢，區別於傳統的基於網格方法，基於軌道佈線間距生成器的方法可以提升效率。基於軌道的接腳存取間隔生成後，接腳存取間隔可能會相互重疊/衝突。衝突檢測的目標是在不存在容錯的情況下，將一個軌道上的所有衝突區進行擷取。衝突區的擷取可以透過生成一個區間向量並從左向右掃描佈局檢測重疊部分來實現。

拉格朗日鬆散（LR）將衝突約束鬆散為懲罰目標，可解決上述問題。透過引入一組拉格朗日乘數（LMs）來放寬衝突約束，同時保留選擇約束。由於整數線性規劃問題是有解的，所以我們可以在疊代求解過程中得到 LR 問題的有界解。舉例來説，可用貪心演算法求解 LR 的每次疊代，在獲得初始解決方案後，檢測到帶有衝突約束違反的接腳存取間隔分配。對於任何違規行為，使用梯度下降法透過調整對應的 LMs 來逐步增加處罰目標。

2. 單向佈線中的容錯局部環路插入

隨著半導體製造技術的縮減，製造製程對製程變異和隨機缺陷的敏感度越來越高。尤其是在後段製程（back end of line，BEOL）中，導通孔和互連線的缺陷會影響積體電路的良率。所以，為了減少後佈線階段潛在的導通孔和互連線缺陷，容錯導通孔（redundant via，RV）和容錯線條（redundant wire）插入技術被用來提升製造良率[10]。傳統的容錯導通孔插入（redundant via insertion，RVI）可以結合適當放鬆線寬要求和線條彎曲等方法來實現。這種技術在實際生產中獲得了廣泛的應用且提升了金屬互連層的製造良率。

但在先進技術節點中，尤其是 10 nm 及以下技術節點的底層金屬層，圖形縮減造成了極高的圖形密度，導致極為複雜的可製造性設計約束，如多重光刻和單向設計，都限制了圖形的佈局。傳統的 RVI 實現方式（採用雙 via 的方式）在這些層中被淘汰，這是因為單向設計中的圖形禁止偏離佈線軌道。容錯局部環路插入（redundant local-loop insertion，RLLI）身為新型替代技術被引入到底層金屬層佈線中，它可以同時插入容錯導通孔和容錯線條，透過這些導通孔和線條形成跨越多個圖層的立體連接結構，以提升單向佈線的製造良率。圖 7-39 所示為不同佈線方案下的容錯插入方案，圖 7-39（a）為二維佈線中的的 RVI，圖 7-39（b）為單向佈線中的 RLLI。容錯局部環路（redundant local-loop，RLL）引入的導通孔和線條都符合單向設計的約束，並且有能力相容一些先進的製造製程，如自我對準導通孔（self-aligned via，SAV）等。同時，除了一些特殊的環路結構外，它對時序造成的影響很小，甚至可以忽略不計。

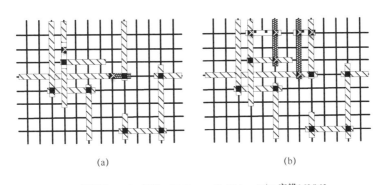

(a)　　　　　　　　　　　　(b)

■ 導通孔　　▨/▨ 佈線 M2/M3　　▩ RV　　□/▨ 容錯 M2/M3

圖 7-39　不同佈線方案下的容錯插入方案

容錯局部環路的插入，既需要考慮製程實現對於插入的限制，同時也要考慮所引入的導通孔和線條對於佈線的影響，這是物理設計流程中的典型 DTCO 問題。

如圖 7-40 所示，RLL 由 M3、M2 和導通孔層組成，RLL 為斜線示意部分。RLL1、RLL2 和 RLL3 的結構分別為 3×3×1、5×3×2 和

rm3×rm2×3，其中 RLL1 由 3 個容錯的 M3 格點、3 個容錯的 M2 格點及 1 個容錯導通孔格點組成，RLL2 由 5 個容錯的 M3 格點、3 個容錯的 M2 格點及 2 個容錯導通孔格點組成。由於 M3 已有的佈線圖形的存在，限制了 RLLI 的位置，因此 RLL1 只有 3 個 M3 容錯格點，RLL2 沒有此限制，故有 5 個。RLL 的插入能夠降低環路中單一導通孔的故障率。從圖 7-40 中可以看出，每個 RLL 佔用的佈線資源是不同的，佈線資源一般可表現在佈線長度上，需要對每個 RLL 消耗的佈線資源進行定量分析。一方面，不同的導通孔數量對時序造成的影響不同，導通孔數量越少越好；另一方面，基於不同結構的 RLL 對良率的影響也不一樣，這主要取決於具體的製造製程。

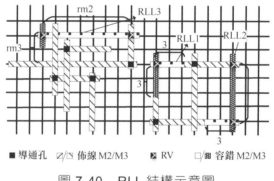

圖 7-40　RLL 結構示意圖

在 10 nm 及以下技術節點中，底層導通孔間的最小中心間距已經小於光刻解析度，SAV 成為次解析度導通孔圖形化的備選技術方案。圖 7-41 為 SAV 的導通孔剪貼圖形和容錯導通孔生成方案設計約束，圖 7-41（a）為導通孔剪貼示意圖，圖中水平方向上相鄰的導通孔可以組合為一個導通孔剪貼圖形，利用選擇性蝕刻在一個剪貼繪圖區域內生成多個單一導通孔（single via，SV）。圖 7-41（b）為設計約束下導通孔生成圖，是對一個佈線網路中的單一導通孔，在 SAV 約束下，沿上層佈線方向的格點不允許生成 RV，而下層沿佈線方向的格點隻允許生成該網路內的容錯導通孔。

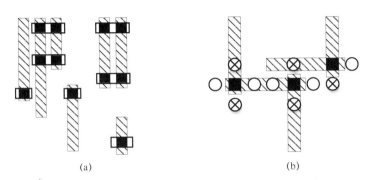

(a)   (b)

■ 導通孔 ▨/▨ 佈線 M2/M3 □ 導通孔剪貼 ⊗ 不允許生成RV的格點 ○ 允許生成RV的格點

圖 7-41　SAV 的導通孔剪貼圖形和容錯導通孔生成方案設計約束

在化學機械研磨（CMP）等製程中，製造良率受到佈局圖形密度的影響，所以局部區域的導通孔密度需要保持在一定範圍內。導通孔密度由密度視窗進行定義，導通孔層將被分割為一系列的正方形區域，正方形內所有的導通孔（包括真實導通孔和容錯導通孔）都參與導通孔密度的計算。在實際應用中，一個 RLL 可能會跨越多個導通孔密度視窗，RLLI 最佳化時需要同時考慮所有的導通孔密度視窗，從而實現全域導通孔密度的平衡。

1）對 RLLI 的結果分析

（1）時序分析。如圖 7-40 所示，RLL 在佈線網路中產生了新的環路結構，這使得時序分析比以往的樹狀佈線更加複雜。基於簡單的 RC 網路，我們可以建立一個近似模型分析 RLL 環路結構對單一導通孔的延遲時間造成的影響。RLLI 結構的近似延遲時間主要取決於環路的電阻和電容參數。在一些特定的 RLL 結構中，如果旁路電阻和電容很高，那麼其延遲時間也會很大，這種結構不能插入佈局中。

對精確的時序分析來說，Elmore 延遲時間與 SPICE 模型相比相對保守。所以如果要分析 RLL 對時序造成的精確影響，一方面需要對金屬線和導通孔的電阻、電容分別建立精確的模型，進而生成複雜的 RC 網路；另一方面需要對 RC 網路進行綜合的 SPICE 模擬。完成對 RLL 結構的延遲時間分析後，我們可以定義一個時序邊界，把邊界外的結構組成一個尋找表作為禁止的 RLLC 結構。

（2）RLLC 生成。綜合以上部分內容，我們將介紹如何給 SV 生成 RLLC。對 SV，我們將在一個有限空間內透過枚舉的方法生成所有的 RLLC。一個 SV 有限空間由 rmx+1 和 rmx 層的正方形區域進行定義。如圖 7-42 所示，SV1 的生成區域由虛線框標出。在 RLLC 的生成過程中，我們遍歷區域中的所有格點，而約束禁止的格點需要跳過。舉例來說，因為 SAV 約束禁止的導通孔格點已經在圖中標出，所以包含這些格點的 RLLC 是無效的。SV1 的有效 RLLC 已經標注在圖中，同時這個 RLLC 還覆蓋了 SV2。因為採用順序生成的方法，同一佈線網路中的不同導通孔會生成同一個 RLLC，如對 SV2 生成 RLLC 時也會產生圖示的環路，這兩個 RLLC 是相等的，所以只需要保留其中的即可。

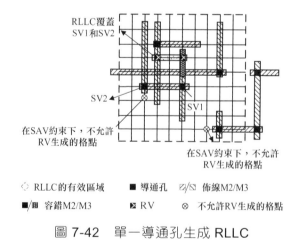

圖 7-42　單一導通孔生成 RLLC

（3）RLLI 問題的最佳化。生成 RLLC 後，具體的最佳化問題可以定義如下：指定單向佈線設計和密度視窗，RLLI 問題就是同時實現導通孔覆蓋率的最大化和插入 RLL 代價的最小化，生成的 RLL 還要符合先進製造製程的約束和時序影響。RLLI 的最佳化比傳統 RVI 的最佳化更加複雜，傳統 RVI 的最佳化已經進行了廣泛的研究，它的衝突約束是純局部的，只需要考慮相鄰導通孔的容錯導通孔間可能產生的衝突即可，而 RLLI 包含更多的層，同時還要考慮導通孔密度的要求。RLLI 可以轉化為整數線性規劃問題來進行最佳化。

2）RLLI 與 DVI 的比較

我們選取傳統的雙導通孔插入（double-via insertion，DVI）方法與 RLLI 進行比較，主要分析它們對時序造成的影響、隨機故障率和對佈線資源的佔用。假設 DVI 中線條彎曲的寬度和長度分別為 1 個和 2 個金屬層格點，我們對圖 7-43 中的 5 種情況進行分析。

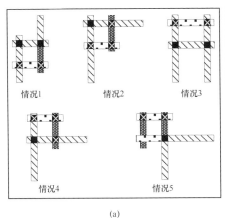
(a)

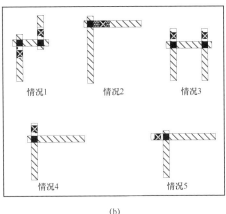
(b)

圖 7-43　RLLI 和 DVI 插入方案

（1）時序影響。在相同的製程條件下，比較 RLLI 和 DVI 的 4 扇出延遲時間：對單一導通孔，DVI 比 RLLI 的扇出延遲時間提升了 0.3%。

一般來說 RLLI 生成的環路結構產生了更多的容錯電阻和電容，所以除了第一種情況外，RLLI 對時序產生的影響都比 DVI 的大。在 RLLI 的過程中需要注意時序的退化問題。

（2）隨機故障。為簡化分析，只考慮導通孔的故障率。假設單一導通孔的故障機率為 p，並且導通孔故障是相互獨立的。根據機率計算可以得到每個雙導通孔和容錯局部環路的故障機率。一般情況下，容錯環路結構的故障率比雙導通孔結構大 1～2 倍，也就是說，RLL 並不如 DVI 穩健，但是和單導通孔相比，RLL 對故障率的提升已經非常顯著了，可以把故障率降低 8～9 個數量級。

（3）佈線資源。對佈線資源佔用主要考慮虛擬金屬層（rm2 和 rm3）和容錯導通孔格點的數量。但是，一個 RLLC 通常會覆蓋多個獨立導通孔，所以 RLLI 佔用的平均佈線資源會得到提升。而且 RLLI 和 DVI 都是在後佈線階段進行的，佈線後剩餘的佈線資源作為 RLLI 和 DVI 的輸入，其目的是最大化獨立導通孔的覆蓋率。因此，即使 RLLI 對佈線資源的消耗大一些也不會對整體佈線產生額外的影響。

3. 基於浮接金屬層的佈線

目前對於單在設計，圖層主要集中在多晶層和金屬層。雖然單向設計的單元在可製造性上極具優勢，但是在佈線上也有其局限性。標準單元的設計和佈局通常以多晶的 pitch 為基準來完成。而在金屬佈線時，則以金屬的 pitch 為距離基準。金屬 pitch 通常小於多晶 pitch，這個 pitch 上的差異導致了在標準單元內部，金屬層的線段並不在軌道上，這極大地降低了金屬的可佈線性。在傳統的佈線中，標準單元內部金屬層的位置是固定的，不允許設計人員移動。為了進一步拓展佈線最佳化空間，研究者從製程角度提出了採用浮接金屬層，從而使得可允許改變標準單元內部金屬層的位置[10]。圖 7-44 為 M2 層的不同佈線方案，其中圖 7-44（a）為基於多間距的 M2 佈線，圖 7-44（b）為在軌 M2 佈線，圖 7-44（c）為基於浮接 M2 的佈線。在單向設計中，浮動金屬可以有效地提高 M2 的可佈線性。如圖 7-44（c）所示，一旦放置完成，並且所有的 M2 軌道都被辨識，每個 M2 段就會被拉到最近的 M2 軌道上。因為使用了浮接 M2，所以不需要增加 M2 佈線軌道間距，而佈線間距仍然是金屬間距。這種方式為佈線提供了更大的靈活性。

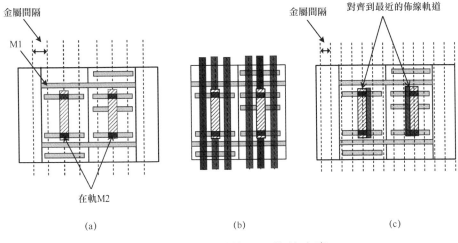

圖 7-44　M2 層的不同佈線方案

採用浮接金屬層技術的標準單元佈局應該重新設計，額外考慮更多的因素。舉例來說，水平的 M1 應該盡可能地擴充，以使得 M2 具有更高的靈活性。如圖 7-45（a）所示，M1 為水平方向的圖形，M2 為垂直方向的圖形，為靈活移動 M2 應該擴充 M1。當 M1 沒有得到充分的擴充時，漂浮的 M2 金屬無法移動。如果圖中 M2 左右移動，則會出現 M1 和 V1 重疊現象，違反設計規範，導致設計失敗。因此，如圖 7-45（b）所示，應該適當擴充 M1，W_{half} 為軌道寬度的一半值，S_{half} 為軌道距離的一半值，D_{max} 為浮動 M2 所能移動的最大距離。透過金屬層浮接的方法結合重設計，使得之前失敗的設計能夠滿足設計規範約束。

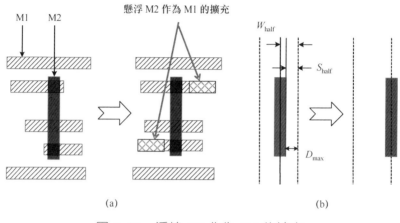

(a)   (b)

圖 7-45　浮接 M2 作為 M1 的擴充

7.2.3　流片之前的 DTCO

設計公司在完成晶片設計的簽核之後（物理設計的簽核過程在第 2 章有詳細介紹），即將設計以佈局檔案的形式傳遞給晶圓製造商，晶圓製造商根據佈局檔案來完成晶片製備。然後隨著複雜度的不斷提升，從設計公司完成傳統簽核任務，到晶圓廠開始製備，通常需要完成 OPC 修正和驗證，以確保修正後的圖形在晶圓曝光之後還能達到期望的解析度和尺寸限制。基於這一想法，光刻友善設計（lithography friendly design，LFD）概念開始出現。OPC 部分在第 4 章中有詳細介紹，此處不再贅述。隨著技術節點的不斷壓縮，OPC 所面臨的壓力越來越大，疊代時間和不收斂的風險也隨之增加。圖 7-46 列出了不同的 Defocus 下得到的圖形曝光結果[12]。從圖 7-46（a）中可以看到，在 200 nm 的 Defocus 下，明顯發生了開路情況。這說明在製程偏差情況下，製造出來的電路可能存在風險，需要提前預知辨識。因此，業界針對這一情況，開始開發流程將製程資訊儘量前移回饋到設計端，包括製程資訊、OPC 後的圖形輪廓等，力圖從設計端保證其良率控制。

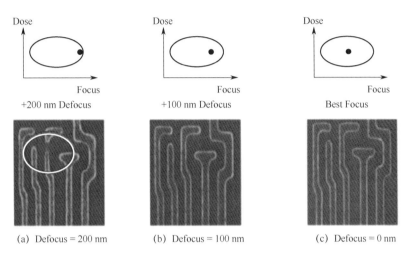

圖 7-46　不同的 Defocus 條件下得到的圖形曝光結果

本小節將基於 Mentor 的 Calibre LFD 工具來對設計過程中的光刻友善設計進行簡介[12]。LFD 的流程圖如圖 7-47 所示。其主要功能是根據晶圓製造商提供的光刻模型（不同焦深和劑量）和 OPC 選單對設計進行 OPC 後圖形輪廓的計算，從而計算出製程變異帶，即從光刻輪廓來看製程變動的邊界情況。同時會根據晶圓廠設定的模擬缺陷定義對額定製程條件（nominal condition）的光刻輪廓進行潛在缺陷風險判斷，也會根據製程變異帶的情況對缺陷進行判斷。這些資訊能夠對設計中該處缺陷發生風險的程度進行判斷和提示。

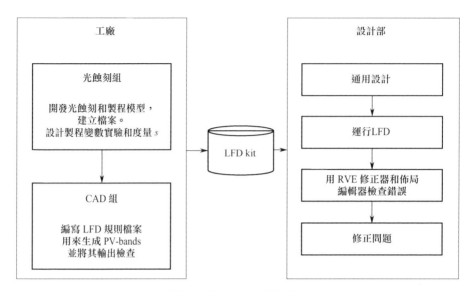

圖 7-47　LFD 流程圖

LFD 可以根據使用者提供的光刻製程模型精確輸出多種光刻視窗條件下扭曲後佈局圖形。如圖 7-48 所示，扭曲圖形輪廓與原始佈局間的區域稱為絕對製程變異帶（absolute PV-band），其面積大小反映了光刻前後佈局圖形的扭曲程度。在此基礎上，LFD 提供給使用者了類似 DRC 檢查的壞點檢測方式。設計者透過在 LFD 約束檔案中設定需要檢查的項目，以及各項中判定違規的 DRC 規則和 LFD 規則，即可對模擬後的佈局進行約束檢查，最終輸出違規壞點的位置資訊和反應扭曲程度的具體參數。通常來講，對扭曲後的圖形檢查，LFD 規則要比當前製程技術節點下的 DRC 規則相對寬鬆。舉例來說，對 45 nm 技術節點來說，M3 層金屬的 DRC 最小線寬為 64 nm，而 LFD 最小線寬為 45 nm。

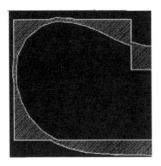

目標圖形
絕對製程波動帶

圖 7-48　　絕對製程變異帶示意圖[12]

常見的 LFD 檢查項主要包括最小寬度檢查（MWC）、最小間距檢查
（MSC）和線端檢查（LEC）等。MWC 衡量了佈局斷線發生開路錯
誤的可能性，MSC 衡量了佈局橋連發生短路錯誤的可能性，LEC 則衡
量了線端縮排發生導通孔覆蓋問題的可能性。主要的結果指標包括：
SPACE(MSC)、PVI(MSC)、minCD(MWC)和 MAX(LEC)[12]。

SPACE(MSC)是最小間距檢查中的互連間距資訊，單位為 nm。在 LFD
規則檔案中，最小間距作為設定值控制該處是否為光刻壞點被輸出。
舉例來說，LFD 的最小間距設為 52 nm，因此所有間距小於 52 nm 的
區域都會被認為是可能出現橋連錯誤的壞點。在 MSC 檢查中，對於
相同的原始佈局，壞點的 SPACE 越小，發生短路的可能性越大。當
SPACE 為 0 時，兩個互連圖形完全短路，正是由於這一屬性，SPACE
資訊可以作為光刻後圖形是否有效分開的依據。

PVI 指數等於扭曲面積佔製程視窗面積比例的總和。PVI(MSC)是最小
間距檢查中的製程變異指數（process variation index，PVI）。PV-band
代表了圖形扭曲的面積，對於相同的原始佈局，PVI 大小與扭曲程度
成正比。當互連線因為嚴重扭曲發生短路時，SPACE 始終為 0，此時
的 PVI 可以更直觀地反映連接的嚴重程度，它是非常重要的指標。

minCD(MWC)是最小寬度檢查中的寬度資訊，單位為 nm。在 LFD 規則檔案中，最小寬度作為設定值控制該點是否為光刻壞點被輸出。在 MWC 檢查中，對於相同的原始佈局，壞點的 minCD 越小，發生開路的可能性越大。當 minCD 為 0 時，互連線完全開路。

MAX(LEC)是線端檢查中的最大縮排量，縮排時值為負，單位為 nm。在 LFD 規則檔案中，最大縮排作為設定值控制該點是否為光刻壞點被輸出。縮排量的負數越小（絕對值越大），線端的縮排情況越嚴重，發生導通孔覆蓋問題的可能性越大。

由於 LFD 需要呼叫大量的製程資訊，模擬過程耗時且消耗運算資源，所以在有限時間和資源內進行 LFD 需要一定的策略。通常建議採用分模組、分層次的分而治之策略，可以在保證覆蓋度的前提下盡可能地降低運算時間。按照功能，可以將晶片分割為數位部分、模擬部分和第三方 IP（intelligent property）。按照層次，可以分為標準單元層次、模組層次、全晶片層次。基本原則如下。

（1）從分層次的角度。
　　　標準單元：需要全部覆蓋。
　　　模組：面積較為緊湊的模組、設計者特別注意的模組需要全部覆蓋。
　　　全晶片：根據專案週期和時間緊迫程度靈活確定哪些區域做 LFD 驗證。
（2）從分功能的角度。
　　　第三方 IP：之前未經過 LFD 驗證的 IP，需要做 LFD 驗證。
　　　自有 IP：如果已經經過 LFD 驗證，則可以跳過。

對於發現的壞點，經過根本原因分析，將其進行圖形匹配等掃描，對全晶片掃描影響範圍，確定了解決方案後統一進行批次修復。在 LFD 中，如何快速尋找定位關鍵敏感圖形是實現高效模擬的關鍵因素之一。關鍵圖形尋找可透過特徵描述的參數設定和圖形匹配兩種方法來實現。

一般關鍵圖形的特徵描述都基於參數設定，有了這些具體參數設定，就能去尋找這些圖形了。這種方法的問題在於，在晶片完成之前，無法透過參數設定來精確表示圖形特徵。對於某些圖形，可以透過較為簡單的參數設定進行尋找，如端對端圖形，只需指定線寬範圍和線端間距範圍。有些則需要更為複雜的設定，如兩個寬線中夾一個細長走線的圖形，中間線的寬度、與兩邊圖形的最小間距、兩邊圖形的位置關係都需要參數描述，至於多層圖形不僅要描述其中某一層的圖形形狀，還要列出對應邊到其他層圖形的間距。

圖形匹配也是尋找關鍵圖形的有效途徑之一。但相對於參數設定的方法，基於精確匹配的圖形匹配法不具有靈活性，如果只是有相似的圖形出現，如只是某第一線端稍有變化，那麼圖形就無法得到匹配，這樣就使關鍵圖形的尋找有所遺漏。左右兩邊的圖形大部分匹配了，而只有中間的線端長度與下邊的線間距不同，它在圖形匹配中無法實現完全匹配，但用參數設定，只要指定線端長度和線間距的變化範圍，就能靈活實現對圖形匹配的掌控。為了提升圖形匹配的適應範圍，後續從精確匹配中發展出模糊匹配，如用圖形特徵向量來得到圖形特徵，並設定合適的設定值來判斷兩個並非完全一致的圖形的相似程度。

Pattern Match 是一種較為快速的已知壞點尋找工具（屬於西門子明導公司），且適用於晶片級掃描。而前述的 LFD 速度慢，且不適用於全晶片計算。Pattern Match 技術和 LFD 技術相結合，可以從速度和精度上儘量平衡物理設計在流片前緊迫的光刻風險圖形辨識要求。

Pattern Match 一共有三種匹配方法：精確匹配、匹配可變邊、匹配時合併或剔除某些圖形[13]。Pattern Match 還有更多功能可以嘗試應用，如輔助修正 DRC 等實現更廣泛的匹配控制等。

Pattern Match 在進行光刻風險圖形辨識時的主要使用方法：首先，晶圓製造廠將已知的、從晶圓驗證中得到的先驗壞點圖形做成圖形匹配組合，然後，設計端將自身已知壞點圖形也做成圖形匹配組合，兩者合成為一個壞點庫，工具據此進行全晶片掃描。這也可以視為，Pattern Match 是一種對問題圖形在全晶片影響範圍評估的重要工具，並且也是幫助後續批次處理的重要手段。

7.3 基於佈局的良率分析及壞點檢測的 DTCO

良率是積體電路設計/製造中的非常重要的評估指標，良率的高低直接影響晶片的可靠性和價格。因此，對良率的關注貫穿從晶片設計到製造的每個環節。從 DTCO 的角度看，良率最佳化貫穿從設計到製造的始終，並且是多環節、多步驟協作和疊代的過程。舉例來説，在晶片測試之後取得關於影響晶片良率的資訊，由這些資訊逐層向上追溯，並且在這個過程中將設計和製造的資訊加以互通和整合，以對後續的設計/製造過程進行最佳化，提升良率。從佈局的角度看，如何辨識影響良率的壞點圖形，建立完整壞點圖形資料庫，並且據此完成對基於同一製程的其餘晶片設計高精度、高效的壞點辨識，是避免良率損失的重要途徑之一。

7.3.1 影響良率的關鍵圖形的檢測

從 45 nm 技術節點開始，系統缺陷對每個新技術節點的元件良率損失有顯著影響。在目前商業製造環境中，已經有成熟的線上晶圓檢測方法來辨識晶圓上元件的系統缺陷，舉例來說，用於表徵製程穩健性的製程視窗驗證（process window qualification，PWQ）方法。PWQ 方法已經被業界廣泛證明是行之有效的表徵方法，但仍然無法解決實際積體電路生產中經常遇到的問題：如何證明所測量的製程視窗大到足以避免影響元件良率的設計缺陷產生？從元件測試角度看，系統的良率評估者可以透過在電氣晶圓分類（electrical wafer sorting，EWS）之後執行的自動測試圖形生成器（automatic test pattern generator，ATPG）測試診斷結果來辨識，測試診斷可以辨識造成良率損失的網路或單元。然而設計圖形缺陷的辨識更為複雜，需要花費大量的時間和資源進行許多電氣故障分析調查。如何在元件測試和元件製造之間建立資訊共用，以幫助快速診斷，提高元件良率是 DTCO 在改善良率上需要解決的主要問題。

將製造環境中檢測到的關鍵設計圖形與觀察到的元件良率損失相連結，是良率診斷在流程改進上的新途徑，諸多 EDA 廠商基於此概念研發了良率分析及提升工具，下面以新思科技的良率拓展工具 Yield Explorer 為例說明，其他 EDA 供應商如西門子明導等也有類似工具。其基本想法如下。

將全佈局的 OPC 模擬結果和線上晶圓檢測工具發現的系統缺陷結合，建立製造設計圖形資料庫，並透過診斷和統評分析，將該製造設計圖形資料庫與產品良率損失相連結。電氣故障分析可確認每種缺陷類型的根源，以及對於每種缺陷類型估計的良率損失。這種跨領域分析方法旨在透過將電氣故障分析重點放在製造設計圖形上而非故障網路上,從而縮短產品生產疊代時間,透過對製造設計圖形的資料採擷工作,提高產品良率[14]。

典型的裝置測試診斷可提供故障柏瑞圖(pareto 圖,又稱柏瑞圖,是一種按事件發生的頻率排序而成的,顯示由於各種原因引起的缺陷數量或不一致的排列順序,是找出影響產品品質主要因素的方法)。對於某個具有高故障率且導致不同電路網路故障的特定設計圖形,用傳統的缺陷分析方法檢測到這個特定圖形導致的故障所需的時間耗時冗長,需要不斷重複,直到辨識系統缺陷為止。即使如此,仍然無法判定所發現的系統缺陷是導致良率下降的主要因素。因此,如何將圖形和良率用某種方式連結,是解決上述問題的根本方法。

該流程的關鍵思想是將由元件良率分析提供的電氣缺陷柏瑞圖從基於網路和單元改變為基於設計圖形的柏瑞圖。使用者可以從所有電氣缺陷中快速選擇導致元件良率損失的關鍵設計圖形。一旦確定了關鍵設計圖形,就可以估計關鍵設計圖形的良率損失。

從電氣故障分析(electrical failure analysis,EFA)的角度看,設計圖形缺陷的辨識花費了大量的時間和資源。透過基於設計圖形的新電氣故障柏瑞圖表示,使用者可以篩選出需要檢查的關鍵設計圖形,而無須分析整個網路單元,從而大幅縮短 EFA 時間。

1. 設計圖形與產品連結流程

在 EWS 測試之後,使用者能夠運行 ATPG 診斷,以由網路或單元辨識的故障生成電氣故障柏瑞圖。對於生產中的元件,良率分析在幾個生產晶圓上進行,以便將系統性故障與包括隨機缺陷在內的全域性故障分開。

新的流程所需的附加資訊是一個製造設計圖形資料庫,描述與製造製程相關的所有已知的潛在關鍵設計圖形。幾個不同的故障的網路或單元可以由一個共同的設計圖形組合在一起,使用者可對關注的某些設計圖形的網路或單元進行電氣故障分析。這種表示可以提取設計圖形中涉及的良率損失,並估計各種設計圖形對良率損失的影響。

1)製造設計圖形資料庫建立

製造設計圖形資料庫包含所有已知設計圖形清單,這些圖形嵌入了對製造製程非常重要的資訊。對於晶圓廠,製造設計圖形資料庫由光刻工程師、蝕刻工程師、測試團隊和 RET 團隊協作完成,透過減少設計圖形的關鍵點來提高元件良率。

晶圓廠目前普遍採用 PWQ 方法來辨識元件系統缺陷,透過曝光劑量表徵設計圖形的穩固性,並且使用兩個重要的光刻製程參數來找出光罩製程視窗,以從晶圓上隨機缺陷中篩選出系統缺陷。關鍵設計圖形的第一個來源是用來提供製造設計圖形資料庫,這些設計圖形隨後用於全晶片 OPC 模擬的輸入。

2)製造設計圖形資料庫的良率診斷流程

製造設計圖形資料庫與產品良率的相關性基於在 EWS 測試期間檢測到的大規模 ATPG 故障診斷結果,透過統評分析來確定與關鍵設計圖形相關的系統故障。大規模診斷流程包括邏輯網路表、物理設計、ATPG 測試圖形和測試儀故障記錄檔。流程分兩步進行。

(1)透過使用邏輯網路表和物理設計及故障模擬來診斷測試故障,以辨識故障候選圖形,如圖 7-49 所示。

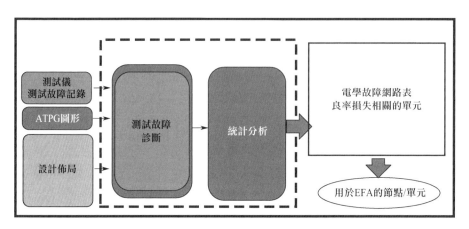

圖 7-49 典型的 EWS 的診斷和統評分析

（2）對整個設計中與關鍵設計圖形相關的故障候選圖形進行統評分析，如圖 7-50 所示。這種方法可減少 EFA 分析時間，提供與指定圖形相關的良率損失量，並找到解決問題的最佳方案，如光罩順序、製程變更方案甚至 DFM 資料庫更新等。

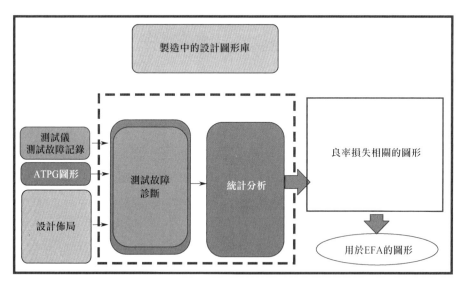

圖 7-50 使用製造設計圖形資料庫增強 EWS 量的診斷和統評分析

要將設計圖形與產品良率相連結，首先要執行設計圖形匹配引擎進行圖形匹配。完成對所有設計圖形的匹配辨識後，也就完成了從診斷結果到候選圖形的連結過程。

2. 製造設計圖形資料庫與元件良率相關結果

下面以 28FDSOI 製程為例說明如何將設計圖形與產品良率流程進行連結。EWS 測試之後，選擇 3 個批次的 9 個晶圓，其良率與當前的良率趨勢一致，以避免晶圓出現製程偏差。所使用的 EWS 測試包括覆蓋故障資料庫 98.5% 的 ATPG 測試，然後進行良率分析。製造設計圖形資料庫設定包括 OPC 模擬後得到的後端金屬層壞點圖形，以及當前設計對應的晶圓做檢查時有問題的圖形。

本書選擇金屬層（M2～M6）作為物件討論，OPC 壞點圖形從對這些層的 OPC 模擬中獲得，缺陷檢測指標包括金屬線開路、金屬線短路、金屬線/導通孔間覆蓋、金屬線間距離過窄等。用於晶圓檢測的設計圖形選擇 M2 層，晶圓檢測採用 KLA-Tencor 2915 晶圓光學檢測工具和 eDR-7000 電子束檢測工具。系統性缺陷透過基於設計的缺陷過濾方法來選擇，之後將缺陷圖形與設計全佈局進行圖形匹配。舉例來說，透過晶圓檢測發現的 11 個可能缺陷與 M2 的圖形進行圖形匹配。匹配結果為 421 個圖形，部分匹配結果如表 7-6（僅針對 M2 層）所示。

表 7-6　製造設計圖形資料庫及每層和每種缺陷類型的缺陷數量

缺陷類型	圖形來源	M2	M3	M4	M5	M6
金屬線—Neck	OPC 模擬	395	1093	919	291	135
金屬線—Bridge	OPC 模擬	998	2118	2072	1252	687
金屬線—via Coverage	OPC 模擬	997	11 020	6901	4685	2979
金屬線—via Distance	OPC 模擬	490	904	876	286	530
金屬線 MinArea	OPC 模擬	99	38	8	2	0
缺陷檢查	晶圓檢測	421	0	0	0	0

一旦製造設計圖形資料庫建立，並且在 9 個晶圓上完成 EWS ATPG 診斷分析，就可以在設計圖形到電氣故障網路和診斷實例之間建立空間相關性。其結果是辨識與關鍵設計圖形物理匹配的所有候選圖形，並列出良率損失成因。圖層和缺陷類型顯示為柏瑞圖，如圖 7-51 所示。

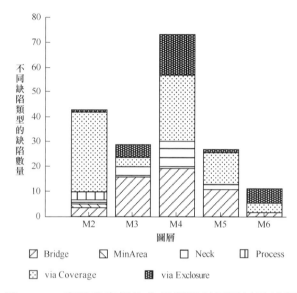

圖 7-51　產品良率損失的候選設計圖形統計結果

1）OPC 模擬的設計圖形結果

對於由 OPC 結果提示設計圖形，OPC 結果所顯示的與故障網路的連結不一定是電氣網路故障的根本原因。因此需要在幾個存在故障的設計圖形中進行電氣故障分析，透過對金屬開路設計圖形和金屬線–導通孔覆蓋設計圖形的電氣故障分析可以確定橫截面上的真實缺陷，從而證明電氣故障與製造設計圖形缺陷有關。

以金屬線–導通孔覆蓋故障為例，可以選擇 5 個具有相關設計圖形的故障候選者進行 EFA，所有 5 個故障的根本原因與網路上的設計圖形缺陷有關，還可以提取晶圓到晶圓和批次間的相關性分佈。金屬線–導通孔覆蓋設計圖形的良率損失估計為 0.9 %，金屬線–導通孔覆蓋與產品良率結果的相關性如圖 7-52 所示。

需要特別說明的是，晶圓檢測後標定的金屬線–導通孔覆蓋相關故障可能與所選晶圓上透過 EWS 列出的良率損失有關，而這種類型的缺陷很難用傳統的線上晶圓檢測方法來檢測。

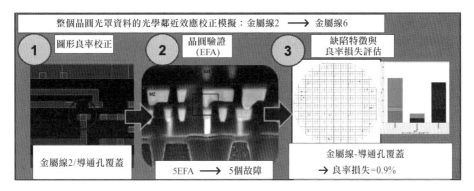

圖 7-52　金屬線–導通孔覆蓋與產品良率結果的相關性

2）晶圓的設計圖形結果

晶圓檢測結果說明在晶圓上已經發現了其對應的設計圖形缺陷。如果製造設計圖形資料庫中屬於晶圓檢測類別的設計圖形與電氣故障網路相連結，則在該設計圖形與電氣故障之間存在關聯的可能性就會很高，因此沒有必要再按照電氣故障分析進行調查。

舉例來說，對於製造設計圖形資料庫中的 U 形缺陷，其中一些可能與電氣故障網路相連結。然後，我們可以從良率分析工具中提取晶圓簽名資訊，以及晶圓到晶圓和批到批的缺陷分佈。在這種情況下，良率損失可以估計為 0.4%，矽的設計圖形（檢測缺陷）與產品良率結果的相關性如圖 7-53 所示。

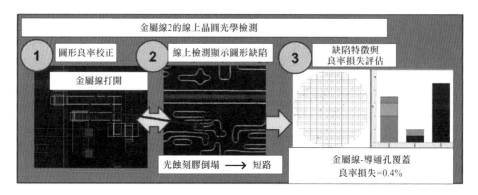

圖 7-53 矽的設計圖形（檢測缺陷）與產品良率結果的相關性

除了上述方法，還有研究者試圖將測試與物理設計流程聯合起來進行良率診斷。矽測試成功對晶圓的測試並收集矽測試結果，以從測試診斷結果中研究良率損失。大多數的時候，檢測到的系統性缺陷是主要問題，或是造成整體良率損失的原因之一。矽測試從測試資料中提取的資訊為電氣故障網路和單元，有時當故障區域隱藏在複雜的訊號網路中時，多個網路和單元將顯示訊號故障。可以設想，如果能結合故障診斷方法和設評分析技術，將矽測試資訊系統自動化地轉為物理佈局資訊，將極大提升良率診斷和最佳化效率。

該流程的基本想法如下。從同一產品的新一批晶圓組中接收一系列新的測試結果，然後連結不同時間段的所有診斷結果，檢查哪些電路模組在故障報告中突出顯示，以便監視哪些製程變異會對良率產生影響。同時定位電氣測試中出現故障的模組的連接，以及那些被多次突出顯示的常用單元。透過將矽測試資料累積並加以分析，可以監控影響良率的製程和製造環境變化，加速系統缺陷檢測過程。對於同一產品，將來自不同晶圓和不同晶圓的測試資料相互交換比較，以生成診斷報告中的每個網路或單元的統計資料。

與晶圓廠晶圓測試環境整合的設評分析方法能夠幫助將測試驗證資訊映射回物理設計資訊，並重點標注出對應的訊號，使其對根本原因的檢測更具辨識性。另外，借助物理設計資訊的知識，可以更進一步地了解晶圓測試資料，加速整個矽晶片故障的偵錯過程，從而真正實現了物理設計過程中的設計製程協作最佳化。

7.3.2　基於佈局的壞點檢測

隨著技術節點逐漸縮小，光刻過程中的佈局成像對於製程變異越來越敏感，存在成像結果未達預期的情況，從而會導致製造缺陷。如圖 7-54 所示，圖 7-54（a）中為目標佈局圖形，也就是我們希望最終得到的圖形，圖 7-54（b）是光罩版上的圖形和模擬輪廓圖，圖 7-54（c）是最後在光刻膠上得到的電鏡照片。圖 7-54（c）中方框的位置顯示兩個圖形之間有橋連問題存在，這種壞點的存在會導致製程缺陷，從而使得元件故障。為了保證良率，在實際量產之前，對壞點的檢測很有必要。

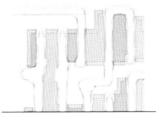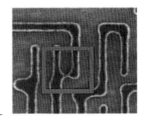

（a）目標佈局圖形　　　（b）光罩版上的圖形和模擬　　　（c）光刻膠上的電鏡照片
　　　　　　　　　　　　　　　輪廓圖

圖 7-54　目標佈局圖形、模擬輪廓圖及電鏡照片

在傳統的設計流程中，業界通常要在設計佈局上進行光刻模擬，根據一定製程漲落範圍內得到的晶圓圖形與實際圖形的差異分析積體電路

製程的製造能力,從而在實際製造前辨識出光刻壞點[16]。如圖 7-55 所示,透過製程變異頻寬很容易發現左圖中出現的橋連缺陷,並透過適當增大方角與線端間的距離進行修復。模擬模型中整合的光學、化學模型能夠較為準確地模擬光刻製程中的光化學過程,因此這種檢測方式的結果十分準確,但是在全晶片尺寸下的計算成本很高。特別是壞點檢測是一個疊代最佳化的過程,每次壞點修正都會改變一定區域內的佈局,可能導致新的壞點產生,因此需要對修正區域再次進行模擬。疊代最佳化的流程進一步增加了光刻模擬的計算壓力,從而限制了它的應用。

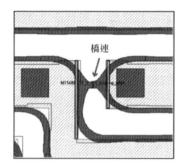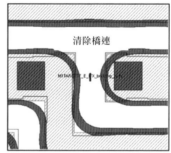

圖 7-55   由光刻模擬發現的橋連壞點

與此同時,為了解決設計佈局中出現的壞點圖形,業界首先提出了基於設計規範的處理方法[15],其流程如圖 7-56 所示。該方法透過分析已經發現的壞點圖形,定義一些附加的設計規範,從而提醒設計工程師,使其在物理設計階段避免生成這些圖形。在設計空間較為寬鬆的節點中,這種方法獲得了廣泛的應用。但隨著技術節點的推進,設計圖形中的關鍵尺寸越來越小,圖形間的鄰近效應的作用越來越緊密,需要考慮的圖形結構越來越複雜,壞點圖形結構已經不能使用簡單的設計規範進行描述,需要在設計規範資料庫中插入更多複雜的規則以隱藏壞點圖形,最終使得單位面積內需要考慮的規則數量急劇增長,每筆設計規範對應的運算量也越來越大。此外，附加的設計規範仍然需要經驗豐富的工程師透過人工定義的方式進行增加，這種方式增加了整個流程的人工成本，不合適的附加設計規範還可能對設計造成過多的限制，對積體電路的整體性能產生潛在的負面影響。

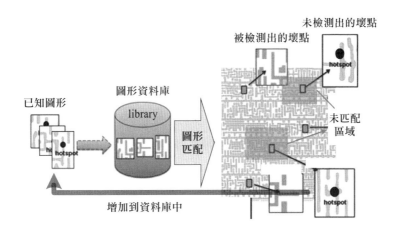

圖 7-56　設計規範的處理方法的流程

考慮到壞點圖形在設計規範轉換中的潛在風險，業界開始直接使用幾何圖形的形式表徵佈局上的壞點區域，並基於圖形匹配技術建立了對應的壞點檢測流程[17]。該方法的關鍵是建立圖形資料庫，其中包含已知的各種圖形範本，利用圖形匹配技術對設計佈局進行掃描，如果檢測到與資料庫中相同的圖形，那麼該區域是否為壞點由匹配圖形的屬性決定。如果出現未檢測到的圖形，那麼還需要光刻模擬進行驗證並將結果增加到圖形資料庫中。在製程研發的初期階段，為了保證匹配結果的準確性，資料庫中不僅要包含壞點圖形，也需要引入所有的非壞點圖形。隨著圖形匹配檢測的設計佈局越來越多，圖形資料庫越加完善，佈局匹配區域的比率也越來越高，其檢測速度是一個逐步提升的過程。

基於模式匹配的方法又分為精確匹配與模糊匹配兩種[18]。其中精確匹配要求圖形範本與匹配圖形完全相同，因此檢測結果非常準確，但是圖形資料庫也相對龐大，影響了檢測速度。另外，基於精確匹配的方法泛化能力太差，無法檢測出資料庫中未包含的圖形。在基於模糊匹配的方法中，圖形範本中的圖形尺寸是一個範圍，符合其要求的設計圖形都可以算作匹配，因此它可以簡化資料庫規模，具有一定的泛化能力，但是圖形尺寸的範圍設定值仍需要仔細斟酌。

儘管基於模糊匹配的方法對未知圖形具備了一定的檢測能力，但是大部分的情況下其圖形範本仍需要人為定義，這在一定程度上削弱了其應用的便利性。隨著機器學習領域的高速發展，業界也開始嘗試將它引入壞點檢測領域中。

在基於機器學習的壞點檢測的研究中，傳統學習方法和深度學習方法均有被探索。應用機器學習需要進行特徵提取，傳統學習方法通常依賴於人工進行特徵提取，此外也開始探索諸如貝氏最佳化（bayesian optimization）技術和雙線性內插（bilinear interpolation）技術[20,21]等在特徵提取中的應用。深度學習方法透過卷積神經網路（conventional neural networks，CNN）自動提取特徵，可以避免人力的過度負擔。而對於壞點資料庫中的資料不平衡問題[22]，深度卷積神經網路的方法能夠提高預測精度：離散餘弦轉換（discrete-cosine transformation，DCT）可用於提取特徵，偏移學習技術則可用於處理壞點庫內資料不平衡的問題，最終可組合形成深度較淺的卷積神經網路結構最佳化壞點的預測精度。

基於機器學習的壞點檢測的基本想法是：利用機器學習自動處理分析資料的特性，降低佈局圖形中的容錯資訊的影響，把與壞點形成最相關的圖形特徵提取出來，作為一個區域是否是壞點的判斷依據[23]。基於機器學習的壞點檢測流程如圖 7-57 所示。其步驟主要包含特徵提取、切片提取、機器學習模型三部分。

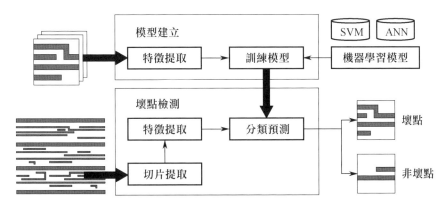

圖 7-57　基於機器學習的壞點檢測流程

目前，用於佈局圖形特徵提取方法可以劃分為三種：基於密度取樣、基於幾何分析和基於光學變換的方法，圖 7-58 列出了幾種經典的佈局圖形特徵提取方法。

基於密度取樣的方法根據預先設定的取樣點從佈局圖形中提取圖形密度或畫素值，從而表徵不同位置處的圖形分佈。不同的取樣點設定將導致完全不同的特徵表達。在基於密度圖[24]的方法中，取樣點被設定為固定間距的網格，每個網格覆蓋圖形的密度被編碼為有序的特徵向量。考慮到在成像過程中，圖形中心區域比週邊造成的影響更大，Lin 等人[25]設定了網格權重，為中心區域計算出的密度值加權。同軸方框取樣[26]採用了另一種方法增強對圖形中心區域的取樣，其取樣點分佈在幾個同軸矩形框上，從圖形中心區域到週邊矩形框的間隔逐漸增大。同心圓取樣[27]方法把同軸方框替換為同心圓。因為在光刻曝光時衍射光是以同心圓的方式向外傳播的，所以圓形分佈的取樣點可以表徵這一過程中鄰近區域間的相互關係，進而獲得更好的泛化能力。

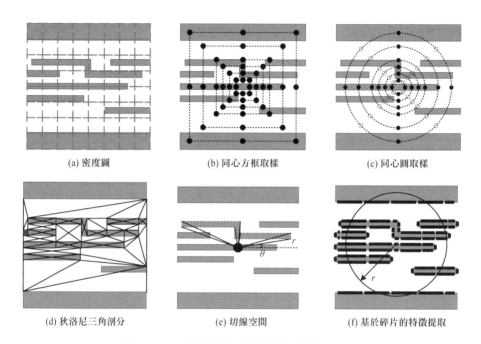

(a) 密度圖 (b) 同心方框取樣 (c) 同心圓取樣

(d) 狄洛尼三角剖分 (e) 切線空間 (f) 基於碎片的特徵提取

圖 7-58　經典的佈局圖形特徵提取方法

考慮到壞點的產生是由佈局圖形的衍射和相互間的干涉造成的,許多壞點圖形通常具有相似的幾何分佈,一些特定圖形的組合會導致壞點,所以佈局圖形幾何結構的分析取樣也是特徵提取的有效方法。德勞內三角化方法[28]以佈局圖形中多邊形的頂點作為輸入生成狄洛尼三角,並將其作為無向圖提取特徵。切線空間方法則以角度與半徑為參數描述佈局圖形內多邊形的幾何資訊。基於碎片的特徵提取方法[29]把多邊形的邊緣轉為矩形碎片,其尺寸可以表徵原始多邊形的形狀、邊長、方角等資訊。對每個碎片統計其有效範圍內其他碎片的尺寸與間距,從而表徵周圍圖形對中心碎片造成的影響。

基於光學變換的方法從光學角度分析提取佈局圖形的特徵。其中基於頻譜的特徵提取方法對佈局圖形進行頻譜變換,如離散傅立葉轉換(discrete fourier transformation,DFT)、離散餘弦變換等,基於頻譜的特徵反映了圖形在頻域上的分佈，與投影成像過程高度相關，因此可以獲得高精度的預測模型。此外頻譜特徵對於佈局圖形的偏移也有較好的穩固性[30]。

儘管機器學習領域已經存在許多學習模型用於處理各種不同類型的分類問題，但現有研究又繼續針對壞點檢測問題中的特點進行了對應的改進。Yu 等人[31]在支持向量機的基礎上引入了多核心學習與回饋核心，將資料集分解為多個子集，分別訓練模型，因為每個核心可以專注於其對應叢集的關鍵特徵，所以比單核心的模型高靈活、準確。深度神經網路中卷積核心大小、引導函數、池化方法、學習率等超參數對模型預測性能會產生影響[32]，透過尋找較為合理的超參數組合方案，能夠建立專門針對壞點檢測問題的通用深度神經網路模型。

切片圖形的提取通常建立在領域知識的基礎上，透過對待測佈局中幾何圖形的統評分析過濾掉佈局中的簡單圖形，只對可能出現壞點的複雜區域進行檢測，分析指標包括幾何圖形的密度、最小線寬和間距、三角剖分結果的質心等。為了進一步減少待測樣本的數目，可利用圖形匹配方法過濾佈局[25]，提取訓練集中壞點圖形中心處的多邊形作為範本，在待測佈局中與之對應的區域進行切片提取。儘管待測樣本的數量顯著降低，然而不完整的範本選擇可能會遺漏佈局上的一部分壞點。

對於基於機器學習的壞點檢測，目前大部分方法集中在監督學習（supervised learning）上，即可以利用大量的樣本資料進行模型訓練。這些訓練資料是指有標籤的資料樣本，標籤是指這些樣本佈局中是否含有壞點圖形的資訊。在節點製造發展成熟的情況下，用於模型訓練的資料是充足的。但在新技術節點研發的初期階段，有標籤的資料樣本，即壞點樣本，數量有限，而無標籤的資料樣本，即未知是否含有壞點的樣本資料，是很容易獲得的。鑑於全監督學習只能利用有標籤樣本進行訓練，在有標籤樣本數量受限的情況下，其訓練模型的性能會大打折扣。因此，在技術節點研發的初期階段，可獲得的壞點和非壞點樣本的數量是有限的，需要大量資料樣本的全監督學習所訓練的壞點檢測模型性能會受到影響，並不適用。因此，針對這種小樣本情況，需要找到適合的機器學習技術，如半監督學習及遷移學習，以提高壞點檢測的精度。

在先進技術節點中，製造製程良率與壞點高度相關，可以預見，學界和工業界後續都會投入更多的精力在如何提升壞點檢測的精度和效率上，機器學習憑藉在圖形辨識和巨量資料處理上的天然優勢，可以期待它將在此領域發揮更重要的作用。

本章參考文獻

[1] Liebmann L, Zeng J, Zhu X L, et al. Overcoming Scaling Barriers through Design Technology Co-Optimization[C]. IEEE Symposium on VLSI Technology (VLSIT), 2016: 1-2.

[2] Raghavan P, Garcia Bardon M, Jang D, Schuddinck P. Holistic Device Exploration for 7nm Node[C]. 2015 IEEE Custom Integrated Circuits Conference, 2015.

[3] Rani S Ghaida, Puneet Gupta. DRE: A Framework for Early Co-Evaluation of Design Rules, Technology Choices, and Layout Methodologies[J]. IEEE Transactions on Computer-Aided Design of Integrated Circuits and Systems , 2012, 31(9): 1379 -1392.

[4]   Xiaoqing Xu. Standard Cell Optimization and Physical Design in Advanced Technology Nodes[D]. 2017.

[5]   Yingli Duan，Xiaojing Su，Ying Chen, Yajuan Su, Feng Shao, Recco Zhang, Junjiang Lei, Yayi Wei.Design Technology Co-optimization for 14/10nm Metal1 Double Patterning Layer[C]. Proc SPIE Advanced Lithography, 2016.

[6]   Sherazi S M Y，Jha C，Rodopoulos D. Low Track Height Standard cell Design in iN7 using Scaling Boosters[C]. Proc SPIE, (10148) 101480Y-1.

[7]   Shang-Rong Fang，Cheng-Wei Tai，Rung-Bin Lin. On Benchmarking Pin Access for Nanotechnology Standard Cells[C]. IEEE Computer Society Annual Symposium on VLSI, 2017,237-242.

[8]   Somani, Shikha，Verma, Piyush，Madhavan. VLSI physical design analyzer A profiling and data mining tool[J]. Design-Process-Technology Co-optimization for Manufacturability IX, 2015.

[9]   Xiaoqing Xu. Toward Unidirectional Routing Closure in Advanced Technology Nodes [J]. IPSJ Transactions on System LSI Design Methodology, 2017, 10:2-12.

[10]   Jaewoo Seoa, Youngsoo Shin. Routability Enhancement through Unidirectional Standard Cells with Floating Metal-2[J]. Proc SPIE, 10148, 101480K.

[11]   Liebmann L, Gerousis V, Paul Gutwin, Xuelian Zhu, Jan Petykiewicz. Exploiting regularity: breakthroughs in sub-7nm place-and-route[J]. Proc SPIE, 10148, 101480F.

[12]   Calibre[®] Litho-Friendly Design User's Software Version 2018.

[13]   ManualCalibre[®] Pattern Matching User's Manual Software Version 2018.

[14] Fast detection of manufacturing systematic design pattern failures causing device yield loss.

[15] KARIYA M, YAMANAKA E, YOSHIDA K, et al. Hotspot management in which mask fabrication errors are considered [C]. proceedings of the Photomask and NGL Mask Technology XV, 2008.

[16] MATSUNAWA T, YU B, PAN D Z. Laplacian eigenmaps-and Bayesian clustering-based layout pattern sampling and its applications to hotspot detection and optical proximity correction [J]. Journal of Micro/Nanolithography, MEMS, and MOEMS, 2016, 15(4): 043504.

[17] YAO H, SINHA S, XU J, et al. Efficient range pattern matching algorithm for process-hotspot detection [J]. IET Circuits, Devices & Systems, 2008, 2(1): 2-15.

[18] LIN Y, XU X, OU J, et al. Machine learning for mask/wafer hotspot detection and mask synthesis [C]. proceedings of the Photomask Technology, Monterey, California, United States, 2017: 104510A.

[19] Yibo Lin, Xiaoqing Xu, Jiaojiao Ou, David Z Pan, et al. Machine learning for mask/wafer hotspot detection and mask synthesis [C]. Proceedings Volume 10451, Photomask Technology 2017; 104510A.

[20] MATSUNAWA T, YU B, PAN D Z. Optical proximity correction with hierarchical bayes model[C]. Optical Microlithography XXVIII: volume 9426, International Society for Optics and Photonics, 2015: 94260X.

[21] ZHANG H, ZHU F, LI H, et al. Bilinear lithography hotspot detection [C]//Proceedings of the 2017 ACM on International Symposium on Physical Design. ACM, 2017: 7-14.

[22] YANG H, LUO L, SU J, et al. Imbalance aware lithography hotspot detection: a deep learning approach[J]. Journal of Micro/Nanolithography, MEMS, and MOEMS, 2017, 16 (3): 033504.

[23] Tianyang Gai, Ying Chen, Pengzheng Gao, Xiaojing Su, Lisong Dong, Yajuan Su, Yayi Wei. Sample patterns extraction from layout automatically based on hierarchical cluster algorithm for lithography process optimization[C]. Proc SPIE, 10962, Design-Process-Technology Co-optimization for Manufacturability XIII, 2019.

[24] WEN W-Y, LI J-C, LIN S-Y, et al. A fuzzy-matching model with grid reduction for lithography hotspot detection [J]. IEEE Transactions on Computer-Aided Design of Integrated Circuits Systems, 2014, 33(11): 1671-1680.

[25] LIN S-Y, CHEN J-Y, LI J-C, et al. A novel fuzzy matching model for lithography hotspot detection [C]. proceedings of the 2013 50th ACM/EDAC/IEEE Design Automation Conference (DAC), Austin, TX, USA, 2013: 1-6.

[26] GU A, ZAKHOR A. Optical proximity correction with linear regression [J]. IEEE Transactions on Semiconductor Manufacturing, 2008, 21(2): 263-271.

[27] MATSUNAWA T, YU B, PAN D Z. Optical proximity correction with hierarchical Bayes model [J]. Journal of Micro/Nanolithography, MEMS, and MOEMS, 2016, 15(2): 021009.

[28] NITTA I, KANAZAWA Y, ISHIDA T, et al. A fuzzy pattern matching method based on graph kernel for lithography hotspot detection [C]. proceedings of the Design-Process-Technology Co-optimization for Manufacturability XI, San Jose, California, United States, 2017: 101480U.

[29]　YU B, GAO J-R, DING D, et al. Accurate lithography hotspot detection based on principal component analysis-support vector machine classifier with hierarchical data clustering [J]. Journal of Micro/Nanolithography, MEMS, and MOEMS, 2014, 14(1): 011003.

[30]　SHIM S, SHIN Y. Topology-oriented pattern extraction and classification for synthesizing lithography test patterns [J]. Journal of Micro/Nanolithography, MEMS, and MOEMS, 2015, 14(1): 013503.

[31]　YU Y-T, LIN G-H, JIANG I H-R, et al. Machine-learning-based hotspot detection using topological classification and critical feature extraction [J]. IEEE Transactions on Computer-Aided Design of Integrated Circuits Systems, 2015, 34(3): 460-470.

[32]　YANG H, LUO L, SU J, et al. Imbalance aware lithography hotspot detection: a deep learning approach [J]. Journal of Micro/Nanolithography, MEMS, and MOEMS, 2017, 16(3): 033504.

專業詞語檢索

英文全稱	縮寫	中文含義	索引章節
aerial image model		空間影像模型	6.3.1
alternative phase shift mask	Alt.PSM	交替型相移光罩	4.1.2
always-on cell		常開單元	2.2.4
and-or-inverter	AOI	與反或閘	7.1.1
antenna effect		天線效應	2.5.3
aperture effect		孔徑效應	5
application specific IC	ASIC	專用積體電路	1
artificial neural network	ANN	類神經網路	5.6.1
aspect ratio dependent		深寬比相關	5.3.1
attenuated phase shift mask	Att.PSM	衰減型相移光罩	4.1.2
automatic test pattern generation	ATPG	自動測試圖形生成器	7.3.1
back end of line	BEOL	後段製程	1.2，6.2.1，7.2.2
barrier removal		阻礙層移除	6.4.1
Bayesian optimization		貝氏最佳化	7.3.2
bias temperature instability	BTI	偏壓溫度不穩定性	6.1.2，6.6
bilinear interpolation		雙線性內插	7.3.2
bipolar junction transistor	BJT	雙極性接面電晶體	1

英文全稱	縮寫	中文含義	索引章節
body-biasing		基體偏置技術	2.2.4
building block layout	BBL	積木式法佈線	1.1.3
bulk removal		大量移除	6.4.1
bump		凸塊	2.2.3
catastrophic functional failure		災難性的功能故障	6.2.1
charged device model	CDM	元件充電模型	2.6.3.3
chemical mechanical polishing	CMP	化學機械研磨	6.6.4，6.4.1
circuit timing		電路時序	6.2.1
clock gating		時鐘開關技術	2.2.4
clock tree synthesis	CTS	時鐘樹綜合	2.4
coarse grid designs		網格化設計	6.3.4
common process window	common PW	共同製程視窗	6.3
common DOF		共同的聚焦深度：多個圖形結構各自的 DOF 的交集	6.3.2
common power format	CPF	通用功耗格式檔案	2.2.4
complementary MOS	CMOS	互補式金屬氧化物半導體	1
computational lithography		運算微影	1.2
congestion		壅塞	2.3.2
contact		接觸窗	6.2.1
contact poly pitch	CPP	閘間距	7.1.1
continuous transmission mask	CTM	連續透射光罩	4.4
corner rounding		尖角圓化	5.4
correct after detection		檢測後修正	6.2
correct by construction		物理設計過程中的修正	6.2
cost function		評價函數	6.4.2
critical area analysis	CAA	關鍵區域分析	6.2.1
critical area sensitivity		關鍵區域的敏感度	6.5.2

英文全稱	縮寫	中文含義	索引章節
critical area	CA	關鍵區域	6.2.1
critical dimension	CD	關鍵尺寸	3.4.1，5
critical failure	CF	關鍵失效	6.2.1
crosstalk		干擾	2.6.1.3
deck		圖形框架	7.2.1
density dependent		密度相關	5.3.1
depth of focus	DOF	焦深	3.4.4，6.3.2
design and technology co-optimization	DTCO	設計與製造協作最佳化	1.3.2，5.5.2，7
design based metrology	DBM	基於設計的測量	6.7.1
design for cost and value		針對成本控制的設計	6.1.2
design for manufacturability	DFM	可製造性設計	1.3，2.6.3.1
design for reliability	DFR	可靠性設計	6.1.2，6.6
design for variability		針對製程容差的設計	6.1.2
design for yield	DFY	針對良率的設計	6.1.2
design rule check	DRC	設計規範檢查	1.3.1，2.6.3.1，6，7.2.1
design rule library		設計規範庫	1.3.1
design rule manual		設計規範手冊	6.1.1
DFM scoring model		DFM 評分模型	6.1.1
DFM-violation score		DFM 違規分數	6.6.1
die		晶圓最小切割單元，裸晶	1
diffusion		擴散	1
discrete Fourier transformation	DFT	離散傅立葉轉換	7.3.2
discrete-cosine transformation	DCT	離散餘弦轉換	7.3.2
don't touch cell		不可修改單元	2.3
don't use cell		不可使用單元	2.3
dose		光源劑量	6.3.1
double via insertion	DVI	雙導通孔插入	7.2.2

專業詞語檢索

英文全稱	縮寫	中文含義	索引章節
drive current		驅動電流	6.6.1
dual-damascene		雙鑲嵌	1.2
dummy fill		虛擬填充	6.4.3
dummy pattern		虛擬金屬：不是電路需要的，是輔助製程實現的	6.1.1
dynamic voltage frequency scaling		動態電壓調頻技術	2.2.4
early path		最快路徑	2.6.1.2
edge placement error	EPE	邊緣放置誤差	6.7.1，4.3.4，5.6.2
edge segment		邊緣片段	5.6.1
electrical failure analysis	EFA	電氣故障分析	7.3.1
electrical wafer sorting	EWS	電氣晶圓分類	7.3.1
electrical-DFM	e-DFM	考慮電性的 DFM	6.6
electricity rule check	ERC	電學規則檢查	2.6.3.3
electro-migration effect		電遷移效應	2.6.2.3
electromigration	EM	電遷移	6.1.2，6.2.1，6.6
electronic design automation	EDA	電子設計自動化	1.1.2，2，7.2.1
electroplating	ECP	電鍍製程	1，6.4.3
electro-static discharge	ESD	靜電釋放檢查	2.6.3.3
engineering change order	ECO	工程變更指令	2.6，6.1.1
epitaxy		外延	1
etch		蝕刻	1，6
etch bias		蝕刻偏差	5
etch depth		蝕刻深度	5
etch profile		蝕刻輪廓	5.2.2
etch proximity correction	EPC	蝕刻鄰近效應修正	5.1
etch proximity effect		蝕刻鄰近效應	5
etch rate		蝕刻速率	5

英文全稱	縮寫	中文含義	索引章節
fence		模組柵欄約束	2.3.1
field induced model	FIM	電場感應模型	2.6.3.3
field-effect transistor	FET	場效應電晶體	1
film deposition		薄膜沉積	1
fin pitch	FP	鰭片間距	7.1.1
finFET		鰭形場效應電晶體	1.2
finite decomposition of time domain	FDTD	時域有限差分法	3.2.1
finite element method	FEM	有限元素分析	3.2.1
floating gate		浮動閘極	1.1.3
floorplan		晶片配置	2.2
focus		成像焦距，聚集值	6.3.1
forbidden pitches		禁止間距	6.3.4
front end of line	FEOL	前段製程	1.2，6.2.1
full-custom design approach		全客戶化設計方法	1.1.3
functional defects		功能缺陷	6.5.1
gate array		閘陣列	1.1.3
gate channel		閘極通道	6.6.1
gate-all-around	GAA	閘極全環	7.1.1
global skew		全域時鐘偏移	2.4
glyph-based DFM		基於符號的 DFM	6.3.4
graph based analysis	GBA	基於圖形的時序分析	2.6.1.4
graphic design system	GDS	圖形設計系統	2.1.1
ground bounce		接地彈跳	2.6.2.2
ground rule	GR	基本設計規範	6.1.1
guide		模組指導約束	2.3.1
guide buffer		引導緩衝器	2.3.2.2
high voltage transistor	HVT	高電壓電晶體	2.1.4
high-level synthesis		高層次綜合	1.1.1
hold time		持續時間	2.6.1.1

英文全稱	縮寫	中文含義	索引章節
hot carrier injection	HCI	熱載流子注入	6.6
hotspot		壞點，熱點：指光刻圖形中不符合要求的區域	1.3.1，6.1.1
hotspots fixing guideline		解決壞點的建議	6.3.3
hotspots severity classification		壞點圖形嚴重性分級	6.3.3
human body model	HBM	人體放電模型	2.6.3.3
image log slope	ILS	圖型對數斜率	3.4.2
integrated designer and manufacturer	IDM	設計−製造一體化的公司	6.1.2
intellectual property	IP	智慧財產權（積體電路中特指具有智慧財產權的模組化電路）	2.1.4，7.2.3
interconnect		金屬互連線	6.6.2
inverse lithography technology	ILT	逆向光刻技術，反演光刻技術	4.3.3
IR drop		電壓降	2.6.2.2
iso-dense etch bias		稀疏蝕刻偏差	5.2.2
isolation cell		隔離單元	2.2.4
kernel function		核函數	5.3.2
Kullback-Leibler divergence	KLD	相對熵	7.2.1
Lagrange multiplier	LM	拉格朗日乘數	7.2.2
Lagrange relaxation	LR	拉格朗日鬆散	7.2.2
latch		門鎖器	2.3.5
late path		最慢路徑	2.6.1.2
latency		延遲	2.3.6
layout density rules		佈局設計規範	6.4.3
layout schema generator	LSG	圖形生成器	1.3.2
layout synthesis		佈局綜合	1.1.1
layout versus schematic	LVS	電路佈局驗證	2.6.3.2，6.5.2

英文全稱	縮寫	中文含義	索引章節
level shifter cell		電位轉換單元	2.2.4
libraries of yield-impacting patterns		影響良率的佈局單元庫	6.1.1
library		單元庫	6.2.1
library exchange format	LEF	庫交換格式	2.1.1，2.3.4
litho-etch-litho-etch	LELE/LE2	雙重光刻技術	4.2.1
litho-friendly design	LFD	光刻友善的設計，便於光刻的設計	1.3.1，6.3.4
lithography		光刻	1，6
local skew		局部時鐘偏移	2.4
LOCOS		矽局部氧化製程	1.2
logic synthesis		邏輯綜合	1.1.1
lookup table		尋找表	5.1
low voltage transistor	LVT	低電壓電晶體	2.1.4
machine learning	ML	機器學習	5.6.1
machine model	MM	機器放電模型	2.6.3.3
mandrel		芯軸	4.2.2.1
manufacturing analysis and scoring	MAS	可製造程度分析	1.3.1
manufacturing for design	MFD	針對設計的製造	6.1.2
mask error enhancement factor	MEEF	光罩誤差增強因數	3.4.3，6.3.3
mask nonlinearity		光罩成像的非線性特徵	6.1.1
mechanical stress		機械應力	6.6.1
metal insulator semiconductor	MIS	金屬−絕緣層−半導體	7.1.2
metal oxide semiconductor	MOS	金屬−氧化物−半導體	1
metal pitch	MP	金屬間距	7.1.1
metal-oxide-semiconductor field effect transistor	MOSFET	金屬氧化物半導體場效應電晶體	2.1.2
micro loading effect		微負載效應	5

英文全稱	縮寫	中文含義	索引章節
middle of line	MOL	中段工序	1.2, 6.2.1
minimum line-to-tip space		最小線條–端點間距	6.3.2
minimum space		最小間距	6.3.2
mobility		遷移率	6.2.1
mobility enhancement techniques		遷移率增強技術	6.6.1
model based EPC	MB-EPC	基於模型的蝕刻鄰近效應修正	5.3.2
model based OPC	MB-OPC	基於模型的光學鄰近修正	4.3.1
model based verification	MBV	基於模型的驗證	6.3.5
model-based DRC		基於模型的設計規範檢查	6
model-based layout patterning check	model-based LPC	基於模型的可製造性檢查方法	6.3.3
model-based retargeting flow	MBRT	基於模型的重新定標流程	5.5.1
modulated Transfer Function	MTF	調制轉換函數	3.2.1
Monte Carlo		蒙地卡洛	6.2.1
Moore's law		摩爾定律	1
multi-stage model		多重階段模型	5.4
multi-Voltage		多供電電壓技術	2.2.4
multi-Vt		多電壓技術	2.2.4
negative-bias temperature instability	NBTI	負偏壓溫度不穩定性	6.6
net list		電路網路表	1.1.1
NMOS		N 閘極通道 MOS 管	1，2.1.2
non-default design rule	NDR	非正常的設計規範	2.5.1
non-linear visibility model		非線性視覺化模型	5.3.1
normalized DFM Score	NDS	歸一化的 DFM 分數	6.5.2
normalized image log slope	NILS	歸一化圖型對數斜率	3.4.2，6.3.3

英文全稱	縮寫	中文含義	索引章節
numerical aperture	NA	數值孔徑	3.2.1，5.3.1
off axis illumination	OAI	變型照明	4.1
on-chip variation	OCV	晶片上變異性	5.3.2
opaque MoSi on glass	OMOG	玻璃上不透明鉬化矽層	4.1.2
OPC Friendly Layout		OPC 的相容性	6.5.2
optical contrast		光學對比度	6.3.2
optical diameter	OD	光學直徑	5.3.1
organic planarizing layer	OPL	有機平坦層	1.2
optical proximity correction	OPC	光學鄰近修正	1.2，1.3，4.3，5.1，6
or-and-inverter	OAI	或反及閘	7.1.3
parametric defects		參數化缺陷	6.5.1
parametric yield issues		影響良率的參數化問題	6.6
parasitic capacitance		寄生電容	6.2.1
pareto		柏瑞圖	7.3.1
path based analysis	PBA	基於路徑的時序分析	2.6.1.4
pattern matching		圖形匹配	1.3.1，7.2.3
pattern recognition		圖形辨識	6.7.1
phase shift mask	PSM	相移光罩	4.1.2，5.4
photo active compound	PAC	光感化合物	3.3
photo-acid generator	PAG	光酸生成劑	3.3
physical-based model		基於物理的模型	6.3.5
pixel based OPC	PB-OPC	基於畫素的光學鄰近修正	4.3.3
placement		佈局	1.1.1
PMOS		P 閘極通道 MOS 管	1，2.1.2
poly line-end extension		閘極線端的擴充	6.6.1
poly to active corner spacing		閘極到源區的間距	6.6.1
positive BTI	PBTI	正偏壓溫度不穩定性	6.6
post exposure bake	PEB	曝光後烘烤	3.3.2

英文全稱	縮寫	中文含義	索引章節
power gating cell		電源閘控單元	2.2.4
power shutoff		區域電源關斷技術	2.2.4
power supply network		電源網路	6.6.2
power-performance-area-cost	PPAC	功耗、性能、面積、成本	7.1.1
probability of survival	POS	可靠機率	7.1.3
process design kits	PDK	製程設計套件	2.1.1
process variation band	PV-band	製程變異頻寬	1.3.1，3.4.5，6.3.1
process variation index	PVI	製程變異指數	7.2.3
process voltage temperature	PVT	製程電壓溫度	2.6.1.4
process window qualification	PWQ	製程視窗驗證	6.3.5，7.3.1
process window OPC	PWOPC	非額定條件光學鄰近修正	6.5.2
process window	PW	製程視窗	3.4.4，6.1.1，6.3
programmable logic device	PLD	可程式化邏輯元件	1.1.3
proximity error		鄰近偏差	5.2.2
radius of influence		影響半徑	6.5.2
ramping yield		良率提升	6.5.1
random defects		隨機缺陷	6.2.1
random telegraph noise	RTN	隨機電雜訊	6.6
recommended rule	RR	建議規則	6
redundant contact or via		容錯接觸孔或導通孔	6.2.1
redundant local-loop insertion	RLLI	容錯局部環路插入	7.2.2
redundant via insertion	RVI	容錯導通孔插入	7.2.2
redundant local-loop	RLL	容錯局部環路	7.2.2
region		模組區域約束	2.3.1
register transfer level	RTL	暫存器傳輸級	1.1.1，2.1.3
resolution enhancement techniques	RET	解析度提升技術	4.1，5.4

英文全稱	縮寫	中文含義	索引章節
restrictive design rule	RDR	嚴格限制設計規範	6.1.1
reticle inspection system		光罩檢測裝置	6.3.5
reticle SEM		光罩檢查的掃描電子顯微鏡	6.3.5
rigorous coupled wave analysis	RCWA	嚴格耦合波分析法	3.2.1
robustness		穩固性（堅固性）	6.2
route		佈線	1.1.1，2.5
rule based EPC	RB-EPC	基於規則（經驗）的蝕刻鄰近效應修正	5.3.2
rule based OPC	RB-OPC	基於規則（經驗）的光學鄰近修正	4.3.1，5.3.2
rule-based DRC		基於規則（經驗）的設計規範檢查	6
scattering bar	S-Bar	散條	4.3.2
self-aligned double patterning	SADP	自我對準雙重圖形成像技術、側壁轉移技術	4.2.2.1
self-aligned multiple patterning	SAMP	自我對準多重圖形成像技術	4.2.2.3
self-aligned octave patterning	SAOP	自我對準八重圖形成像技術	4.2.2.3
self-aligned quadruple patterning	SAQP	自我對準四重圖形成像技術	4.2.2.3
self-aligned triple patterning	SATP	自我對準三重圖形成像技術	4.2.2.3
self-aligned via	SAV	自我對準導通孔	7.2.2
semi-custom design approach		半訂製方法	1.1.3
sensitivity-aware DFM		考慮性能敏感度的 DFM	6.6.1
sequential and staged way		順序和分級的方式	5.4
setup time		建立時間	2.6.1.1

英文全稱	縮寫	中文含義	索引章節
shallow trench isolation	STI	淺溝槽隔離	1.2，6.6.1
shape expansion method		形狀展開方法	6.2.1
shielding		屏蔽	2.5.2
silicon-containing antireflective coating	SiARC	含矽的抗反射層	1.2
signal Integrity	SI	訊號完整性	2.6.1.5
silicided		金屬矽化物	7.1.2
simulation program with integrated circuit emphasis	SPICE	積體電路模擬程式	2.1.1
single via	SV	單一導通孔	7.2.2
skew		時鐘偏移	2.6.1.5
slack		時序餘量	2.6.1.2
source drain cutoff leakage current		源汲截止漏電流	6.2.1
source drain saturation current		源汲飽和電流	6.2.1
source mask optimization	SMO	光源光罩聯合最佳化	4.4
spacer		側壁	7.1.2
spin-on-carbon	SOC	旋塗式碳	1.2
SRAF placement scheme		輔助圖形放置方法	6.3.4
staged correction flow		分級修正流程	5.4
standard cell library		標準單元庫	1.1.1
standard cell	SC	標準單元	1.1.3，6.2.1
standard design constraints	SDC	標準設計約束	2.1.3
standard voltage transistor	SVT	標準電壓電晶體	2.1.4
state-retention power-gated register		可記憶的暫存器	2.2.4
static random-access memory	SRAM	靜態隨機存取記憶體	2
static timing analysis	STA	靜態時序分析	1.1.1，6.5.1
stitching		併接	4.2.1.3
sub-resolution assist features，	SRAF	次解析度輔助圖形	4.3.2，5.4

英文全稱	縮寫	中文含義	索引章節
supervised learning		監督學習	7.3.2
surface topology		表現形貌	6.3.5
system and technology co-optimization	STCO	系統-技術偕同最佳化	7.1.1
systematic mechanism-limited yield loss		系統性機制受限的良率損失	6.5.1
tapeout		流片	6
statistical static timing analysis	SSTA	統計靜態時序分析	6.5.1
technology File		技術檔案	2.1.1
technology platform		製造平台	6.1.2
testing		測試	5.6.1
three-tier system		三級系統	6.1.1
threshold voltage		閾值電壓	6.6
threshold voltage shift		閾值電壓漂移	6.2.1
time dependent dielectric breakdown	TDDB	時間相關介電層崩潰	6.6
time-to-failure	TTF	故障時間	6.6.2
timing library		時序庫	2.1.1
timing path		時序路徑	2.6.1
touch down		觸壓	6.4.1
track		軌道，標準單元資料庫尺寸的計量單位	7.1.1
training		訓練	5.6.1
transistor-transistor-logic	TTL	電晶體-電晶體邏輯電路	1
transmission cross coefficients	TCC	透射相交係數	3.2.2
transverse electric	TE	橫向電的	3.2.1
transverse magnetic	TM	橫向磁的	3.2.1
trial-and-error		試誤法	5.6.2

英文全稱	縮寫	中文含義	索引章節
two-tier system		二級系統	6.1.1
ultra-high voltage transistor	UHVT	超高電壓電晶體	2.1.4
ultra-low voltage transistor	ULVT	超低電壓電晶體	2.1.4
unified power format	UPF	統一功耗格式檔案	2.2.4
universal communication format	UCF	通用交流格式	7.2.1
useful skew		有用時鐘偏移	2.3.6
variable etch bias	VEB	可變蝕刻偏差	5.3.2
variation		變異性	5.2.2
via		導通孔層	6.2.1
wave guide	WG	波導法	3.2.1
weight function		權函數	6.2.1
weighted DFM metric	WDM	權重化 DFM 分析矩陣	6.5.2
yield enhancement suite		提高製程良率工具	1.3.1